OpenCV 4.0+Python 机器学习与计算机视觉实战

[印] 梅努阿・吉沃吉安　等著

黄进青　译

清华大学出版社

北　京

内 容 简 介

本书详细阐述了机器学习与计算机视觉相关的基本解决方案，主要包括滤镜、深度传感器和手势识别、通过特征匹配和透视变换查找对象、使用运动恢复结构重建3D场景、在OpenCV中使用计算摄影、跟踪视觉上的显著对象、识别交通标志、识别面部表情、对象分类和定位、检测和跟踪对象等内容。此外，本书还提供了相应的示例、代码，以帮助读者进一步理解相关方案的实现过程。

本书适合作为高等院校计算机及相关专业的教材和教学参考书，也可作为相关开发人员的自学用书和参考手册。

北京市版权局著作权合同登记号 图字：01-2021-4606

图书在版编目（CIP）数据

OpenCV 4.0+Python 机器学习与计算机视觉实战 /（印）梅努阿·吉沃吉安等著；黄进青译. —北京：清华大学出版社，2022.2

书名原文：OpenCV 4 with Python Blueprints,Second Edition

ISBN 978-7-302-59736-0

Ⅰ. ①O… Ⅱ. ①梅… ②黄… Ⅲ. ①机器学习 ②计算机视觉 Ⅳ. ①TP181 ②TP302.7

中国版本图书馆 CIP 数据核字（2022）第 001904 号

责任编辑：贾小红
封面设计：刘 超
版式设计：文森时代
责任校对：马军令
责任印制：宋 林

出版发行：清华大学出版社

网　　址：http://www.tup.com.cn，http://www.wqbook.com
地　　址：北京清华大学学研大厦A座　　**邮　　编**：100084
社 总 机：010-62770175　　**邮　　购**：010-62786544
投稿与读者服务：010-62776969，c-service@tup.tsinghua.edu.cn
质量反馈：010-62772015，zhiliang@tup.tsinghua.edu.cn

印 装 者：三河市君旺印务有限公司
经　　销：全国新华书店
开　　本：185mm×230mm　　**印　　张**：19.75　　**字　　数**：393千字
版　　次：2022年2月第1版　　**印　　次**：2022年2月第1次印刷
定　　价：109.00元

产品编号：088512-01

译 者 序

《最强大脑》是江苏卫视推出的一个颇受大众喜爱的科学竞技真人秀节目。它会邀请一些在记忆、识别和速算等领域有异常表现的人在自己擅长的项目上相互 PK。王昱珩就是其中的一位选手，他曾经在“微观辨水”项目中成功辨认出 520 杯同质量同水源的水，因此被称为“水哥”。这位观察力出众的选手后来又参加了一场与 AI 进行的 PK，要求在极低照明条件下的监控视频中准确识别出犯罪嫌疑人。结果，在全场观众的紧张和期待中，“水哥”王昱珩毫无悬念地失败了。

其实，在动态影像识别方面，人类输给 AI 并不奇怪。随着计算机硬件算力的提高，人工神经网络在近年来获得了长足的发展，各种机器学习模型如雨后春笋般出现，经过训练的深度学习模型足以将人类曾经引以为傲的很多能力都远远甩下。例如，对于核磁共振影像的分析向来是只有经验丰富的高级医生才能掌握的技能，但是现在 AI 在这方面的准确率已经不输于顶级医生；通过图像识别技术捕捉患者的动作，AI 能够对帕金森症患者进行更有效评估；通过训练 Inception v3 之类的卷积神经网络，AI 已经能够检测特定肺癌类型，并且准确率高达 97%……这些都是计算机视觉算法高度发展的结果。

OpenCV 是一个开源计算机视觉库（Open Source Computer Vision Library），它提供了很多函数，这些函数非常高效地实现了各种计算机视觉算法，其应用非常广泛，包括工业产品质量检验、医学图像处理、交互操作、相机校正、图像拼接、图像降噪、人脸识别、动作识别和对象跟踪、自动驾驶和安全系统等。

本书详细介绍了 OpenCV 和 Python 的结合应用，并提供了大量实例。例如，可应用于视频帧的自定义滤镜、实时手势跟踪、图像特征匹配、通过运动恢复结构重建 3D 场景、全景图拼接、均值漂移跟踪、交通标志识别、人脸检测和面部表情识别、对象分类器和定位器、实时视频流对象检测和跟踪等。这些实例适用于各种应用场景，对于计算机视觉相关的实践开发具有很好的启发作用。

在翻译本书的过程中，为了更好地帮助读者理解和学习，本书以中英文对照的形式保留了大量的术语，这样的安排不但方便读者理解书中的代码，而且也有助于读者通过网络查找和利用相关资源。

本书由黄进青翻译，唐盛、陈凯、马宏华、黄刚、郝艳杰、黄永强、熊爱华等人也参与了本书的翻译工作。由于译者水平有限，不足之处在所难免，在此诚挚欢迎读者提出任何意见和建议。

前　言

本书的目的是让你能够使用最新版本的 OpenCV 4.0 框架和 Python 3.8 语言，亲身接触各种中级或高级项目，而不仅仅是像理论课那样介绍计算机视觉的核心概念。

本书已经是第二版，增加了使用 OpenCV 解决问题的概念的深度。它将指导你完成独立的实践项目，这些项目侧重于基本的计算机视觉概念，例如图像处理、3D 场景重建、对象检测和对象跟踪。它还通过实际示例讨论了统计学习和深度神经网络。

本书首先阐述了图像滤镜和特征匹配之类的概念，并介绍了如何使用诸如 Kinect 深度传感器之类的自定义传感器、如何在 3D 模式下重建和可视化场景、如何对齐图像以及如何将多幅图像组合为一幅图像等。

在本书的高级项目部分，你将学习到如何通过神经网络识别交通标志和面部情绪，以及如何使用神经网络检测和跟踪视频流中的对象。

学习完本书之后，你将获得实际编程经验，并能熟练地根据特定的业务需求开发自己的高级计算机视觉应用程序。本书还探索了多种机器学习和计算机视觉模型，例如支持向量机（SVM）和卷积神经网络等，这些都有助于你开发自己的实际问题解决方案。

本书读者

本书主要针对使用 OpenCV 和其他机器学习库开发高级实际应用程序的计算机视觉领域爱好者，以帮助他们掌握相应技能。

本书读者应该具备基础编程技能和 Python 编程知识。

内容介绍

本书共分为 10 章，另外还包括两个附录。具体介绍如下。

第 1 章“滤镜”，探讨了若干比较有趣的图像滤镜（如黑白铅笔素描、暖调/冷调滤镜和卡通化效果等），并可将这些滤镜应用于网络摄像头的实时视频流。

第 2 章“深度传感器和手势识别”，可帮助你开发应用程序，以使用深度传感器（如

Microsoft Kinect 3D Sensor 或华硕 Xtion）的输出实时检测和跟踪简单的手势。

第 3 章“通过特征匹配和透视变换查找对象”，可帮助你开发一个应用程序，以检测摄像头视频流中的任意感兴趣的对象，即使从不同角度或距离，甚至是部分遮挡观察对象的情况下也可以正常工作。

第 4 章“使用运动恢复结构重建 3D 场景”，展示了如何通过从摄像头运动中推断场景的几何特征来重建和可视化 3D 场景。

第 5 章“在 OpenCV 中使用计算摄影”，可以帮助你开发命令行脚本，将图像作为输入并生成全景或高动态范围（HDR）图像。本章脚本将对齐图像以使其具有像素之间的对应关系，或者将其拼接在一起以创建全景图像，这是图像对齐的有趣应用。

第 6 章“跟踪视觉上的显著对象”，可以帮助你开发一个应用程序，以跟踪一个视频序列中的多个视觉显著对象（例如足球比赛中场上的所有球员）。

第 7 章“识别交通标志”，向你展示了如何训练支持向量机，以识别来自德国交通标志识别基准（GTSRB）数据集中的交通标志。

第 8 章“识别面部表情”，可以帮助你开发一个应用程序，以实时检测人脸并在网络摄像头的视频流中识别其面部表情。

第 9 章“对象分类和定位”，将引导你开发使用深度卷积神经网络进行实时对象分类的应用程序。你将修改分类器网络，以使用自定义类别在自定义数据集上进行训练。你还将学习如何在数据集上训练 Keras 模型，以及如何序列化 Keras 模型并将其保存到磁盘。你将看到如何使用加载的 Keras 模型对新输入图像进行分类，如何使用图像数据训练卷积神经网络，以获得良好的分类器和非常高的准确率。

第 10 章“检测和跟踪对象”，将指导你开发使用深度神经网络进行实时对象检测的应用程序，并可将其连接到跟踪器。你将学习对象检测器的工作原理及其训练方法，实现一个基于卡尔曼滤波器的跟踪器，使用对象的位置和速度来预测可能的位置。完成本章的示例后，你将能够构建自己的实时对象检测和跟踪应用程序。

附录 A“应用程序性能分析和加速”，介绍了如何使用 Numba 在应用程序中发现性能瓶颈并实现现有代码的基于 CPU 和 GPU 的加速。

附录 B“设置 Docker 容器”，将引导你复制用于运行本书代码的环境。

充分利用本书

本书所有的代码都使用 Python 3.8，可在各种操作系统（如 Windows、GNU Linux 和

macOS 等）上使用。我们已尽量仅使用这 3 个操作系统上可用的库，并且详细介绍了所使用的每个依赖项的确切版本，可以使用 pip（Python 的依赖项管理系统）进行安装。如果你仍然无法使这些依赖项正常工作，则可以使用本书提供的 Dockerfile，我们已对本书中的所有代码进行了测试，这些内容在附录 B“设置 Docker 容器”中有详细介绍。

表 P-1 提供了本书使用的依赖项列表，以及相应的章节。

表 P-1　本书使用的依赖项列表

需要的软件	版　本	章　节	下 载 链 接
Python	3.8	全部	https://www.python.org/downloads/
OpenCV	4.2	全部	https://opencv.org/releases/
NumPy	1.18.1	全部	http://www.scipy.org/scipylib/download.html
wxPython	4.0	1、4、8	http://www.wxpython.org/download.php
matplotlib	3.1	4、5、6、7	http://matplotlib.org/downloads.html
SciPy	1.4	1、10	http://www.scipy.org/scipylib/download.html
rawpy	0.14	5	https://pypi.org/project/rawpy/
ExifRead	2.1.2	5	https://pypi.org/project/ExifRead/
TensorFlow	2.0	7、9	https://www.tensorflow.org/install

为运行代码，你需要一台普通的笔记本电脑或个人计算机。有些章节要求使用网络摄像头，这可以是笔记本电脑的嵌入式摄像头，也可以是外部摄像头。第 2 章“深度传感器和手势识别”还需要深度传感器，这可以是 Microsoft 3D Kinect 传感器，也可以是 libfreenect 库或 OpenCV 支持的任何其他传感器（如华硕 Xtion）。

本书代码已经在 Ubuntu 18.04 上使用 Python 3.8 和 Python 3.7 进行了测试。

如果你的计算机上已经装有 Python，则可以在终端上运行以下命令：

```
$ pip install -r requirements.txt
```

上述 requirement.txt 在本书项目的 GitHub 存储库中有提供，并且包含以下内容（这其实就是表 P-1 中的依赖项列表）：

```
wxPython==4.0.5
numpy==1.18.1
scipy==1.4.1
matplotlib==3.1.2
requests==2.22.0
opencv-contrib-python==4.2.0.32
opencv-python==4.2.0.32
```

```
rawpy==0.14.0
ExifRead==2.1.2
tensorflow==2.0.1
```

或者，你也可以按照附录 B“设置 Docker 容器”中的说明进行操作，以使所有代码都可以在 Docker 容器中运行。

下载示例代码文件

读者可以从 www.packtpub.com 下载本书的示例代码文件。具体步骤如下：

（1）注册并登录 www.packtpub.com。

（2）在页面顶部的搜索框中输入图书名称 OpenCV 4 with Python Blueprints（不区分大小写，也不必输入完整），即可看到本书，单击打开链接，如图 P-1 所示。

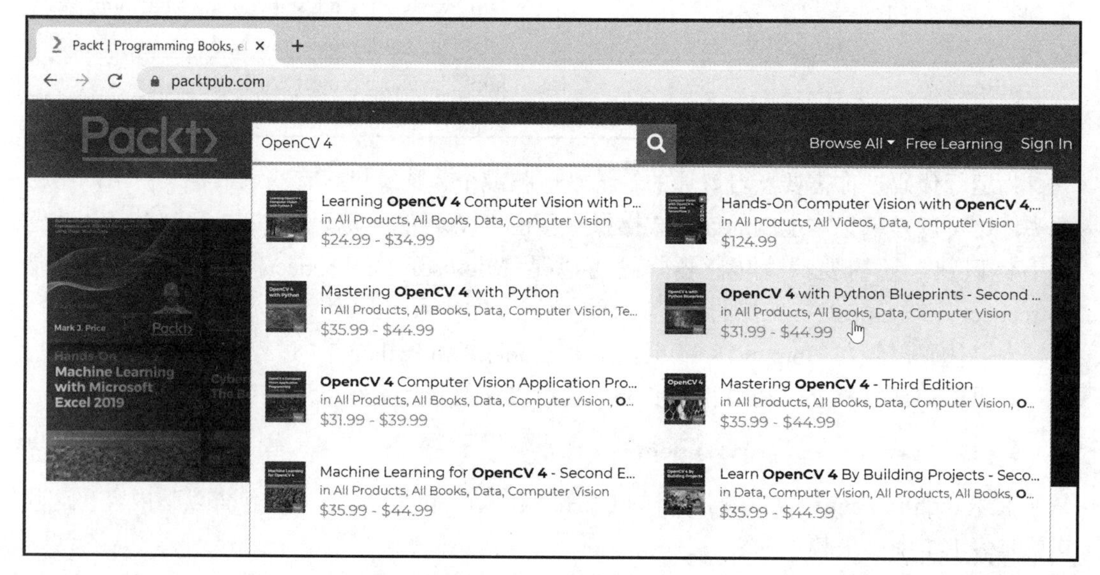

图 P-1　搜索图书名

（3）在本书详情页面中，找到并单击 Download code from GitHub（从 GitHub 下载代码文件）按钮，如图 P-2 所示。

提示：

如果你看不到该下载按钮，可能是没有登录packtpub账号。该站点可免费注册账号。

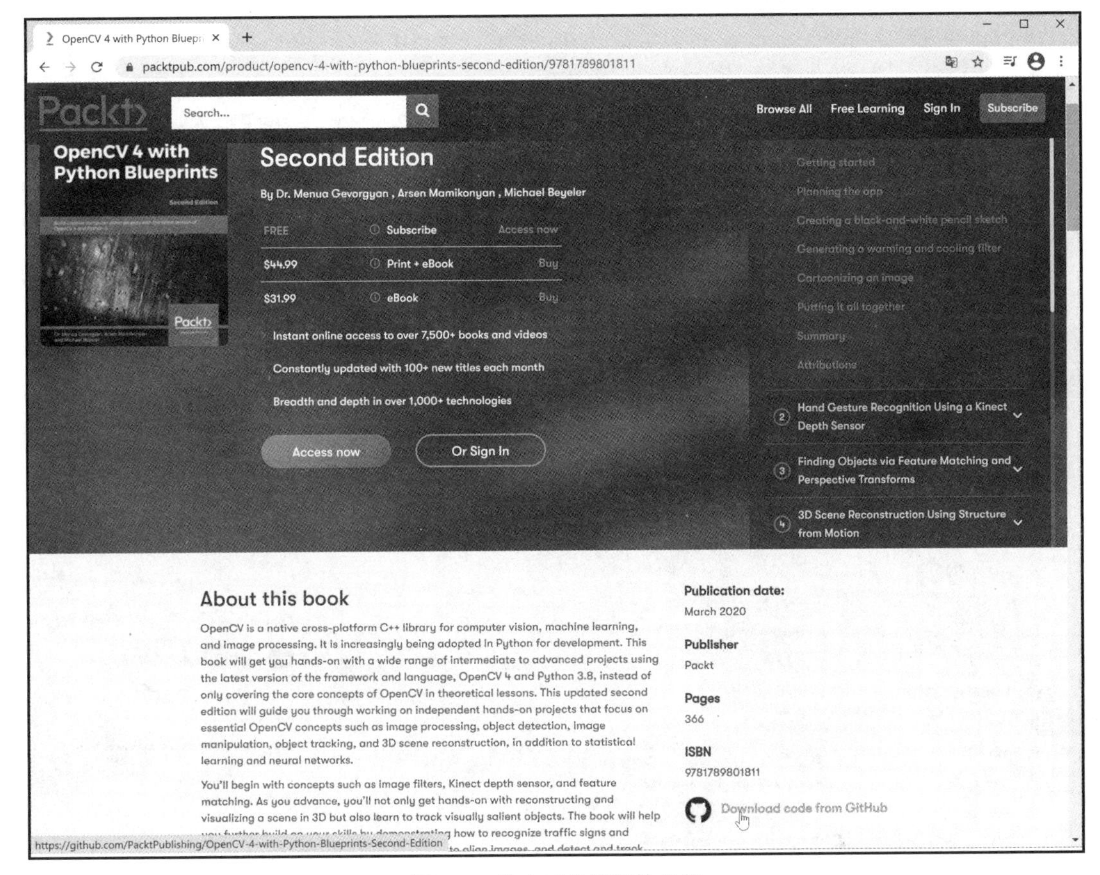

图 P-2　单击下载代码的按钮

（4）在本书 GitHub 源代码下载页面中，单击右侧的 Code（代码）按钮，在弹出的下拉菜单中选择 Download ZIP（下载压缩包），如图 P-3 所示。

下载文件后，请确保使用最新版本解压缩或解压缩文件夹：

- WinRAR/7-Zip（Windows 系统）。
- Zipeg/iZip/UnRarX（Mac 系统）。
- 7-Zip/PeaZip（Linux 系统）。

你也可以直接访问本书在 GitHub 上的存储库，其网址如下：

https://github.com/PacktPublishing/OpenCV-4-with-Python-Blueprints-Second-Edition

如果代码有更新，则也会在现有 GitHub 存储库上更新。

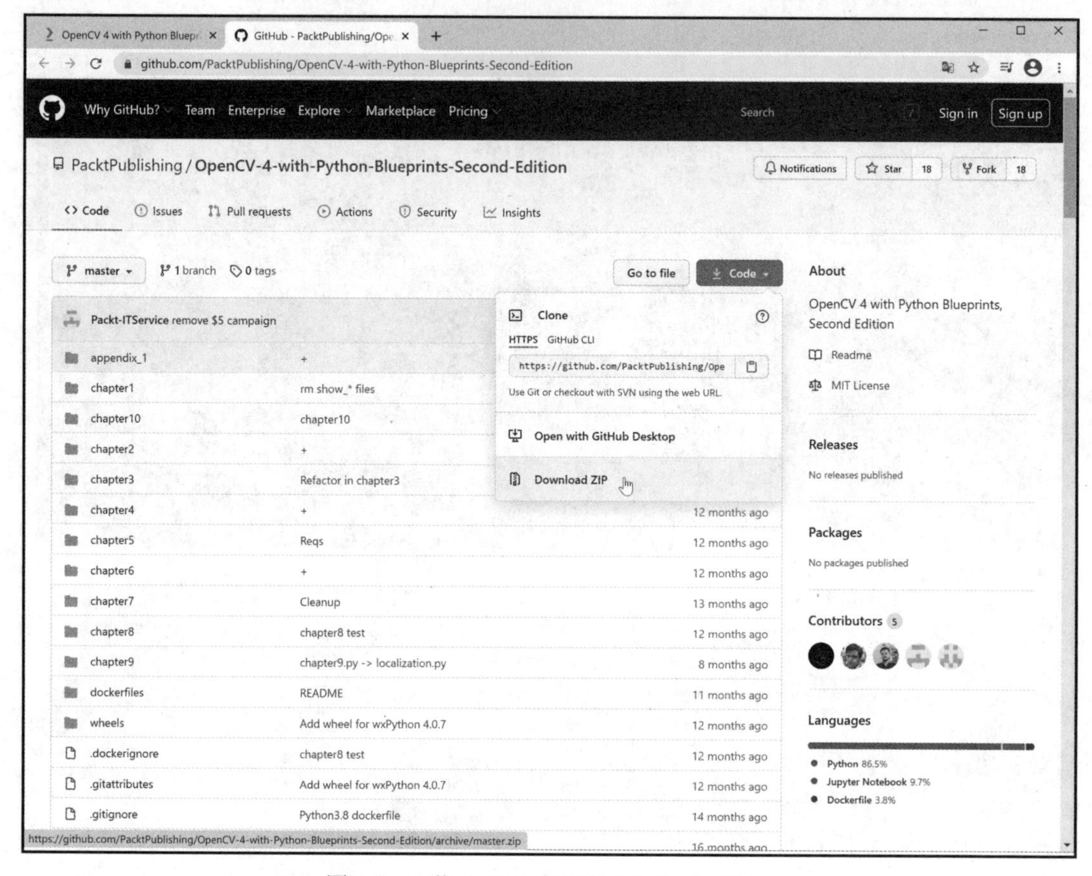

图 P-3　下载 GitHub 存储库中的代码压缩包

下载彩色图像

我们还提供了一个 PDF 文件，其中包含本书中使用的屏幕截图/图表的彩色图像。可以通过以下地址下载：

http://static.packt-cdn.com/downloads/9781789801811_ColorImages.pdf

本书约定

本书中使用了许多文本约定。

（1）CodeInText：表示文本中的代码字、数据库表名、文件夹名、文件名、文件扩展名、路径名、虚拟 URL、用户输入和 Twitter 句柄等。以下段落就是一个示例：

```
你可以在以下 GitHub 存储库中找到本章介绍的代码：

https://github.com/PacktPublishing/
OpenCV-4-with-Python-Blueprints-Second-Edition/tree/master/chapter3
```

（2）有关代码块的设置如下所示：

```
import argparse

import cv2
import numpy as np

from classes import CLASSES_90
from sort import Sort
```

（3）任何命令行输入或输出都采用如下所示的粗体代码形式：

```
$ python chapter8.py collect
```

（4）术语或重要单词采用中英文对照形式，在括号内保留其英文原文。示例如下：

```
在计算机视觉中，在图像中找到感兴趣区域的过程称为特征检测（Feature Detection）。在后台，对于图像中的每个点，特征检测算法都会确定图像点是否包含感兴趣的特征。OpenCV 提供了范围广泛的特征检测算法。
```

（5）对于界面词汇将保留英文原文，在括号内添加其中文翻译。示例如下：

```
其具体思路是，单击 6 个单选按钮之一以指示你要录制的面部表情，然后将头部放在边界框内，再单击 Take Snapshot（拍摄快照）按钮。
```

（6）本书还使用了以下两个图标。

表示警告或重要的注意事项。

表示提示或小技巧。

关于作者

Menua Gevorgyan 博士是一位经验丰富的研究人员，具有信息技术和服务行业的长期工作经历。他精通计算机视觉、深度学习、机器学习和数据科学，并且在 OpenCV 和 Python 编程方面拥有丰富的经验。他对机器感知和机器理解问题感兴趣，并有意探索让机器像人类一样感知世界。

“感谢 Rosal Colaco 为提高本书质量所做的辛苦努力，也感谢 Sandeep Mishra 对于本书的良好建议。”

Arsen Mamikonyan 是一位经验丰富的机器学习专家，曾在硅谷和伦敦工作，还曾在亚美尼亚美国大学（奥克兰）任教。他精通应用机器学习和数据科学，并使用 Python 和 OpenCV 等构建了现实应用程序。他拥有麻省理工学院的工程学硕士学位，专攻人工智能。

“感谢我的妻子 Lusine，以及我的父母 Gayane 和 Andranik，他们在我写作这本书的过程中不断鼓励我。还要感谢我的合著者 Menua，他在忙碌的工作日程中始终与我保持紧密联系，并在我们从事这个项目的过程中保持了很高的积极性。”

Michael Beyeler 是华盛顿大学神经工程和数据科学的博士后研究员，他正在研究仿生视觉的计算模型，以改善植入视网膜假体（仿生眼）的盲人的知觉体验。

他的工作处于神经科学、计算机工程、计算机视觉和机器学习的交叉领域。他还是多个开源软件项目的积极贡献者，并且在 Python、C/C++、CUDA、MATLAB 和 Android 等方面拥有专业的编程经验。Michael 拥有加州大学尔湾分校的计算机科学博士学位，以及瑞士苏黎世联邦理工学院的生物医学工程理学硕士学位和电气工程理学学士学位。

关于审稿人

Sri Manikanta Palakollu 是一名在 JNTUH SICET 攻读计算机科学与工程学士学位的本科生。他是他所在大学的 OpenStack 开发人员社区的创始人。

他已经开始了自己的职业程序员生涯。他喜欢解决与数据科学领域有关的问题。他的兴趣包括数据科学、应用程序开发、Web 开发、网络安全和技术写作。他在 *Hacker Noon*、*freeCodeCamp*、*Towards Data Science* 和 *DDI* 等出版物上发表了许多有关数据科学、机器学习、编程和网络安全的文章。

目　　录

第 1 章　滤　　镜

本章的目的是开发图像处理滤镜，然后将它们应用于网络摄像头的实时视频流。这些滤镜将依靠各种 OpenCV 函数来操作矩阵（包括拆分、合并和算术运算等），并且可为复杂函数应用查找表（Lookup Table）。

本章将介绍以下 3 种效果，以使你能初步了解 OpenCV。

- 暖调（Warming）和冷调（Cooling）滤镜：这将需要使用查找表实现我们自己的曲线滤镜（Curve Filter）。
- 黑白铅笔素描（Black-and-White Pencil Sketch）：这将需要利用两种图像混合技术，即减淡（Dodging）和加深（Burning）。
- 卡通化（Cartoonizer）：这将需要结合使用双边滤镜（Bilateral Filter）、中值滤镜（Median Filter）和自适应阈值（Adaptive Thresholding）。

OpenCV 是一个高级工具链。它通常会提出一个问题，这个问题不是如何从头开始实现某些东西，而是根据你的需求选择哪一种预定义的实现。如果你有很多可用的计算资源，那么生成复杂的效果一点儿也不难。这里的挑战通常在于找到一种既能完成工作又具有时间成本效益的方法。

与通过理论课教授图像处理的基本概念不同，我们将采用一种更实用的方法，并开发一个集成了多种图像滤镜技术的端到端应用程序。我们将运用学习到的理论知识来寻求一个不仅有效而且可以加快貌似复杂的效果生成的解决方案，以便你即使是使用笔记本电脑也可以实时生成这些效果。

本章将学习如何使用 OpenCV 执行以下操作。

- 创建黑白铅笔素描。
- 应用铅笔素描变换。
- 生成暖调和冷调滤镜。
- 创建图像卡通化效果。
- 综合演练。

上述操作可使你熟悉将图像加载到 OpenCV，并使用 OpenCV 对这些图像应用不同的变换。本章将帮助你了解有关 OpenCV 操作的基础知识，在后续章节中，将着重介绍各算法的内部原理。

首先我们将介绍本章操作所需的准备工作。

1.1 准备工作

本书中的所有代码均针对 OpenCV 4.2，并已在 Ubuntu 18.4 上进行了测试。本书将需要使用 NumPy 包，其网址如下：

http://www.numpy.org

此外，本章还需要 SciPy 软件包的 UnivariateSpline 模块和适用于跨平台图形用户界面（Graphical User Interface，GUI）程序的 wxPython 4.0 模块，它们的网址如下：

http://www.scipy.org
http://www.wxpython.org/download.php

我们将尽可能避免使用更多的依赖项。

有关本书的依赖项，请参阅附录 A“应用程序性能分析和加速”以及附录 B“设置 Docker 容器”。

你可以在以下 GitHub 存储库中找到本章介绍的代码：

https://github.com/PacktPublishing/OpenCV-4-with-Python-Blueprints-Second-Edition/tree/master/chapter1

我们将从本章要创建的应用程序开始规划。

1.2 规划应用程序

最终应用程序必须包含以下模块和脚本。

- wx_gui.py：该模块是我们使用 wxpython 实现的基本 GUI。本书将广泛使用此文件。该模块包括 wx_gui.BaseLayout 布局，这是一个通用布局类，可以从中构建更复杂的布局。
- chapter1.py：这是本章的主要脚本。它包含以下函数和类。
  - chapter1.FilterLayout：这是基于 wx_gui.BaseLayout 的自定义布局，它显示摄像头画面和一行单选按钮，使用户可以从可用的图像滤镜中进行选择，以将其应用于摄像头画面的每一帧。

  - chapter1.main：这是启动 GUI 应用程序和访问网络摄像头（Webcam）的主要例程函数。
- tools.py：这是一个 Python 模块，包含本章中使用的许多辅助函数，可以将其重复用于多个项目。

第 1.3 节将演示如何创建黑白铅笔素描。

1.3　创建黑白铅笔素描

为了获得摄像头画面帧的铅笔素描（即黑白图）效果，我们将使用两种图像混合技术，即减淡和加深。这些术语指的是在传统摄影冲印过程中采用的技术。在传统摄影冲印过程中，摄影师可以控制暗室中某个区域的曝光时间，以使其变亮或变暗。减淡（Dodging）使图像变亮（Lighten），而加深（Burning）则使图像变暗（Darken）。不需要进行更改的区域则用遮罩（Mask）保护起来。

如今，诸如 Photoshop 和 Gimp 之类的现代图像编辑软件提供了在数字图像中模拟这些效果的方法。例如，遮罩（Mask，在 Photoshop 术语中称为“蒙版”）仍然被用来模仿改变图像的曝光时间的效果，其中具有相对强值的蒙版的区域将使图像更多地曝光（Expose），从而使图像变亮。OpenCV 不提供实现这些技术的原生函数。但是，通过一些技巧，我们可以得出自己的有效实现方案，以产生漂亮的铅笔素描效果。

通过互联网搜索可以发现，从 RGB（对应指红色、绿色和蓝色）彩色图像中获得铅笔素描可遵循以下通用过程。

（1）将彩色图像转换为灰度图。

（2）反相灰度图像以得到负片。

（3）对步骤（2）中的负片应用高斯模糊（Gaussian Blur）。

（4）将步骤（1）获得的灰度图和步骤（3）获得的模糊负片混合（Blend）在一起，混合模式为颜色减淡（Color Dodge）。

步骤（1）到步骤（3）的实现都很简单，而步骤（4）则可能会有一些棘手。我们需要先解决这个问题。

注意：

OpenCV 3 有现成的铅笔素描效果。cv2.pencilSketch 函数使用的域滤镜是 Eduardo Gastal 和 Manuel Oliveira 在其 2011 年论文 *Domain Transform for Edge-Aware Image and*

Video Processing（用于边缘感知图像和视频处理的域变换）中引入的。本书将开发自己的滤镜。

接下来将演示如何在 OpenCV 中实现减淡和加深效果。

1.3.1 了解使用减淡和加深技术的方法

减淡可以减少我们希望在图像 A 中变得比以前更亮的图像区域的曝光。在图像处理中，我们通常选择或指定需要使用蒙版更改的图像区域。蒙版 B 是与图像尺寸相同的数组，蒙版将应用于图像，可以将蒙版视为一张纸，这张纸上有若干个小孔，蒙版将覆盖在图像上。纸上的“孔”以 255 表示（如果在 0～1 的范围工作，则用 1 表示），不透明区域则以 0 表示。这和 Photoshop 蒙版的意义是一样的。在 Photoshop 蒙版中，黑色代表不显示，灰色代表透明，而白色则代表完全显示。

在诸如 Photoshop 之类的现代图像编辑工具中，可通过使用下面的三元运算符语句对图像 A 和蒙版 B 实现颜色减淡效果，该三元运算符语句使用索引 i 指示每个像素：

```
((B[i] == 255) ? B[i] :
    min(255, ((A[i] << 8) / (255 - B[i]))))
```

上面的代码本质上是将 A[i]图像像素的值除以 B[i]蒙版像素值（范围为 0～255）的倒数，同时确保所得的像素值在(0, 255)的范围，并且不能出现除以 0 的错误。

上面这个看起来有些复杂的表达式或代码可以转换为以下原生 Python 函数，该函数接收两个 OpenCV 矩阵（image 和 mask）并返回混合图像：

```
def dodge_naive(image, mask):
    # 确定输入图像的形状
    width, height = image.shape[:2]

    # 准备和图像大小一样的输出参数
    blend = np.zeros((width, height), np.uint8)

    for c in range(width):
        for r in range(height):

            # 按 8 位移位图像的像素值
            # 除以蒙版的负片
            result = (image[c, r] << 8) / (255 - mask[c, r])

            # 确保结果值在范围内
```

```
            blend[c, r] = min(255, result)
    return blend
```

正如你可能已经猜到的那样，上述代码虽然在功能上可能是正确的，但毫无疑问，它的执行速度会非常慢。首先，该函数使用了 for 循环，这在 Python 中几乎总是一个坏主意。其次，NumPy 数组（Python 中 OpenCV 图像的底层格式）针对数组计算进行了优化，因此分别访问和修改每个 image[c, r]像素将非常慢。

相反，我们应该意识到<< 8 运算与将像素值乘以数字 2^8（即 256）相同，并且像素级的除法可以使用 cv2.divide 函数实现。因此，可以利用矩阵乘法改进 dodge 函数，使其执行速度更快。具体如下所示：

```
import cv2

def dodge(image, mask):
    return cv2.divide(image, 255 - mask, scale=256)
```

可以看到，我们已经将 dodge 函数简化为仅一行代码！新的 dodge 函数产生的结果与 dodge_naive 函数相同，但是其执行速度比原生版本快几个数量级。除此之外，cv2.divide 还会自动处理零除错误，使其结果为 0（即，当 255-mask 为零时，结果为 0）。

图 1-1 显示了 Lena.png 图像在减淡之后的效果对比。我们在一个正方形范围内执行了减淡操作，该正方向的像素范围为(100：300, 100：300)。

图 1-1　图片版权——作品名称：Lenna，作者：Conor Lawless，以 CC BY 2.0 许可

原　文	译　文
before	减淡处理之前
after dodge	减淡处理之后

注意：

CC 许可协议是指知识共享（Creative Commons）许可协议，它规定了以下 4 项权利的选择。

- 署名（attribution，BY）：从 2.0 版本开始，所有的 CC 许可证都要求署名。其他权利的缩写都是取自对应英文的首字母，只有署名（BY）是来自英文介词 by（由…创作）。
- 继承（Share-Alike，SA）："相同方式共享"，要求被许可人在对作品进行改编后，改编后的作品必须以相同的许可证发布。
- 非盈利（Non-Commercial，NC）："非商业性使用"，被许可人可以任意使用作品，只要不用于商业用途即可。
- 禁止演绎（No Derivative Works，ND）：除了不能对作品进行改编或混合外，被许可人可以任意使用作品。

图 1-1 以 CC BY 2.0 许可表示共享时必须署名。

可以看到，在右侧照片中，变亮的区域非常明显，因为过渡非常清晰。有多种方法可以纠正此问题，下文将介绍其中一种方法。

接下来，我们将学习如何通过使用二维卷积来获得高斯模糊。

1.3.2　使用二维卷积实现高斯模糊

通过将图像与高斯值的内核进行卷积即可实现高斯模糊。二维卷积（Two-Dimensional Convolution）是在图像处理中使用非常广泛的手段。一般来说，我们可以假设有一幅大图（可先以该特定图像的 5×5 子区域为例），并且还有一个内核（或滤镜，也称为滤波器），它是另一个较小尺寸的矩阵（假设为 3×3）。

为了获得卷积值，假设要取得 location(2, 3)处的值。我们将内核居中放置在 location(2, 3)处，然后计算覆盖矩阵与内核的逐个点的点积，并取总和。结果值（即 158.4）是我们在 location(2, 3)处的另一个矩阵上写入的值。在图 1-2 中，覆盖矩阵是左侧一个突出显示的区域，以灰色显示。

对所有元素重复此过程，得到的矩阵（右边的矩阵）是内核与图像的卷积。在图 1-2 的左侧，可以在框中看到像素值（值大于 100）的原始图像。我们还看到了一个橙色的滤镜，每个单元格的右下角都有一个值（0.1 或 0.2 的集合，总和为 1）。在右侧的矩阵中，可以看到将滤镜应用于左侧图像时的值。

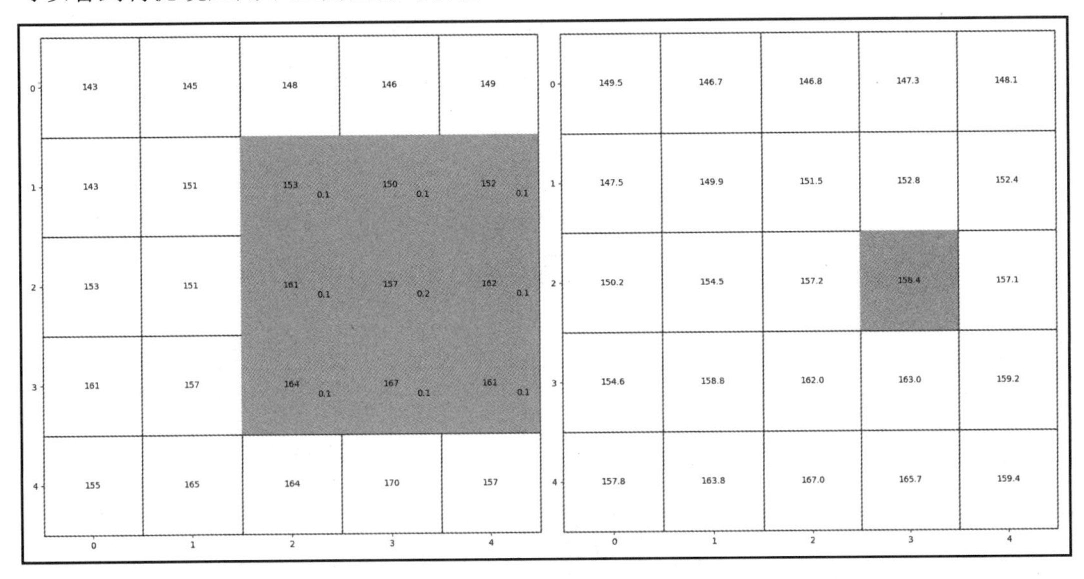

图 1-2　卷积计算

请注意，对于边界上的点，内核未与矩阵对齐，因此我们必须找出一种为这些点提供值的策略。目前还没有一个适用于所有情形的好策略，比较常见的方法是用零扩展边界或用边界值进行扩展。

接下来将讨论如何使普通图片转换为铅笔素描图。

1.3.3　应用铅笔素描变换效果

有了从前面两小节学到的技巧做基础，现在可以看一下整个过程。

注意：

最终代码可以在 tools.py 文件的 convert_to_pencil_sketch 函数中找到。

以下过程显示了如何将彩色图像转换为灰度图像。之后，我们的目标是将灰度图像与模糊的负片混合。

（1）将 RGB 图像（imgRGB）转换为灰度图：

```
img_gray = cv2.cvtColor(img_rgb, cv2.COLOR_RGB2GRAY)
```

如你所见，我们已经使用 cv2.COLOR_RGB2GRAY 作为 cv2.cvtColor 函数的参数，该函数会更改颜色空间。请注意，输入图像无论是 RGB 还是 BGR（这是 OpenCV 的默认设置）都没有关系，最终都可以获得一幅很好的灰度图像。

（2）将图像反转并使用大小为(21, 21)的较大高斯内核对其进行模糊处理：

```
inv_gray = 255 - gray_image
blurd_image = cv2.GaussianBlur(inv_gray, (21, 21), 0, 0)
```

（3）使用 dodge 模式将原始灰度图像与模糊之后的负片混合在一起：

```
gray_sketch = cv2.divide(gray_image, 255-Fuzzy_image, scale = 256)
```

生成的图像如图 1-3 所示。

图 1-3　图片版权——作品名称：Lenna，作者：Conor Lawless，以 CC BY 2.0 许可

原　　文	译　　文
before	执行铅笔素描变换之前
after convert_to_pencil_sketch	convert_to_pencil_sketch 变换之后

你是否注意到我们的代码其实还可以进一步优化？接下来，就让我们看一下如何使用 OpenCV 进行优化。

1.3.4　使用高斯模糊的优化版本

高斯模糊基本上是使用高斯函数执行的卷积。简而言之，卷积的特征之一就是它们的关联属性，这意味着我们先反转图像然后对其进行模糊处理，还是先模糊图像然后对其进行反转都没有关系。

如果我们从模糊的图像开始并将其负片传递给 dodge 函数，则在该函数内，图像将再次反转（255-mask 部分），本质上会产生原始图像。如果去掉这些多余的操作，则经过优化的 convert_to_pencil_sketch 函数将如下所示：

```
def convert_to_pencil_sketch(rgb_image):
    gray_image = cv2.cvtColor(rgb_image, cv2.COLOR_RGB2GRAY)
    blurred_image = cv2.GaussianBlur(gray_image, (21, 21), 0, 0)
    gray_sketch = cv2.divide(gray_image, blurred_image, scale=256)
    return cv2.cvtColor(gray_sketch, cv2.COLOR_GRAY2RGB)
```

这里的优化思路是，将变换之后的图像（img_sketch）与背景图像（canvas）简单混合在一起，使其看起来就像是在画布上绘制图像一样。因此，在返回结果之前，我们希望将其与 canvas 混合（如果存在 canvas 的话）：

```
if canvas is not None:
    gray_sketch = cv2.multiply(gray_sketch, canvas, scale=1 / 256)
```

将最终函数命名为 pencil_sketch_on_canvas，它看起来应如下所示：

```
def pencil_sketch_on_canvas(rgb_image, canvas=None):
    gray_image = cv2.cvtColor(rgb_image, cv2.COLOR_RGB2GRAY)
    blurred_image = cv2.GaussianBlur(gray_image, (21, 21), 0, 0)
    gray_sketch = cv2.divide(gray_image, blurred_image, scale=256)
    if canvas is not None:
        gray_sketch = cv2.multiply(gray_sketch, canvas, scale=1 / 256)
    return cv2.cvtColor(gray_sketch, cv2.COLOR_GRAY2RGB)
```

这就是优化之后的 convert_to_pencil_sketch 函数，它带有可选的 canvas 参数，可以为铅笔素描增加艺术感。

运行优化之后的代码，其最终输出如图 1-4 所示。

在第 1.4 节中，我们将讨论如何生成暖调和冷调滤镜，在此过程中，你将学习如何使用查找表进行图像处理。

图 1-4　图片版权——作品名称：Lenna，作者：Conor Lawless，以 CC BY 2.0 许可

原　文	译　文
after convert_to_pencil_sketch with canvas	使用 canvas 参数执行 convert_to_pencil_sketch 变换之后

1.4　生成暖调和冷调滤镜

当感知图像时，我们的大脑会根据许多微妙的线索推断出有关场景的重要细节。例如，在明亮的日光下，高光可能会因为在阳光直射下而具有淡黄色的色彩，而阴影可能会由于蓝天的环境光而显得略带一些蓝色。当我们看到具有这些颜色属性的图像时，可能会立即联想到晴天。

这种效果对于摄影师而言没什么可稀奇的，他们有时会故意操纵图像的白平衡来传达某种情绪。暖色通常被认为更令人愉悦，而冷色则与夜晚和单调乏味相关。

为了操纵图像的感知色温，我们将实现曲线滤镜。这些滤镜在图像的不同区域之间控制颜色过渡，从而使我们可以巧妙地移动色谱，而不会给图像增加看起来不自然的整体色调。

接下来将介绍如何使用曲线平移来操纵颜色。

1.4.1　通过曲线平移使用颜色操作

曲线滤镜本质上是一个函数 $y = f(x)$，它将输入像素值 x 映射到输出像素值 y。曲线由一组 $n+1$ 个锚点进行参数化，具体如下所示：

$$\{(x_0, y_0), (x_1, y_1), \cdots, (x_n, y_n)\}$$

在这里，每个锚点（Anchor Point）都是一对数字，分别代表输入和输出像素值。例如，数字对(30, 90)表示将输入像素值 30 增加到输出值 90。锚点之间的值是沿着平滑曲线而插入，曲线滤镜的名称也是由此而来。

这样的滤镜可以应用于任何图像通道，无论是单个灰度通道还是 RGB 彩色图像的 R（红色）、G（绿色）和 B（蓝色）通道均可。因此，就我们的目的而言，x 和 y 的所有值必须保持在 0～255。

例如，如果想要使灰度图像稍微亮一些，则可以使用带有以下控制点集的曲线滤镜：

$$\{(0,0), (128,192), (255,255)\}$$

这意味着除 0 和 255 之外的所有输入像素值都会略微增加，从而对图像产生整体的增亮效果。

如果希望这样的滤镜产生看起来很自然的图像，则必须遵守以下两个规则。

- 每组锚点都应包括(0, 0)和(255, 255)。这对于防止图像看起来好像具有整体色调非常重要，因为黑色保持黑色，而白色保持白色。
- $f(x)$函数应单调增加。换句话说，通过增加 x，$f(x)$保持不变或增加（即，从不减少）。这对于确保阴影仍然是阴影而高光仍然是高光非常重要。

接下来将演示如何使用查找表实现曲线滤镜。

1.4.2　使用查找表实现曲线滤镜

曲线滤镜在计算上开销很大，因为每当 x 与预定锚点之一不一致时，必须对 $f(x)$的值进行插值。对我们遇到的每个图像帧的每个像素执行此计算将对性能产生巨大影响。

因此，我们可以改为使用查找表（Lookup Table）。就本示例而言，只有 256 个可能的像素值，因此仅需要为 x 的所有 256 个可能值计算 $f(x)$。

插值由 scipy.interpolate 模块的 UnivariateSpline 函数处理，如以下代码片段所示：

```
from scipy.interpolate import UnivariateSpline
```

```
def spline_to_lookup_table(spline_breaks: list, break_values: list):
    spl = UnivariateSpline(spline_breaks, break_values)
    return spl(range(256)
```

函数的 return 参数是 256 个元素的列表，其中包含 x 的每个可能值的内插 $f(x)$值。

现在我们需要做的是提出一组锚点(x_i, y_i)，并且已经做好了准备，可以将滤镜应用于灰度输入图像（img_gray）：

```
import cv2
import numpy as np

x = [0, 128, 255]
y = [0, 192, 255]
myLUT = spline_to_lookup_table(x, y)
img_curved = cv2.LUT(img_gray, myLUT).astype(np.uint8)
```

结果看起来如图 1-5 所示（原始图像在左侧，转换后的图像在右侧）。

图 1-5　曲线滤镜转换效果

接下来将设计暖调和冷调效果。你还将学习如何将查找表应用于彩色图像，并理解暖调和冷调的工作方式。

1.4.3　设计暖调和冷调效果

如前文所述，通用曲线滤镜可快速应用于任何图像通道，通过这种机制可以解决如何操纵图像的感知色温的问题。同样，最终代码将在 tools 模块中具有自己的函数。

如果你有更多的时间，则不妨多试一试不同的曲线设置。你可以选择任意数量的锚点，并将曲线滤镜应用于你可以想到的任何图像通道（如 red、green、blue、hue、 saturation、brightness 和 lightness 等）。你甚至可以合并多个通道，或减少一个通道，再将另一个通道移至所需区域。尝试查看和理解这些操作的结果。

当然，如果各种可能性把你搞得眼花缭乱不得要领，则可以采取我们介绍的方法。首先，通过使用前面步骤中开发的 spline_to_lookup_table 函数，定义两个通用曲线滤镜：一个可以（按趋势）增加通道的所有像素值，另一个则是减少它们：

```
INCREASE_LOOKUP_TABLE = spline_to_lookup_table([0, 64, 128, 192, 256],
                                                [0, 70, 140, 210, 256])
DECREASE_LOOKUP_TABLE = spline_to_lookup_table([0, 64, 128, 192, 256],
                                                [0, 30, 80, 120, 192])
```

现在来研究一下如何将查找表应用于 RGB 图像。OpenCV 有一个很好用的函数，叫作 cv2.LUT，它可以接受一个查找表作为参数并将其应用于矩阵。因此，我们首先必须将图像分解为不同的通道：

```
c_r, c_g, c_b = cv2.split(rgb_image)
```

然后，根据需要将滤镜应用于每个通道：

```
if green_filter is not None:
    c_g = cv2.LUT(c_g, green_filter).astype(np.uint8)
```

对 RGB 图像中的 3 个通道都执行此操作，可获得以下辅助函数：

```
def apply_rgb_filters(rgb_image, *,
                      red_filter=None, green_filter=None,
blue_filter=None):
    c_r, c_g, c_b = cv2.split(rgb_image)
    if red_filter is not None:
        c_r = cv2.LUT(c_r, red_filter).astype(np.uint8)
    if green_filter is not None:
        c_g = cv2.LUT(c_g, green_filter).astype(np.uint8)
    if blue_filter is not None:
        c_b = cv2.LUT(c_b, blue_filter).astype(np.uint8)
    return cv2.merge((c_r, c_g, c_b))
```

要使图像看起来像是在炎热的晴天（也许接近日落）拍摄的，最简单的方法是增加图像中的红色，并通过增加色彩饱和度使颜色显得更鲜艳。这可以分以下两个步骤实现。

（1）分别使用 INCREASE_LOOKUP_TABLE 和 DECREASE_LOOKUP_TABLE 增加 R 通道（来自 RGB 图像）中的像素值，并减小 RGB 彩色图像的 B 通道中的像素值：

```
        interim_img = apply_rgb_filters(rgb_image,
red_filter=INCREASE_LOOKUP_TABLE,
blue_filter=DECREASE_LOOKUP_TABLE)
```

（2）将图像转换为 HSV 色彩空间——H 表示色相（Hue），S 表示饱和度（Saturation），V 表示值（Value），并使用 INCREASE_LOOKUP_TABLE 增加 S 通道的值。这可以通过 apply_hue_filters 函数来实现，该函数需要采用一幅 RGB 彩色图像和一个查找表作为输入的参数（这和前面介绍的 apply_rgb_filters 函数是类似的）：

```
def apply_hue_filter(rgb_image, hue_filter):
    c_h, c_s, c_v = cv2.split(cv2.cvtColor(rgb_image, cv2.COLOR_RGB2HSV))
    c_s = cv2.LUT(c_s, hue_filter).astype(np.uint8)
    return cv2.cvtColor(cv2.merge((c_h, c_s, c_v)), cv2.COLOR_HSV2RGB)
```

结果看起来如图 1-6 所示。

图 1-6　暖调变换效果

注意：

彩色图像在黑白印刷的纸版图书上可能不容易辨识效果，本书还提供了一个 PDF 文件，其中包含本书使用的屏幕截图/图表的彩色图像。可以通过以下地址下载：

http://static.packt-cdn.com/downloads/9781789801811_ColorImages.pdf

类似地，我们也可以定义一个冷调滤镜，减小 RGB 图像的 R 通道中的像素值，增加 RGB 图像的 B 通道中的像素值，然后再将图像转换为 HSV 色彩空间，并通过 S 通道降低色彩饱和度：

```
def _render_cool(rgb_image: np.ndarray) -> np.ndarray:
    interim_img = apply_rgb_filters(rgb_image,
                                    red_filter=DECREASE_LOOKUP_TABLE,
                                    blue_filter=INCREASE_LOOKUP_TABLE)
    return apply_hue_filter(interim_img, DECREASE_LOOKUP_TABLE)
```

现在的结果看起来如图 1-7 所示。

图 1-7　冷调变换效果

在第 1.5 节中，我们将探讨如何创建图像的卡通化效果。在此过程中，我们将了解到什么是双边滤镜以及更多内容。

1.5　创建图像卡通化效果

在过去的几年中，专业的卡通化软件突然出现在很多应用场景中。为了获得基本的卡通效果，我们需要一个双边滤镜（Bilateral Filter）和一些边缘检测（Edge Detection）技术。

双边滤镜将减少调色板或图像中使用的颜色数量。这模仿了卡通的绘图过程，因为漫画家通常只有很少的颜色可以使用。然后，我们可以对生成的图像进行边缘检测，以生成加粗轮廓。当然，真正的挑战在于双边滤镜的计算成本。因此，我们将使用一些技巧来实时产生可接受的卡通效果。

可遵循以下过程将 RGB 彩色图像转换为卡通图像。

（1）应用双边滤镜以减少图像的调色板。

（2）将原始彩色图像转换为灰度图像。

（3）应用中值模糊（Median Blur）以减少图像噪点。

（4）使用自适应阈值（Adaptive Thresholding）检测并强调边缘蒙版中的边缘。

（5）将步骤（1）中的彩色图像与步骤（4）中的边缘遮罩组合在一起。

在接下来的小节中，我们将详细阐释上面提到的步骤。首先，我们将学习如何使用双边滤镜以获得具有边缘感知的平滑效果。

1.5.1　使用双边滤镜

强大的双边滤镜非常适合将 RGB 图像转换为彩色绘画或卡通图像，因为它在平滑平坦区域的同时，还可以保持边缘清晰。该滤镜的唯一缺点是其计算成本，它比其他平滑操作（如高斯模糊）要慢几个数量级。

当我们需要减少计算成本时，要采取的第一个措施是对低分辨率的图像执行操作。为了将 RGB 图像（imgRGB）缩小到其尺寸的 1/4（即将宽度和高度均减小到原图像的一半），可以使用 cv2.resize：

```
img_small = cv2.resize(img_rgb, (0,0), fx = 0.5, fy = 0.5)
```

调整大小后的图像中的像素值将对应于原始图像中较小邻域的像素平均值。但是，此过程可能会产生图像伪影（Image Artifact），这也称为锯齿（Aliasing）。尽管图像锯齿本身是一个大问题，但可能会通过后续处理（如边缘检测）来增强负片效果。

更好的做法可能是使用高斯金字塔（Gaussian Pyramid）进行缩小（Downscaling），即缩小到原始大小的 1/4。高斯金字塔由模糊操作组成，该操作在对图像重新采样之前执行，从而减少了任何锯齿效果：

```
downsampled_img = cv2.pyrDown(rgb_image)
```

但是，即使在这种大小比例下，双边滤镜仍然可能太慢而无法实时运行。另一个技巧是重复（如 5 次）对图像应用一个很小的双边滤镜，而不是一次应用一个很大的双边滤镜：

```
for _ in range(num_bilaterals):
    filterd_small_img = cv2.bilateralFilter(downsampled_img, 9, 9, 7)
```

cv2.bilateralFilter 中的 3 个参数控制的分别是像素邻域的直径（d = 9）、滤镜在颜色空间中的标准偏差（sigmaColor = 9）和在坐标空间中的标准偏差（sigmaSpace = 7）。

因此，要使用双边滤镜，可以按以下步骤操作。

（1）多次调用 pyrDown 函数对图像进行下采样（Downsample）：

```
downsampled_img = rgb_image
for _ in range(num_pyr_downs):
    downsampled_img = cv2.pyrDown(downsampled_img)
```

（2）多次应用双边滤镜：

```
    for _ in range(num_bilaterals):
        filterd_small_img = cv2.bilateralFilter(downsampled_img, 9, 9, 7)
```

（3）将其上采样（Upsample）到原始大小：

```
filtered_normal_img = filterd_small_img
for _ in range(num_pyr_downs):
    filtered_normal_img = cv2.pyrUp(filtered_normal_img)
```

结果产生了一幅令人毛骨悚然的程序员的模糊绘画，如图 1-8 所示。

图 1-8　左图是一个程序员，右图形似一个恐怖分子

接下来将演示如何检测和强调突出的边缘。

1.5.2　检测并强调突出的边缘

同样，在边缘检测方面，挑战通常不在于底层算法的工作原理，而在于为手头任务选择有效的特定算法。你可能已经熟悉各种边缘检测程序。例如，Canny 边缘检测（Canny Edge Detection，cv2.Canny）提供了一种相对简单而有效的方法来检测图像中的边缘，但是它容易受到噪声的影响。

Sobel 运算符（Sobel Operator，cv2.Sobel）可以减少前面提到的锯齿问题，但它不是旋转对称的。Scharr 运算符（Scharr Operator，cv2.Scharr）旨在纠正此问题，但它仅查看一阶图像导数。

如果你感兴趣的话，还有更多运算符（也称为算子）供你选择，例如 Laplacian Ridge 运算符（包括二阶导数），但是它们要复杂得多。

最后，对于本示例来说，它们的效果可能都不会太好，这也许是因为它们像其他任何算法一样容易受到照明条件的影响。

因此，在本示例中，我们将选择一个甚至可能与常规边缘检测不太相关的函数——cv2.adaptiveThreshold。与 cv2.threshold 一样，此函数使用阈值像素值将灰度图像转换为二进制图像。也就是说，如果原始图像中的像素值大于阈值，那么最终图像中的像素值将为 255，否则，它将为 0。

当然，自适应阈值的优点在于它不会查看图像的整体属性。也就是说，它不会考虑全局图像特征，而是独立地检测每个小邻域中最显著的特征。这使算法在各种照明条件下具有极强的鲁棒性，而这正是我们试图在物体和卡通人物周围绘制加粗黑色轮廓时所需要的。

但是，这也使算法容易受到噪声的影响。为了解决这个问题，可以使用中值滤镜对图像进行预处理。中值滤镜（Median Filter）将按照其名称的含义执行操作：将每个像素值替换为小像素邻域中所有像素的中值。

因此，要检测边缘，请按以下步骤操作。

（1）首先将 RGB 图像（rgb_image）转换为灰度图（img_gray），然后使用 7 个像素的局部邻域应用中值模糊：

```
# 转换为灰度图并应用中值模糊
img_gray = cv2.cvtColor(rgb_image, cv2.COLOR_RGB2GRAY)
img_blur = cv2.medianBlur(img_gray, 7)
```

（2）降低噪声后，可以使用自适应阈值技术检测并增强边缘。即使存在一些图像噪声，cv2.ADAPTIVE_THRESH_MEAN_C 算法（使用 blockSize=9 设置）仍可确保将阈值应用于 9×9 邻域（减去 C=2）的平均值：

```
gray_edges = cv2.adaptiveThreshold(img_blur, 255,
                                   cv2.ADAPTIVE_THRESH_MEAN_C,
                                   cv2.THRESH_BINARY, 9, 2)
```

自适应阈值的结果如图 1-9 所示。

图 1-9　使用自适应阈值技术检测并增强边缘的结果

接下来将介绍如何将颜色和轮廓组合在一起以创建卡通效果。

1.5.3 组合颜色和轮廓以创建卡通效果

现在还剩下最后一步，那就是将先前获得的两种效果结合起来。

只需使用 cv2.bitwise_and 将两个效果融合在一起应用于图像即可。完整的函数如下：

```
def cartoonize(rgb_image, *,
               num_pyr_downs=2, num_bilaterals=7):
    # 步骤 1——应用双边滤镜以减少图像调色板中的颜色
    downsampled_img = rgb_image
    for _ in range(num_pyr_downs):
        downsampled_img = cv2.pyrDown(downsampled_img)

    for _ in range(num_bilaterals):
        filterd_small_img = cv2.bilateralFilter(downsampled_img, 9, 9, 7)

    filtered_normal_img = filterd_small_img
    for _ in range(num_pyr_downs):
        filtered_normal_img = cv2.pyrUp(filtered_normal_img)

    # 确保生成的图像具有和源图像相同的尺寸
    if filtered_normal_img.shape != rgb_image.shape:
        filtered_normal_img = cv2.resize(
        filtered_normal_img, rgb_image.shape[:2])

    # 步骤 2——将原始彩色图像转换为灰度图
    img_gray = cv2.cvtColor(rgb_image, cv2.COLOR_RGB2GRAY)
    # 步骤 3——应用中值模糊以降低图像噪声
    img_blur = cv2.medianBlur(img_gray, 7)

    # 步骤 4——使用自适应阈值以检测并增强边缘
    gray_edges = cv2.adaptiveThreshold(img_blur, 255,
                                       cv2.ADAPTIVE_THRESH_MEAN_C,
                                       cv2.THRESH_BINARY, 9, 2)
    # 步骤 5——合并步骤 1 中获得的彩色图像和步骤 4 中获得的边缘增强图像
    rgb_edges = cv2.cvtColor(gray_edges, cv2.COLOR_GRAY2RGB)
    return cv2.bitwise_and(filtered_normal_img, rgb_edges)
```

其结果如图 1-10 所示。

图 1-10　图像卡通化效果

第 1.6 节将设置主脚本并设计一个 GUI 应用程序。

1.6 综 合 演 练

在前面的小节中，我们实现了几个很好用的滤镜，演示了如何使用 OpenCV 获得黑白铅笔素描、暖调和冷调、卡通化等效果。本节将构建一个交互式应用程序，使用户可以将这些滤镜实时应用于笔记本电脑的摄像头。

因此，我们需要编写一个用户界面（User Interface，UI），以允许捕获摄像头数据流，另外还需要添加一些按钮，以便用户可以选择要应用的滤镜。

本示例将从使用 OpenCV 设置摄像头捕获开始，然后使用 wxPython 围绕摄像头功能构建一个用户界面。

1.6.1 运行应用程序

要运行该应用程序，可切换到 Chapter1.py 脚本。请按照以下步骤操作。

（1）导入所有必要的模块：

```
import wx
```

```
import cv2
import numpy as np
```

（2）还必须导入通用 GUI 布局（从 wx_gui）和所有已设计的图像效果（从 tools）：

```
from wx_gui import BaseLayout
from tools import apply_hue_filter
from tools import apply_rgb_filters
from tools import load_img_resized
from tools import spline_to_lookup_table
from tools import cartoonize
from tools import pencil_sketch_on_canvas
```

（3）OpenCV 提供了一种直接的方法来访问计算机的网络摄像头或摄像头设备。以下代码段可使用 cv2.VideoCapture 打开计算机的默认摄像头 ID（0）：

```
def main():
    capture = cv2.VideoCapture(0)
```

（4）为了减轻应用程序实时运行的计算成本，可以将视频流的大小限制为 640×480 像素：

```
capture.set(cv2.CAP_PROP_FRAME_WIDTH, 640)
capture.set(cv2.CAP_PROP_FRAME_HEIGHT, 480)
```

（5）可以将 capture 流传递给图形用户界面（GUI）应用程序，后者是 FilterLayout 类的实例：

```
# 启动图形用户界面
app = wx.App()
layout = FilterLayout(capture, title='Fun with Filters')
layout.Center()
layout.Show()
app.MainLoop()
```

可以看到，在创建 FilterLayout 之后，我们设置了布局的居中对齐，使其出现在屏幕中央。调用了 Show()来实际显示布局。最后，还调用了 app.MainLoop()，因此该应用程序将开始工作，接收和处理事件。

现在剩下唯一要做的事就是设计前面所说的图形用户界面（GUI）。

1.6.2　映射 GUI 基类

FilterLayout GUI 将基于 BaseLayout 通用平面布局类，后面章节还会使用到它。

BaseLayout 类被设计为抽象基类（Abstract Base Class）。可以将该类视为适用于所有布局的蓝图（Blueprint），也就是说，它是一个基础框架类，可用作后续所有 GUI 代码的框架。

首先导入将使用的程序包，具体包括 wxPython 模块（用于创建 GUI）、Numpy（用于执行矩阵操作）和 OpenCV。

```
import numpy as np
import wx
import cv2
```

BaseLayout 类被设计为从蓝图（即 wx.Frame 类）或框架类派生：

```
class BaseLayout(wx.Frame):
```

稍后，当我们编写自定义布局（FilterLayout）时，将使用相同的表示法来指定该类基于 BaseLayout 蓝图（或框架）类，例如：

```
class FilterLayout(BaseLayout):
```

当然，目前集中讨论的是 BaseLayout 类。

抽象类至少具有一个抽象方法。我们需要确保该方法未实现，以使该方法抽象化。此时的应用程序将不会运行，并且会抛出异常：

```
class BaseLayout(wx.Frame):
    ...
    ...
    ...
    def process_frame(self, frame_rgb: np.ndarray) -> np.ndarray:
        """处理摄像头（或其他被捕捉视频）的帧
        :param frame_rgb: 要处理的 RGB 格式的图像或形状(H, W, 3)
        :return: 已处理的 RGB 格式的图像或形状(H, W, 3)
        """
        raise NotImplementedError()
```

然后，从其派生的任何类（如 FilterLayout）都必须指定该方法的完整实现。稍后你将看到，这样我们才能创建自定义布局。

当然，首先还要继续创建 GUI 构造函数。

1.6.3　了解 GUI 构造函数

BaseLayout 构造函数可接受一个 ID（-1）、标题字符串（'Fun with Filters'）、一个视频捕获对象以及一个可选参数（该参数指定每秒的帧数）。然后，在构造函数中要做的第一件事是尝试从已捕获对象中读取一帧以确定图像大小：

```
def __init__(self,
             capture: cv2.VideoCapture,
             title: str = None,
             parent=None,
             window_id: int = -1,   # 默认值
             fps: int = 10):
    self.capture = capture
    _, frame = self._acquire_frame()
    self.imgHeight, self.imgWidth = frame.shape[:2]
```

我们将使用图像大小准备一个缓冲区，该缓冲区将每个视频帧存储为位图并设置图形用户界面（GUI）的大小。因为还要在当前视频帧下方显示一堆控制按钮，所以可将 GUI 的高度设置为 self.imgHeight + 20：

```
    super().__init__(parent, window_id, title,
                     size=(self.imgWidth, self.imgHeight + 20))
    self.fps = fps
    self.bmp = wx.Bitmap.FromBuffer(self.imgWidth, self.imgHeight,
frame)
```

接下来，还需要使用 wxPython 模块为应用程序构建一个基本布局，其中包括一个视频流窗口和一些按钮。

1.6.4　了解基本的 GUI 布局

最基本的布局可仅由一个较大的黑色面板组成，该面板提供了足够的空间来显示捕捉的视频画面窗口：

```
self.video_pnl = wx.Panel(self, size=(self.imgWidth, self.imgHeight))
self.video_pnl.SetBackgroundColour(wx.BLACK)
```

为了使布局可扩展，不妨将其添加到垂直排列的 wx.BoxSizer 对象中：

```
# 在视频流下方显示按钮布局
self.panels_vertical = wx.BoxSizer(wx.VERTICAL)
self.panels_vertical.Add(self.video_pnl, 1, flag=wx.EXPAND |wx.TOP,
border=1)
```

接下来，指定一个抽象方法 augment_layout，对于该抽象方法，可以不写入任何代码。这意味着基类的任何用户都可以对基本布局进行自定义修改：

```
self.augment_layout()
```

然后，只需要设置结果布局的最小尺寸并将其居中即可：

```
self.SetMinSize((self.imgWidth, self.imgHeight))
self.SetSizer(self.panels_vertical)
self.Centre()
```

接下来需要处理视频流。

1.6.5 处理视频流

网络摄像头的视频流由从__init__方法开始的一系列步骤处理。这些步骤起初看起来可能过于复杂，但它们是使视频即使在更高的帧速率下也能流畅运行的必要条件（也就是说，可以防止视频闪烁）。

wxPython 模块可用于事件和回调方法。当某个事件被触发时，它可以导致某个类方法被执行（换句话说，一个方法可以绑定到一个事件）。有了这种机制，我们可以通过以下步骤快速显示摄像头的新帧。

（1）创建一个计时器，只要经过 1000./self.fps 毫秒，它就会生成一个 wx.EVT_TIMER 事件：

```
self.timer = wx.Timer(self)
self.timer.Start(1000. / self.fps)
```

（2）每当计时器启动时，调用_on_next_frame 方法，它将尝试获取新的视频帧：

```
self.Bind(wx.EVT_TIMER, self._on_next_frame)
```

（3）_on_next_frame 方法将处理新的视频帧，并将处理后的帧存储在位图中。这将触发另一个事件 wx.EVT_PAINT。可以将该事件绑定到_on_paint 方法中，该方法将绘制新帧的显示。因此，需要为视频创建一个占位符，并绑定 wx.EVT_PAINT：

```
self.video_pnl.Bind(wx.EVT_PAINT, self._on_paint)
```

_on_next_frame 方法获取一个新帧，完成后将其发送到另一个方法 process_frame 进行进一步处理（这是一种抽象方法，应由子类实现）：

```
def _on_next_frame(self, event):
    """
    从已捕捉设备捕获新帧
    发送 RGB 版本到 self.process_frame, 刷新
    """
    success, frame = self._acquire_frame()
    if success:
```

```
        # 处理当前帧
        frame = self.process_frame(cv2.cvtColor(frame,
cv2.COLOR_BGR2RGB))
        ...
```

然后将已处理的帧（frame）存储到位图缓冲区（self.bmp）中。调用 Refresh 会触发上述 wx.EVT_PAINT 事件，并将该事件绑定到_on_paint：

```
...
# 更新缓冲区和绘图（通过 Refresh 触发 EVT_PAINT）
self.bmp.CopyFromBuffer(frame)
self.Refresh(eraseBackground = False)
```

paint 方法将从缓冲区中抓取帧并显示它：

```
def _on_paint(self, event):
    """ 将 self.bmp 中存储的摄像头帧绘制到 self.video_pnl 上
    """
    wx.BufferedPaintDC(self.video_pnl).DrawBitmap(self.bmp, 0, 0)
```

接下来将演示如何创建自定义滤镜布局。

1.6.6　创建自定义滤镜布局

要使用 BaseLayout 类，需要为以前留空的两个方法提供代码，具体如下。

- augment_layout：在这里可以对 GUI 布局进行与任务相关的修改。
- process_frame：这是在摄像头画面的每个已捕获帧上执行与任务相关的处理的地方。

我们还需要更改构造函数以初始化所需的任何参数，在本示例中，其实就是铅笔素描的画布背景：

```
def __init__(self, *args, **kwargs):
    super().__init__(*args, **kwargs)
    color_canvas = load_img_resized('pencilsketch_bg.jpg',
                                    (self.imgWidth, self.imgHeight))
    self.canvas = cv2.cvtColor(color_canvas, cv2.COLOR_RGB2GRAY)
```

要自定义布局，可以按水平方式排列多个单选按钮，每个图像效果模式一个按钮。在这里，style = wx.RB_GROUP 选项可确保一次只能选中一个单选按钮（Radio Button）。为了使这些更改可见，需要将 pnl 添加到现有面板列表（self.panels_vertical）中：

```
def augment_layout(self):
```

```
    """ 在摄像头画面下添加一行单选按钮 """
    # 创建一个横向布局，所有滤镜模式作为单选按钮
    pnl = wx.Panel(self, -1)
    self.mode_warm = wx.RadioButton(pnl, -1, 'Warming Filter', (10,
10), style=wx.RB_GROUP)
    self.mode_cool = wx.RadioButton(pnl, -1, 'Cooling Filter', (10, 10))
    self.mode_sketch = wx.RadioButton(pnl, -1, 'Pencil Sketch', (10, 10))
    self.mode_cartoon = wx.RadioButton(pnl, -1, 'Cartoon', (10, 10))
    hbox = wx.BoxSizer(wx.HORIZONTAL)
    hbox.Add(self.mode_warm, 1)
    hbox.Add(self.mode_cool, 1)
    hbox.Add(self.mode_sketch, 1)
    hbox.Add(self.mode_cartoon, 1)
    pnl.SetSizer(hbox)

    # 将包含单选按钮的面板以纵向方式添加到现有面板
    self.panels_vertical.Add(pnl, flag=wx.EXPAND | wx.BOTTOM | wx.TOP,
                             border=1
```

最后要指定的方法是 process_frame。回想一下，只要接收到新的摄像头画面帧，就会触发此方法。我们需要做的就是选择要应用的正确图像效果，这取决于单选按钮的配置。我们只需检查当前选中了哪个单选按钮，然后调用相应的 render 方法即可：

```
def process_frame(self, frame_rgb: np.ndarray) -> np.ndarray:
    """处理摄像头（或其他被捕捉视频）的帧

    根据已选中的单选按钮来选择滤镜效果

    :param frame_rgb: 要处理的 RGB 格式的图像或形状(H, W, 3)
    :return: 已处理的 RGB 格式的图像或形状(H, W, 3)
    """
    if self.mode_warm.GetValue():
        return self._render_warm(frame_rgb)
    elif self.mode_cool.GetValue():
        return self._render_cool(frame_rgb)
    elif self.mode_sketch.GetValue():
        return pencil_sketch_on_canvas(frame_rgb, canvas=self.canvas)
    elif self.mode_cartoon.GetValue():
        return cartoonize(frame_rgb)
    else:
        raise NotImplementedError()
```

创建完成，图 1-11 显示了不同滤镜的输出图片。

图 1-11　滤镜效果

1.7　小　　结

本章探讨了许多有趣的图像处理效果。我们使用了减淡和加深来创建黑白铅笔素描效果，探索了使用查找表实现更有效的曲线滤镜，并创建了卡通效果。

我们使用的技术之一是二维卷积，它需要一个滤镜和一幅图像，并创建了一幅新图像。本章提供了可获取所需结果的滤镜，但这些滤镜并非生成所需结果的唯一方法。最近深度学习方法兴起，它试图学习不同滤镜的值，以帮助其获得所需的结果。

第 2 章将探索使用深度传感器（如 Microsoft Kinect 3D）来实时识别手势。

1.8　许　　可

Lenna.png 图片版权——作品名称：Lenna，作者：Conor Lawless，以 CC BY 2.0 许可。其网址如下：

http://www.flickr.com/photos/15489034@N00/3388463896

第 2 章　深度传感器和手势识别

本章的目的是开发一个应用程序，使用深度传感器（如 Microsoft Kinect 3D 传感器或华硕 Xtion 传感器）的输出实时检测和跟踪简单手势。该应用程序将分析每个已捕获的帧并执行以下任务。

- 手部区域分割（Hand Region Segmentation）：通过分析 Kinect 传感器的深度图（Depth Map）输出，在每一帧中提取用户的手部区域，这是通过阈值化（Thresholding）、应用一些形态学操作（Morphological Operation）并找到相连组件（Connected Component）来完成的。
- 手形分析（Hand Shape Analysis）：将通过确定轮廓（Contour）、凸包（Convex Hull）和凸缺陷（Convexity Defect）来分析分割后的手部区域的形状。
- 手势识别（Hand Gesture Recognition）：将根据手部轮廓的凸缺陷确定伸展手指的数量，并相应地对手势进行分类（没有伸展的手指时，对应的就是拳头；有 5 根伸展的手指则对应张开的手）。

手势识别是计算机科学中一个非常受欢迎的话题。这是因为它不仅使人类能够与机器进行沟通——也就是所谓的人机交互（Human-Machine Interaction，HMI），而且还构成了机器开始理解人类语言的第一步。借助价格实惠的传感器（如 Microsoft Kinect 或华硕 Xtion）和开源软件（如 OpenKinect 和 OpenNI），开发人员可以轻松启动在该领域的探索。那么，接下来我们应该做什么呢？

本章将讨论以下主题。

- 规划应用程序。
- 设置应用程序。
- 实时跟踪手势。
- 了解手部区域分割。
- 执行手形分析。
- 执行手势识别。

本章将实现的算法的优点在于，它不但可以很好地适用于许多手势，而且足够简单，可以在普通笔记本电脑上实时运行。此外，如果需要，我们也可以轻松扩展，以纳入更复杂的手部姿势判断。

完成本应用程序之后，你将了解如何在自己的应用程序中使用深度传感器。此外，你还将学习到如何使用 OpenCV 通过深度信息生成感兴趣的形状，以及如何使用 OpenCV 的几何特性来分析形状。

首先我们将介绍本章操作所需的准备工作。

2.1 准备工作

本章需要你安装 Microsoft Kinect 3D 传感器。或者，你也可以安装华硕 Xtion 传感器或 OpenCV 内置支持的任何其他深度传感器。

首先，从以下网址安装 OpenKinect 和 libfreenect：

http://www.openkinect.org/wiki/Getting_Started

你可以在 GitHub 存储库中找到本章提供的代码，其网址如下：

https://github.com/PacktPublishing/OpenCV-4-with-Python-Blueprints-Second-Edition/tree/master/chapter2

首先来规划一下本章将要创建的应用程序。

2.2 规划应用程序

最终的应用程序将包含以下模块和脚本。

- gestures：这是一个模块，由识别手势的算法组成。
- gestures.process：这是一个函数，可实现手势识别的整个流程。它接受单通道深度图像（从 Kinect 深度传感器获取），并返回带有注解的蓝色/绿色/红色（Blue/Green/Red，BGR）彩色图像，其中包含已伸展手指的估计数量。
- chapter2：这是本章的主脚本。
- chapter2.main：这是主函数例程，它对从深度传感器获取的帧进行迭代，使用.process 手势处理帧，然后说明结果。

最终产品如图 2-1 所示。

无论伸出多少手指，该算法都会正确分割手部区域（白色），绘制相应的凸包（围绕手部的绿线），找到所有属于手指之间空间的凸缺陷（绿色点），而忽略其他凸缺陷（红色的小点），并推断出正确的伸展手指数（右下角的数字），即使是拳头也能正确识别。

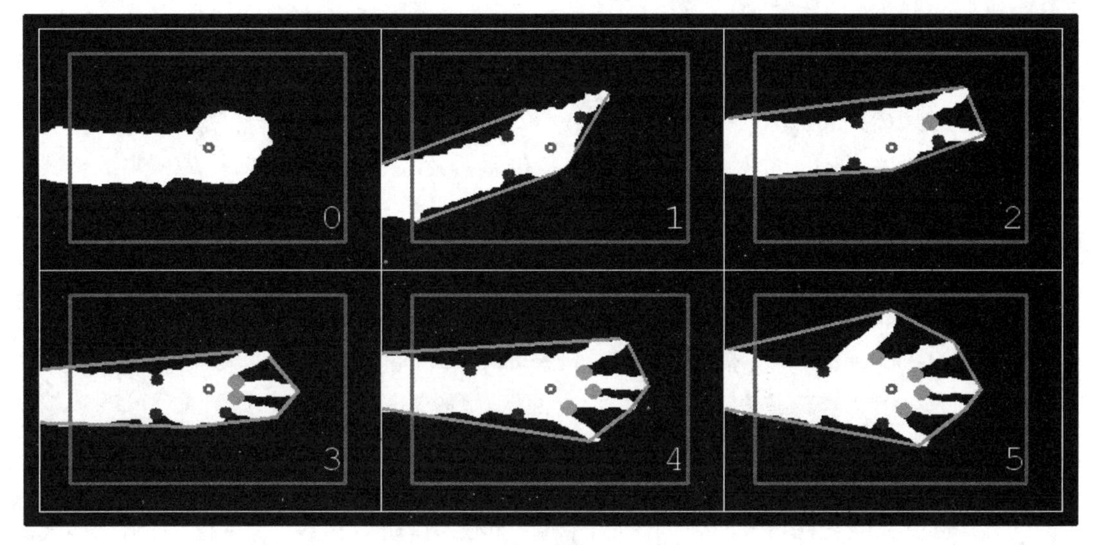

图 2-1　手势识别应用程序

http://static.packt-cdn.com/downloads/9781789801811_ColorImages.pdf

接下来我们需要设置应用程序。

2.3　设置应用程序

在深入了解手势识别算法之前，我们需要确保可以访问深度传感器并显示深度帧的数据流。本节将涵盖以下可帮助设置应用程序的内容。

- 访问 Kinect 3D 传感器。
- 使用兼容 OpenNI 的传感器。
- 运行应用程序和主函数例程。

首先，我们将研究如何使用 Kinect 3D 传感器。

2.3.1　访问 Kinect 3D 传感器

访问 Kinect 传感器的最简单方法是使用被称为 freenect 的 OpenKinect 模块。有关安装说明，请参阅第 2.1 节“准备工作”。

freenect 模块具有 sync_get_depth()和 sync_get_video()之类的函数，分别用于从深度传感器和摄像头传感器同步获取图像。本章示例仅需要 Kinect 深度图，它是单通道（灰度）图像，其中每个像素值是从摄像头到视觉场景中特定表面的估计距离。

这里，我们将设计一个函数，该函数将从传感器读取一帧并将其转换为所需的格式，然后返回该帧以及一个成功状态，如下所示：

```
def read_frame(): -> Tuple[bool,np.ndarray]:
```

该函数包括以下执行步骤。

（1）捕获 frame，如果未捕获到帧，则终止函数，如下所示：

```
frame, timestamp = freenect.sync_get_depth()
if frame is None:
    return False, None
```

sync_get_depth 方法可同时返回深度图和时间戳。默认情况下，深度图为 11 位格式。传感器的后 10 位用于描述深度，当第一位等于 1 时，表示距离估计不成功。

（2）将数据标准化为 8 位精度格式是一个好主意，因为 11 位格式不适用于 cv2.imshow 的可视化。我们可能要使用一些以不同格式返回的不同传感器，如下所示：

```
np.clip(depth, 0, 2**10-1, depth)
depth >>= 2
```

在上面的代码中，我们首先将值裁剪为 1023（即 2**10−1）以纳入 10 位的范围。这种裁剪会导致将未检测到的距离分配给最远的可能点。然后，我们又右移了 2 位以使距离值能够纳入 8 位的范围。

（3）最后，将图像转换为 8 位无符号整数数组，并返回结果，如下所示：

```
return True, depth.astype(np.uint8)
```

现在，depth 图像可以按以下方式可视化：

```
cv2.imshow("depth", read_frame()[1])
```

接下来，让我们看看如何使用与 OpenNI 兼容的传感器。

2.3.2 使用与 OpenNI 兼容的传感器

要使用兼容 OpenNI 的传感器，必须首先确保已安装 OpenNI2，并且你的 OpenCV 版本是支持 OpenNI 的。可以按以下方式获取版本信息：

```
import cv2
print(cv2.getBuildInformation())
```

如果你的版本是支持 OpenNI 的，则可以在 Video I/O 部分找到它。否则，你必须使用 OpenNI 支持来重建 OpenCV 版本，这可以通过将-D WITH_OPENNI2 = ON 标志传递给 cmake 来完成。

安装过程完成后，你可以使用 cv2.VideoCapture 访问传感器，这与其他视频输入设备的访问是一样的。在此应用程序中，为了使用兼容 OpenNI 的传感器而不是 Kinect 3D 传感器，你必须完成以下操作。

（1）创建一个视频捕获，以连接到与 OpenNI 兼容的传感器，如下所示：

```
device = cv2.cv.CV_CAP_OPENNI
capture = cv2.VideoCapture(device)
```

如果要连接到华硕 Xtion，则应将 device 变量赋值为 cv2.CV_CAP_OPENNI_ASUS。

（2）将输入帧大小更改为标准的视频图形阵列（Video Graphics Array，VGA）分辨率（640×480 像素），如下所示：

```
capture.set(cv2.cv.CV_CAP_PROP_FRAME_WIDTH, 640)
capture.set(cv2.cv.CV_CAP_PROP_FRAME_HEIGHT, 480)
```

（3）在第 2.3.1 节“访问 Kinect 3D 传感器”中，我们设计了 read_frame 函数，该函数可使用 freenect 访问 Kinect 传感器。为了从视频捕获中读取深度图像，在此必须将 read_frame 函数修改为以下形式：

```
def read_frame():
    if not capture.grab():
        return False,None
    return capture.retrieve(cv2.CAP_OPENNI_DEPTH_MAP)
```

可以看到，我们使用了 grab 和 retrieve 方法而不是 read 方法。原因是当我们需要同步一组摄像头或多头摄像机（如 Kinect）时，cv2.VideoCapture 的 read 方法不合适。

当我们需要同步一组摄像头时，可以在某个时刻使用 grab 方法从多个传感器捕获帧，然后使用 retrieve 方法检索感兴趣的传感器的数据。例如，在你自己的应用程序中，你可能还需要检索 BGR 帧（标准摄像头帧），这可以通过将 cv2.CAP_OPENNI_BGR_IMAGE 传递给 retrieve 方法来完成。

现在我们已经可以从传感器读取数据，接下来就该了解如何运行此应用程序。

2.3.3 运行应用程序和主函数例程

chapter2.py 脚本负责运行该应用程序，它首先导入以下模块：

```
import cv2
import numpy as np
from gestures import recognize
from frame_reader import read_frame
```

recognize 函数负责识别手势，在本章后面的小节中将有详细介绍。为方便起见，我们还将第 2.3.1 节“访问 Kinect 3D 传感器”中编写的 read_frame 函数放置在单独的脚本中。

为了简化手部区域分割任务，可以指示用户将手放在屏幕中央。为了提供视觉帮助，我们创建了 draw_helpers 函数：

```
def draw_helpers(img_draw: np.ndarray) -> None:
    # 为了正确定位手部，绘制一些辅助线
    height, width = img_draw.shape[:2]
    color = (0,102,255)
    cv2.circle(img_draw, (width // 2, height // 2), 3, color, 2)
    cv2.rectangle(img_draw, (width // 3, height // 3),
                  (width * 2 // 3, height * 2 // 3), color, 2)
```

该函数在图像中心周围绘制了一个矩形，并以橙色突出显示图像的中心像素。

所有繁重的工作都是由 main 函数完成的，如以下代码块所示：

```
def main():
    for _, frame in iter(read_frame, (False, None)):
```

该函数在 Kinect 的灰度帧上进行迭代，并且在每次迭代中，它涵盖以下操作步骤。

（1）使用 recognize 函数识别手势，该函数将返回已伸展手指的估计数（num_fingers）和带注解的 BGR 彩色图像，如下所示：

```
num_fingers, img_draw = recognize(frame)
```

（2）在带注解的 BGR 图像上调用 draw_helpers 函数，以便为手的位置提供视觉帮助，如下所示：

```
draw_helpers(img_draw)
```

（3）main 函数在带注解的 frame 上绘制手指的数量，使用 cv2.imshow 显示结果，并设置终止条件，如下所示：

```
# 输出图像上已伸展手指的数量
cv2.putText(img_draw, str(num_fingers), (30, 30),
            cv2.FONT_HERSHEY_SIMPLEX, 1, (255, 255, 255))
cv2.imshow("frame", img_draw)
# 按 Esc 键时退出
if cv2.waitKey(10) == 27:
    break
```

现在我们已经有了主脚本，不过还缺少 recognize 函数。为了跟踪手势，我们需要编写此函数，第 2.4 节将介绍此操作。

2.4　实时跟踪手势

手势将通过 recognize 函数进行分析，这是真正魔术发生的地方。该函数将处理从原始灰度图像到已识别手势的整个流程。它将返回手指的数量和帧指示图。它执行以下过程。

（1）通过分析深度图（img_gray）提取用户的手部区域，并返回手部区域蒙版（segment），如下所示：

```
def recognize(img_gray: np.ndarray) -> Tuple[int,np.ndarray]:
    # 划分手部区域
    segment = segment_arm(img_gray)
```

（2）在手部区域蒙版（segment）上执行 contour 分析。然后，返回在图像中找到的最大轮廓（contour）和任何凸缺陷（defects），如下所示：

```
# 找到分段区域的凸包
# 并根据该区域找到凸缺陷
contour, defects = find_hull_defects(segment)
```

（3）根据找到的轮廓和凸缺陷，检测图像中伸展的手指的数量（num_fingers）。然后，使用蒙版（segment）图像作为模板创建指示图像（img_draw），并使用 contour 和 defects 点对其进行注解，如下所示：

```
img_draw = cv2.cvtColor(segment, cv2.COLOR_GRAY2RGB)
num_fingers,img_draw = detect_num_fingers( contour, defects, img_draw)
```

（4）返回估计的手指伸展数（num_fingers）以及包含注解的输出图像（img_draw），如下所示：

```
return num_fingers, img_draw
```

接下来将讨论如何完成手部区域的分割。

2.5 了解手部区域分割

通过组合有关手部的形状和颜色的信息，我们可以自动检测手臂（手部区域），并且设计其不同的复杂程度。当然，在恶劣的照明条件下或当用户戴着手套时，使用肤色作为在视觉场景中发现手的决定性特征可能会严重失败。或者，我们可以通过深度图中的形状来识别用户的手。

允许在图像的任何区域出现各种手形会使本章的任务复杂化，而且也没有这个必要，因此可以做出以下两个简化的假设。

- ❑ 指示用户将手放在屏幕中心，使其手掌大致与 Kinect 传感器的方向平行，以便更轻松地识别相应的手部深度层。
- ❑ 指示用户坐在距 Kinect 传感器大约 1～2 米的位置，并在自己的身体前稍稍伸出手臂，以使手部最终伸展的深度与手臂稍有不同。当然，即使整个手臂可见，该算法仍将起作用。

有了这两个假设之后，仅基于深度层来分割图像将相对简单。否则，我们将不得不首先实现手部的检测算法，这将不必要地使任务复杂化。当然，如果你是一个喜欢探索的开发人员，那么不妨自行尝试一下。

接下来，让我们看看如何找到图像中心区域最突出的深度。

2.5.1 找到图像中心区域最突出的深度

一旦用户将手部大致放置在屏幕中央，我们就可以开始查找与手位于同一深度平面上的所有图像像素。可通过执行以下步骤来完成此操作。

（1）确定图像中心区域的最突出深度值。最简单的方法是仅查看中心像素的 depth 值，如下所示：

```
width, height = depth.shape
center_pixel_depth = depth[width/2, height/2]
```

（2）创建一个蒙版，其中，深度为 center_pixel_depth 的所有像素均为白色，而所有其他像素均为黑色，如下所示：

```
import numpy as np
```

```
depth_mask = np.where(depth == center_pixel_depth, 255,
    0).astype(np.uint8)
```

当然，此方法不是很可靠，因为它可能会受到以下因素的影响。

- 你的手不会完全平行于 Kinect 传感器放置。
- 你的手不会完全平放。
- Kinect 传感器的值会有噪声。

因此，你的手的不同区域将具有略微不同的深度值。

segment_arm 方法采用的方法稍好一些，它将查看图像中心的一个小邻域，并确定深度的中值。可通过执行以下步骤来完成此操作。

（1）找到图像帧的中心区域（如 21×21 像素），如下所示：

```
def segment_arm(frame: np.ndarray, abs_depth_dev: int = 14) ->
np.ndarray:

    height, width = frame.shape
    # 找到图像帧的中心区域（21×21 像素）
    center_half = 10 # half-width of 21 is 21/2-1
    center = frame[height // 2 - center_half:height // 2 + center_half,
                   width // 2 - center_half:width // 2 + center_half]
```

（2）确定深度的中值 med_val，如下所示：

```
med_val = np.median(center)
```

现在可以将 med_val 与图像中所有像素的深度值进行比较，并创建一个蒙版，其中深度值在特定范围[med_val-abs_depth_dev, med_val + abs_depth_dev]内的所有像素均为白色，而所有其他像素均为黑色。

当然，由于某些原因（下文会有解释），我们需要将像素绘制为灰色而不是白色，具体如下所示：

```
frame = np.where(abs(frame - med_val) <= abs_depth_dev,
                 128, 0).astype(np.uint8)
```

结果如图 2-2 所示。

可以看到，此时的分割蒙版并不平滑。特别是，它在深度传感器无法做出预测的点处还包含小孔。接下来，我们将介绍如何应用形态学闭合操作来平滑分段蒙版。

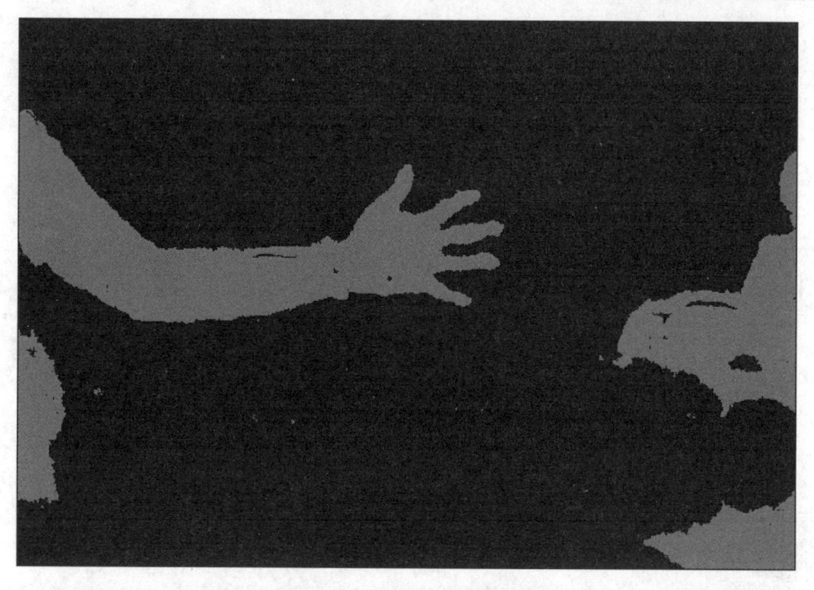

图 2-2　灰色深度中值蒙版

2.5.2　应用形态学闭合操作平滑蒙版

分割的一个常见问题是硬阈值通常会在分段区域中导致一些很小的缺陷（例如，图 2-2 中的小孔）。这些小孔问题可以通过使用形态学上的开放和闭合来解决。开放时，它会从前景中删除小对象（假设对象是黑暗前景中的明亮区域），而闭合时则会删除小孔（形成连成一片的区域）。

这意味着我们可以通过使用较小的 3×3 像素内核应用形态学闭合来消除蒙版中很小的黑色区域，如下所示：

```
kernel = np.ones((3, 3), np.uint8)
frame = cv2.morphologyEx(frame, cv2.MORPH_CLOSE, kernel)
```

这将使结果看起来更加平滑，如图 2-3 所示。

当然，可以看到的是，该蒙版仍然包含不属于手或手臂的区域，例如，左侧似乎出现了膝盖，而右侧可能是一些家具。

这些物体或对象恰好与我的手臂和手在同一深度层上。如果可能的话，现在可以将深度信息与另一个描述符（可能是基于纹理或基于骨骼的手形分类器）结合使用，以剔除所有非皮肤区域。

还有一种更简单的方法是认识到在大多数情况下，手部未与膝盖或家具连接在一起。

因此，接下来我们将学习如何在分割蒙版中找到连接的组件。

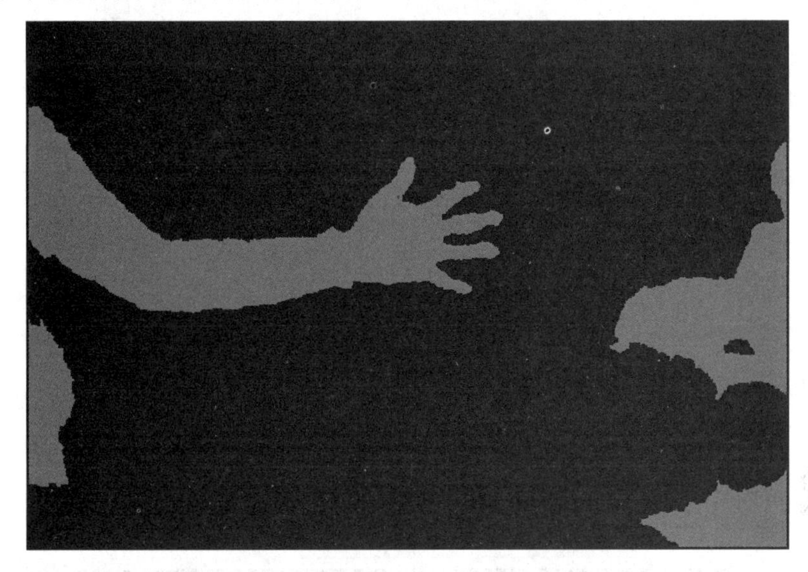

图 2-3　应用形态学闭合操作删除手部区域的小孔

2.5.3　在分割蒙版中查找连接的组件

我们已经知道中心区域属于手。对于这种情况，我们可以简单地应用 cv2.floodfill 来查找所有连接在一起的图像区域。

在执行此操作之前，我们要确定 floodfill 填充的种子点（Seed Point）属于正确的蒙版区域。这可以通过为种子点分配 128 的灰度值来实现。但是，我们还想确保中心像素不会由于任何巧合而位于形态操作无法闭合的空腔内。

因此，我们可以设置一个很小的 7×7 像素区域，其灰度值为 128，如下所示：

```
small_kernel = 3
frame[height // 2 - small_kernel:height // 2 + small_kernel,
     width // 2 - small_kernel:width // 2 + small_kernel] = 128
```

由于洪水填充（Flood Filling）以及形态学操作具有潜在的危险，因此 OpenCV 需要指定一个蒙版，以免洪水淹没整幅图像。此蒙版的宽度和高度必须比原始图像多 2 个像素，并且必须与 cv2.FLOODFILL_MASK_ONLY 标志结合使用。

将洪水填充限制在图像的一个很小的区域或特定轮廓可能非常有帮助，这样就不必连接两个本来就不应该连接的相邻区域。

尝试一下将 mask 完全设为黑色，如下所示：

```
mask = np.zeros((height + 2, width + 2), np.uint8)
```

然后，将泛洪填充应用于中心像素（种子点），并将所有连接区域绘制为白色，具体如下所示：

```
flood = frame.copy()
cv2.floodFill(flood, mask, (width // 2, height // 2), 255,
              flags=4 | (255 << 8))
```

到了这个阶段，你应该明白为什么我们之前会使用灰色蒙版。现在我们有一个蒙版，其中包含白色区域（手臂和手）、灰色区域（除手臂和手之外其他在同一深度平面上的物体或对象）和黑色区域（所有其他区域）。有了这些设置之后，可以轻松应用一个简单的二进制 threshold（阈值）来仅突出显示预分段深度平面的相关区域，如下所示：

```
ret, flooded = cv2.threshold(flood, 129, 255, cv2.THRESH_BINARY)
```

生成的蒙版将如图 2-4 所示。

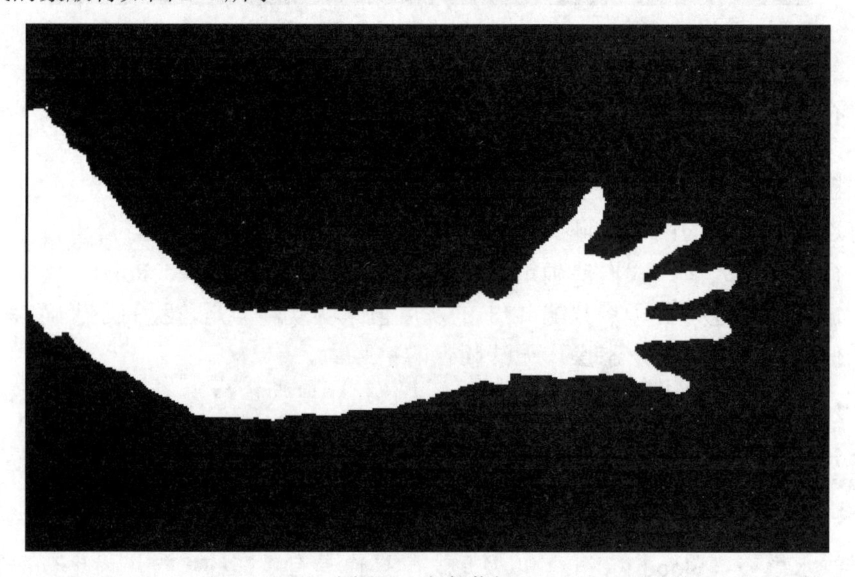

图 2-4　白色蒙版

现在可以将生成的分割蒙版返回到 recognize 函数，在其中它将用作 find_hull_defects 函数的输入，以及用于绘制最终输出图像（img_draw）的画布。

find_hull_defects 函数将分析手的形状，以便检测与手相对应的凸缺陷。在第 2.6 节中，我们将学习如何执行手形分析。

2.6　执行手形分析

在获得了手的位置之后，现在我们需要了解有关手部形状的一些知识。在此应用程序中，我们将根据与手部对应的轮廓的凸缺陷来决定显示哪个确切手势。

我们需要了解如何确定分割后的手部区域的轮廓，这是手部形状分析的第一步。

2.6.1　确定分割之后手部区域的轮廓

我们要做的第一步是确定分割之后手部区域的轮廓。幸运的是，OpenCV 带有这种算法的预定义版本——cv2.findContours。该函数作用在二进制图像上，并返回被认为是轮廓一部分的一组点。由于图像中可能存在多个轮廓，因此可以检索轮廓的整个层次结构，如下所示：

```
def find_hull_defects(segment: np.ndarray) -> Tuple[np.ndarray,
np.ndarray]:
    contours, hierarchy = cv2.findContours(segment, cv2.RETR_TREE,
                                           cv2.CHAIN_APPROX_SIMPLE)
```

此外，由于我们不知道要寻找哪个轮廓，因此必须做一个假设来清理轮廓结果，因为即使在形态闭合之后，仍有可能留下一些小的空腔。当然，我们可以肯定地说，我们的蒙版仅包含感兴趣的分段区域。我们将假定已找到的最大轮廓就是我们要寻找的轮廓。

因此，我们只需遍历轮廓列表、计算轮廓区域（cv2.contourArea），然后仅存储最大的轮廓（max_contour），如下所示：

```
max_contour = max(contours, key=cv2.contourArea)
```

我们找到的轮廓可能仍然有太多的角。为了解决该问题，可以用相似的 contour 近似轮廓，近似差值小于轮廓周长的 1%，如下所示：

```
epsilon = 0.01 * cv2.arcLength(max_contour, True)
max_contour = cv2.approxPolyDP(max_contour, epsilon, True)
```

接下来，我们将学习如何找到轮廓区域的凸包。

2.6.2　查找轮廓区域的凸包

一旦确定了蒙版中最大的轮廓，就可以轻松计算轮廓区域的凸包。凸包基本上是轮廓区域的包裹。如果你将属于轮廓区域的所有像素视为一组钉在板子上的钉子，则可以使用一根紧绷的橡皮筋将所有钉子包围起来，这样形成的就是凸包形状。

可以直接从最大轮廓线（max_contour）获得凸包，如下所示：

```
hull = cv2.convexHull(max_contour, returnPoints=False)
```

由于要查看该凸包中的凸缺陷，因此可以按照 OpenCV 说明文档的提示，将 returnPoints 可选标记设置为 False。

围绕分段的手部区域以黄色绘制凸包之后，产生的图像如图 2-5 所示。

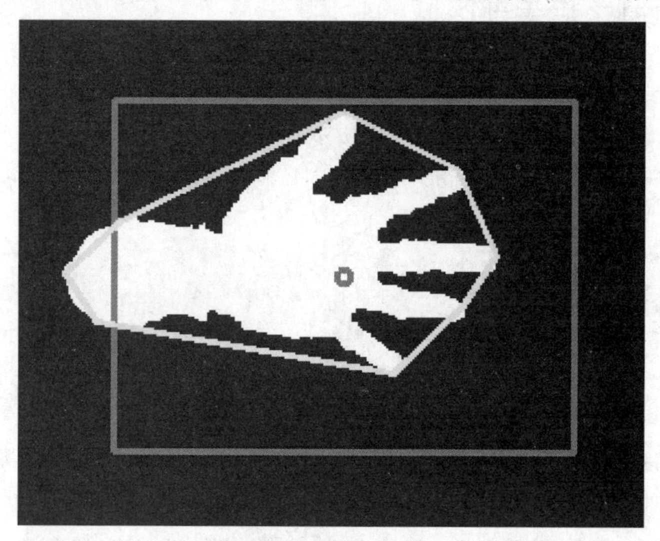

图 2-5　围绕手部区域绘制的凸包

接下来，我们需要基于凸缺陷确定手势。

2.6.3　寻找凸包的凸缺陷

从图 2-5 可以明显看出，凸包上的所有点都不属于分段后的手部区域。实际上，所有手指和手腕都会造成严重的凸缺陷（即，远离凸包的轮廓点）。

可以通过查看最大轮廓（max_contour）和相应的凸包（hull）来发现这些凸缺陷，具体如下所示：

```
defects = cv2.convexityDefects(max_contour, hull)
```

defects 函数的输出是一个包含所有凸缺陷的 NumPy 数组。每个凸缺陷都是包含 4 个整数的数组，这 4 个整数分别如下。

- start_index：凸缺陷起点的轮廓中的点的索引。
- end_index：凸缺陷终点的轮廓中的点的索引。
- farthest_pt_index：凸缺陷中距离凸包最远的点的索引。
- fixpt_depth：最远点与凸包之间的距离。

当尝试估计伸展手指的数量时，将需要使用这一瞬间的信息。

到目前为止，我们的工作已经完成。提取的轮廓（max_contour）和凸缺陷（defects）可以返回到 recognize 函数，在该函数中，它们将用作 detect_num_fingers 的输入，如下所示：

```
return max_contour, defects
```

现在我们已经找到了凸缺陷，接下来需要了解如何使用凸缺陷执行手势识别。

2.7　执行手势识别

现在剩下要做的是根据伸展出的手指的数量对手势进行分类。例如，如果找到 5 根伸出的手指，则可以认为该手形是张开的，而没有伸出的手指的话，则表示是拳头。我们要做的是 0～5 的计数，并使应用程序识别相应的手指数。

实际上，这比初看起来要棘手一些。例如，欧洲人可能会通过伸出拇指、食指和中指而表示数到 3；但如果在美国这样做，那么人们可能会感到非常困惑，因为他们在表示 3 时不会使用大拇指。

这可能会导致误解，尤其是在餐馆（这种由于数字手势而产生的误会时有发生）。如果我们可以找到一种涵盖这两种应用场景的方式（也许是通过正确统计伸出的手指的数量），那么我们就可以拥有一种算法，该算法不仅可以将简单的手势识别教给机器，而且还可以教给智力水平一般的人。

你可能已经猜到了，答案与凸缺陷有关。如前文所述，伸出的手指会导致凸缺陷。但是，反过来则不成立。也就是说，并非所有的凸缺陷都是由手指造成的！腕部以及手或手臂的整体方向都可能会导致其他凸缺陷。因此，现在的问题是：如何区分这些不同的凸缺陷原因？

接下来，我们将区分不同的凸缺陷情形。

2.7.1　区分凸缺陷的不同原因

要区分凸缺陷的形成原因，技巧是查看凸缺陷中距凸包点最远的点（farthest_pt_index）与凸缺陷的起点和终点（分别为 start_index 和 end_index）之间的角度，如图 2-6 所示。

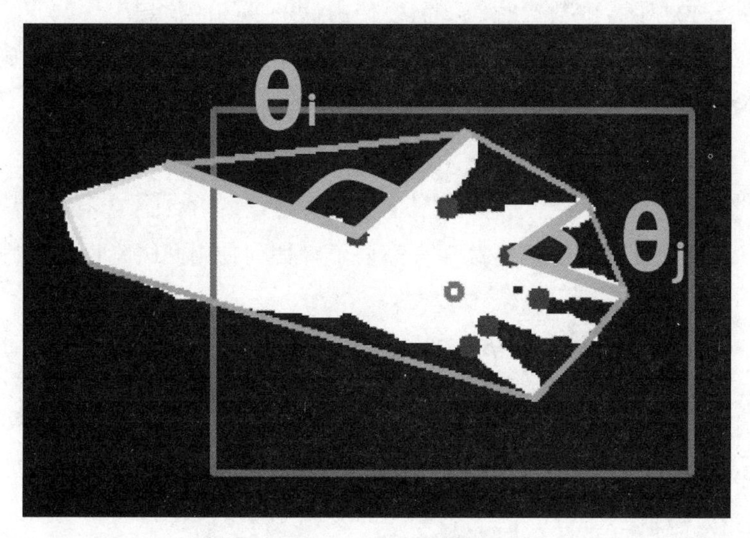

图 2-6　区分凸缺陷

在图 2-6 中，橙色标记用作视觉辅助，使手在屏幕中间居中，凸包以绿色勾勒出轮廓。对于每个检测到的凸缺陷，每个红点都对应于离凸包最远的点（farthest_pt_index）。如果将属于两个伸出手指的典型角度（如 θ_j）与由手部的几何形状形成的角度（如 θ_i）进行比较，则会注意到前者比后者小得多。

显然，这是因为人类的手指只能有限度地张开，从而由最远的凸缺陷点和相邻的指尖形成一个狭窄的角。因此，我们可以遍历所有凸缺陷并计算这些点之间的角度。为此，我们将需要一个实用函数来计算两个任意值之间的角度（以弧度为单位），该列表类似于向量 v1 和 v2，如下所示：

```
def angle_rad(v1, v2):
    return np.arctan2(np.linalg.norm(np.cross(v1, v2)), np.dot(v1, v2))
```

此方法使用叉积（Cross Product）来计算角度，而不是以标准方式进行计算。计算两个向量 v1 和 v2 之间的角度的标准方法是计算它们的点积，然后将其除以 v1 的范数和 v2 的范数。但是，此方法有以下两个缺点。

- 如果 v1 的范数或 v2 的范数为零，则必须手动避免被零除。
- 对于小角度，该方法返回的结果相对不太准确。

类似地，我们提供了一个简单的函数来将角度从度转换为弧度，如下所示：

```
def deg2rad(angle_deg):
    return angle_deg/180.0*np.pi
```

接下来，我们将讨论如何根据伸出的手指的数量对手势进行分类。

2.7.2　根据伸出的手指数对手势进行分类

剩下要做的是根据伸出的手指实例的数量对手势进行实际分类。

可使用以下函数完成分类：

```
def detect_num_fingers(contour: np.ndarray, defects: np.ndarray,
                       img_draw: np.ndarray, thresh_deg: float = 80.0) ->
Tuple[int, np.ndarray]:
```

该函数接收检测到的轮廓（contour）、凸缺陷（defects）、用于绘图的画布（img_draw）以及可以用作阈值的临界角度（thresh_deg），以判断凸缺陷是否由伸出的手指引起。

除了拇指和食指之间的角度外，其他任何两根手指之间的角度都很难接近 90°，因此任何接近该数字的临界角度都应该是有效的。我们不希望临界角度太大，因为这可能会导致分类错误。

完整函数将返回手指的数量和帧指示图，其具体步骤如下。

（1）让我们关注一下特殊情形。如果没有发现任何凸缺陷，则意味着我们可能在凸包计算过程中犯了一个错误，或者帧中根本没有伸出的手指，因此返回 0 作为检测到的手指的数量，如下所示：

```
if defects is None:
    return [0, img_draw]
```

（2）我们还可以进一步扩展这一思路。由于手臂通常比手或拳头更苗条一些，因此可以假定手的几何形状总是会产生至少两个凸缺陷（通常属于腕部）。因此，如果没有其他缺陷，则意味着没有伸展的手指：

```
if len(defects) <= 2:
    return [0, img_draw]
```

（3）现在我们已经排除了所有特殊情况，接下来就可以开始计算真手指了。如果有足够数量的缺陷，我们将在每对手指之间发现一个缺陷。因此，为了获得正确的数字（num_fingers），我们应该从 1 开始计数，如下所示：

```
num_fingers = 1
```

（4）我们开始遍历所有凸缺陷。对于每个凸缺陷，我们将提取 3 个点并绘制其凸包以用于可视化，如下所示：

```
# 凸缺陷形状(num_defects,1,4)
for defect in defects[:, 0, :]:
    # 每个凸缺陷都是一个包含 4 个整数的数组
    # 前 3 个分别是起点、终点和最远点的索引
    start, end, far = [contour[i][0] for i in defect[:3]]
    # 绘制凸包
    cv2.line(img_draw, tuple(start), tuple(end), (0, 255, 0), 2)
```

（5）计算从 far 到 start 以及从 far 到 end 的两条边之间的角度。如果角度小于 thresh_deg 度数，则意味着正在处理的凸缺陷很可能是由两根伸出的手指引起的。在这种情况下，我们要递增检测到的手指的数量（num_fingers），并用绿色绘制该点。否则，就用红色绘制点，如下所示：

```
# 如果角度小于 thresh_deg 度数
# 则凸缺陷属于两根伸出的手指
if angle_rad(start - far, end - far) < deg2rad(thresh_deg):
    # 手指数递增 1
    num_fingers += 1

    # 将点绘制为绿色
    cv2.circle(img_draw, tuple(far), 5, (0, 255, 0), -1)
else:
    # 将点绘制为红色
    cv2.circle(img_draw, tuple(far), 5, (0, 0, 255), -1)
```

（6）遍历所有凸缺陷后，返回检测到的手指的数量和组合的输出图像，如下所示：

```
return min(5, num_fingers), img_draw
```

计算最小值将确保我们不会超过每只手的手指数。

结果如图 2-7 所示。

有趣的是，我们的应用程序能够在各种手部形状中检测到正确的伸展手指数量。伸展手指之间的缺陷点可以通过该算法轻松分类，而其他缺陷点则可以成功忽略。

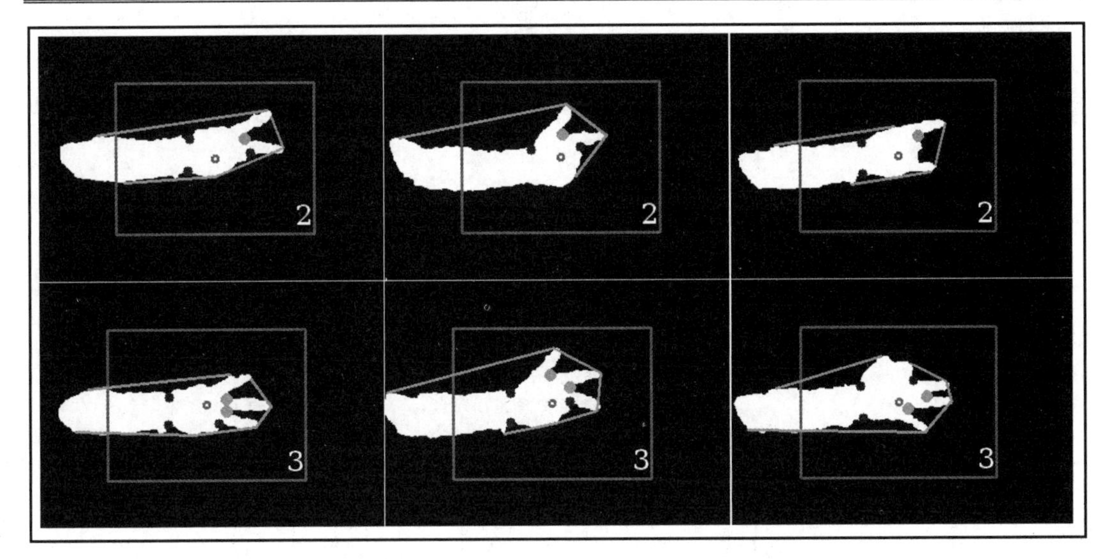

图 2-7　手势识别

2.8 小　　结

本章介绍了一种通过统计伸展的手指数量来识别各种手势的方法。这种方法相对简单，但是非常稳定可靠。

该算法首先使用从 Microsoft Kinect 3D 传感器获取的深度信息分割图像显示任务相关区域，使用形态学操作明确了分割结果。通过分析分割之后手部区域的形状，该算法提出了一种基于图像中凸缺陷类型对手势进行分类的方法。

如果你熟悉对 OpenCV 的使用，那么执行本示例的操作并不需要产生大量的代码。相反，本示例的解题思路非常重要，这些思路使我们能够有效地使用 OpenCV 的内置功能。缺乏这种思路的话，那么本示例要求的任务其实颇有难度。

手势识别是计算机科学中一个受欢迎但充满挑战的领域，在诸如人机交互（Human Computer Interaction，HCI）、视频监控甚至视频游戏行业等众多领域中都有应用。现在，你可以使用对分段和结构分析的高级理解来构建自己的最先进的手势识别系统。你可能要用于手势识别的另一种方法是针对手势训练深度图像分类网络。在第 9 章“对象分类和定位”中讨论了用于图像分类的深层网络。

在第 3 章中，我们将继续专注于检测视觉场景中感兴趣的对象，但是我们将假设一个更为复杂的情况：从任意角度和距离查看对象。为此，我们将透视变换与尺度不变特征描述符结合起来，以开发出可靠的特征匹配算法。

第3章　通过特征匹配和透视变换查找对象

第2章介绍了如何在受控环境中检测和跟踪简单的对象（手的轮廓）。更具体地说，就是我们指示应用程序的用户将手放在屏幕的中央区域，然后假设对象（手）的大小和形状。在本章中，我们要检测和跟踪任意大小的对象，这些对象可能是从几个不同的角度或在部分遮挡的情况下观察到的。

为此，我们将使用特征描述子（Feature Descriptor），这是捕获感兴趣对象的重要属性的一种方式。我们这样做是为了即使将对象嵌入繁忙拥挤的视觉场景中也可以对其进行定位。我们将算法应用到网络摄像头的实时流中，并尽力保持算法的健壮性和足够的简单性，以使其能够实时运行。

本章将涵盖以下主题。

- 列出应用程序执行的任务。
- 规划应用程序。
- 设置应用程序。
- 了解处理流程。
- 学习特征提取。
- 查看特征检测。
- 了解特征描述子。
- 了解特征匹配。
- 学习特征跟踪。
- 研究实用算法。

本章的目的是开发一个应用程序，该应用程序可以检测和跟踪网络摄像头视频流中的目标对象——即使该对象是从不同角度或距离或部分遮挡情况下看到的。这样的对象可以是一本书的封面、一幅图画或其他任何具有复杂表面结构的东西。

在提供模板图像之后，应用程序将能够检测到该对象，估计其边界，然后在视频流中对其进行跟踪。

首先我们将介绍本章操作所需的准备工作。

3.1 准备工作

本章代码已使用 OpenCV 4.1.1 测试过。

注意：

你可能需要从以下网址获取一些额外模块：

https://github.com/Itseez/opencv_contrib

我们使用了 OPENCV_ENABLE_NONFREE 和 OPENCV_EXTRA_MODULES_PATH 变量集合安装 OpenCV，以安装 Speeded-Up Robust Features（SURF）和 Fast Library for Approximate Nearest Neighbors（FLANN）。你还可以使用存储库中可用的 Docker 文件，其中包含所有必需的安装文件。

另外需要注意的是，你可能必须获得许可才能在商业应用程序中使用 SURF。

你可以在以下 GitHub 存储库中找到本章介绍的代码：

https://github.com/PacktPublishing/OpenCV-4-with-Python-Blueprints-Second-Edition/tree/master/chapter3

3.2 列出应用程序执行的任务

该应用程序将分析每个捕获的帧以执行以下任务。

- 特征提取（Feature Extraction）：我们将使用 Speeded-Up Robust Features（SURF）算法描述感兴趣的对象，该算法用于查找图像中尺度不变（Scale Invariant）和旋转度不变（Rotation Invariant）的独特关键点。这些关键点将帮助我们确保在多个帧上跟踪正确的对象，因为对象的外观可能会随时发生变化。找到不依赖于对象的观察距离或视角（因此才有尺度不变性和旋转度不变性）的关键点很重要。
- 特征匹配（Feature Matching）：我们将尝试使用 Fast Library for Approximate Nearest Neighbors（FLANN）在关键点之间建立对应关系，以查看帧是否包含与我们感兴趣的对象的关键点相似的关键点。如果找到合适的匹配项，则将在每个帧上标记这些对象。
- 特征跟踪（Feature Tracking）：我们将使用各种形式的早期异常值检测（Early Outlier Detection）和异常值剔除（Outlier Rejection）来逐帧跟踪感兴趣的目标

对象，以加快算法的速度。

- 透视变换（Perspective Transform）：我们将通过扭曲透视（Wrap Perspective）来反转对象已经历的所有平移（Translation）和旋转，以使对象在屏幕中央垂直显示。这样会产生一种很酷的效果，即对象周围的整个场景围绕其旋转时，对象似乎被冻结在一个位置上（详细解释见第 3.10 节“研究算法原理”）。

图 3-1 显示了前 3 个步骤的示例，即特征提取、匹配和跟踪。

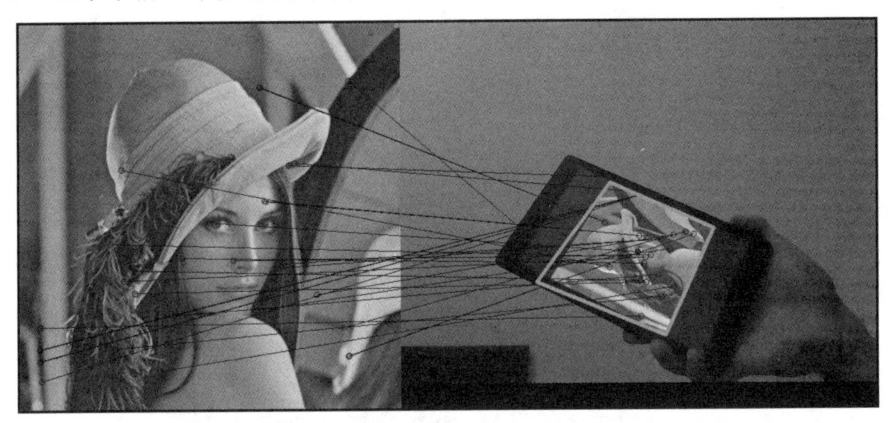

图 3-1　特征提取、匹配和跟踪示例

图 3-1 的左侧是我们感兴趣对象的模板图像，右侧是模板图像的手持输出。两个帧中的匹配特征用蓝线连接，并且找到的对象在右侧以绿色勾勒出轮廓。

最后一步是变换已定位的对象，以便将其投影到前面板上，如图 3-2 所示。

图 3-2　使已识别的对象在屏幕中央垂直显示

该图像看起来与原始模板图像大致相似，看起来像特写镜头，而整个场景似乎都已扭曲还原（这就是前面介绍的扭曲透视的结果）。

首先，我们将规划要在本章中创建的应用程序。

3.3　规划应用程序

最终的应用程序将包括一个用于检测、匹配和跟踪图像特征的 Python 类，以及一个用于访问网络摄像头并显示每个处理过的帧的脚本。

该项目将包含以下模块和脚本。

- feature_matching：此模块包含用于特征提取、特征匹配和特征跟踪的算法。我们将此算法与应用程序的其余部分分开，以便可以将其用作独立模块。
- feature_matching.FeatureMatching：此类实现了整个特征匹配流程。它接受蓝色/绿色/红色（BGR）摄像头帧，并尝试在其中找到感兴趣的对象。
- chapter3：这是本章应用程序的主脚本。
- chapter3.main：这是启动应用程序、访问摄像头，将要处理的每一帧发送到 FeatureMatching 类的实例并显示结果的主函数例程。

在讨论特征匹配算法的细节之前，还需要先设置应用程序。

3.4　设置应用程序

在深入了解特征匹配算法之前，需要确保可以访问网络摄像头并显示视频流。

接下来，我们将学习如何运行该应用程序。

3.4.1　运行应用程序

要运行应用程序，需要执行 main()函数例程。

执行 main()例程的步骤如下。

（1）该函数将首先使用 VideoCapture 方法访问网络摄像头，它将传递 0 作为参数，这是对默认网络摄像头的引用。如果无法访问网络摄像头，则该应用程序将终止：

```
import cv2 as cv
from feature_matching import FeatureMatching
```

```
def main():
    capture = cv.VideoCapture(0)
    assert capture.isOpened(), "Cannot connect to camera"
```

（2）设置所需的视频流帧大小和每秒帧数。以下是设置视频的帧大小和每秒帧数的代码：

```
capture.set(cv.CAP_PROP_FPS, 10)
capture.set(cv.CAP_PROP_FRAME_WIDTH, 640)
capture.set(cv.CAP_PROP_FRAME_HEIGHT, 480)
```

（3）使用描述感兴趣对象的模板（或训练）文件的路径初始化 FeatureMatching 类的实例。以下代码显示 FeatureMatching 类：

```
matching = FeatureMatching(train_image='train.png')
```

（4）处理摄像头中的帧，我们从capture.read 函数创建一个迭代器，当该函数无法返回帧（即(False, None)）时，该迭代器将终止。示例如下：

```
for success, frame in iter(capture.read, (False, None)):
    cv.imshow("frame", frame)
    match_succsess, img_warped, img_flann = matching.match(frame)
```

在上面的代码块中，FeatureMatching.match 方法将处理 BGR 图像（capture.read 以 BGR 格式返回的 frame）。如果在当前帧中检测到对象，则 match 方法将报告 match_success = True 并返回扭曲还原之后的图像以及说明匹配的图像 img_flann。

接下来将介绍如何显示匹配方法返回的结果。

3.4.2　显示结果

实际上，仅当 match 方法返回一个结果时，我们才能显示匹配的结果。其代码如下：

```
if match_succsess:
    cv.imshow("res", img_warped)
    cv.imshow("flann", img_flann)
if cv.waitKey(1) & 0xff == 27:
    break
```

在 OpenCV 中显示图像非常简单，只要使用 imshow 方法即可完成，该方法接收窗口和图像的名称作为参数。此外，还设置了按 Esc 键终止循环的条件。

在设置了应用程序之后，接下来看一看处理流程。

3.5　了解处理流程

FeatureMatching 类（尤其是公共 match 方法）可以提取、匹配和跟踪特征。但是，在开始分析传入的视频流之前，我们还需要做一些功课。你可能还不清楚其中某些算法的含义（特别是 SURF 和 FLANN），因此下文将详细讨论这些算法和步骤。

首先需要关心的是初始化：

```
class FeatureMatching:
    def __init__(self, train_image: str = "train.png") -> None:
```

以下步骤介绍了初始化过程。

（1）以下代码行设置了 SURF 检测器，我们将使用该检测器从图像中检测和提取特征（有关更多详细信息，请参见第 3.6 节“学习特征提取”），其 Hessian 阈值在 300～500，即 400：

```
self.f_extractor = cv.xfeatures2d_SURF.create(hessianThreshold = 400)
```

（2）加载我们感兴趣的对象的模板（self.img_obj），在找不到该对象时显示错误：

```
self.img_obj = cv.imread(train_image, cv.CV_8UC1)
assert self.img_obj is not None, f"Could not find train image
{train_image}"
```

（3）为方便起见，还可以存储图像的形状（self.sh_train）：

```
self.sh_train = self.img_obj.shape[:2]
```

我们将模板图像称为训练图像（Train Image），因为我们需要使用它来训练算法以找到图像，而每个传入帧都将成为查询图像（Query Image），因为我们将使用这些图像来查询训练图像。图 3-3 就是训练图像。

图 3-3 的大小为 512×512 像素，将用于训练算法。

（4）我们将 SURF 算法应用于感兴趣的对象。这可以通过方便的函数调用来完成，该函数既返回关键点列表，又返回描述子（有关更详细的解释，可参考第 3.6 节“学习特征提取”）：

```
self.key_train, self.desc_train = \
    self.f_extractor.detectAndCompute(self.img_obj, None)
```

我们将对每个传入的帧执行相同的操作，然后比较图像之间的特征列表。

图 3-3　图片版权——作品名称：Lenna，作者：Conor Lawless，以 CC BY 2.0 许可

（5）我们设置了一个 FLANN 对象，该对象将用于匹配训练图像和查询图像的特征（有关更多详细信息，请参阅第 3.7 节“了解特征匹配”）。这要求通过字典指定一些其他参数，例如使用哪种算法以及并行运行多少树：

```
index_params = {"algorithm": 0, "trees": 5}
search_params = {"checks": 50}
self.flann = cv.FlannBasedMatcher(index_params, search_params)
```

（6）初始化一些其他簿记（Bookkeeping）变量。当我们想要使特征跟踪既快又准确时，这些变量将派上用场。例如，我们可以跟踪最新的已经计算的单应矩阵（Homography Matrix）以及已经使用但是没有找到感兴趣对象的帧（有关详细信息，请参阅第 3.8 节“了解特征跟踪”）：

```
self.last_hinv = np.zeros((3, 3))
self.max_error_hinv = 50.
self.num_frames_no_success = 0
self.max_frames_no_success = 5
```

然后，大部分工作由 FeatureMatching.match 方法完成。此方法遵循以下过程。

（1）从每个传入的视频帧中提取感兴趣的图像特征。

（2）匹配模板图像和视频帧之间的特征。这是在 FeatureMatching.match_features 中完成的。如果找不到这样的匹配项，则跳到下一帧。

（3）在视频帧中找到模板图像的角点。这是在 detect_corner_points 函数中完成的。如果有任何一个角（明显）位于帧之外，则跳到下一帧。

（4）计算 4 个角点跨越的四边形的面积。如果该区域太小或太大，则跳至下一帧。

（5）使用框线描画出当前帧中模板图像的角点。

（6）找到所需的透视变换，将已定位的对象从当前帧带到 frontoparallel 平面。如果结果与先前帧中获得的结果明显不同，则跳至下一帧。

（7）扭曲当前帧的透视图，以使感兴趣的对象垂直居中。

以下各节将详细讨论上述步骤。

在第 3.6 节中，将首先讨论特征提取步骤。这一步是整个算法的核心。它将在图像中找到一些包含丰富信息的区域，并以较低的维度表示它们，以便后期可以使用这些表示来确定两幅图像是否包含相似的特征。

3.6　学习特征提取

一般来说，在机器学习算法中，特征提取是一个数据降维的过程，它将产生包含丰富信息的数据元素描述。

在计算机视觉中，特征通常是图像的一个感兴趣区域（Interesting Area）。它是图像的可测量属性，对于表示图像所代表的内容非常有用。通常而言，单个像素的灰度值（即原始数据）不会告诉我们很多有关整幅图像的信息。相反，我们需要派生一个更具信息量的属性。

例如，如果我们已知图像中有看起来像眼睛、鼻子和嘴巴的图块，那么就能够推断出该图像很可能包含脸部。在这种情况下，描述数据所需的资源数量将大大减少。例如，我们是否正在查看脸部图像，图像是否包含两只眼睛，一个鼻子或一张嘴？

一般来说，更底层的特征（例如，边、角、斑点或带的存在）可能会提供更多信息。根据应用程序的不同，某些特征可能会比其他特征更好。

一旦确定了我们最喜欢的特征是什么，则首先需要想出一种方法来检查图像是否包含此类特征。另外，还需要找出包含它们的位置，然后创建特征的描述子（Descriptor）。接下来，我们将学习如何检测特征。

3.6.1　特征检测

在计算机视觉中，在图像中找到感兴趣区域的过程称为特征检测（Feature Detection）。

在后台，对于图像中的每个点，特征检测算法都会确定图像点是否包含感兴趣的特征。OpenCV 提供了范围广泛的特征检测算法。

在 OpenCV 中，算法的详细信息被封装，并且所有算法都具有相似的 API。以下是一些特征检测算法。

- Harris 角点检测（Harris Corner Detection）：我们知道，边是在所有方向上都发生高强度变化的区域。Harris 和 Stephens 提出了这种算法，这是找到这些区域的快速方法。该算法在 OpenCV 中实现为 cv2.cornerHarris。
- Shi-Tomasi 角点检测（Shi-Tomasi Corner Detection）：Shi 和 Tomasi 开发了该角点检测算法。通过找到 N 个最强角点，该算法通常比 Harris 角点检测更好。此算法在 OpenCV 中实现为 cv2.goodFeaturesToTrack。
- 尺度不变特征变换（Scale Invariant Feature Transform，SIFT）：当图像的尺度发生变化时，仅有角点检测是不够的。为此，David Lowe 开发了一种方法来描述图像中的关键点，这些关键点与方向和大小无关（因此称其为尺度不变）。该算法在 OpenCV2 中实现为 cv2.xfeatures2d_SIFT，但由于其代码是专有的，因此已移至 OpenCV3 的其他模块中。
- SURF：SIFT 已被证明效果非常好，但是对于大多数应用程序而言，它的速度还不够快。SURF 因此应运而生，它用盒式滤波器（Box Filter）代替了 SIFT 中计算开销大的高斯（函数）的拉普拉斯算子。该算法在 OpenCV2 中实现为 cv2.xfeatures2d_SURF，但与 SIFT 一样，由于其代码是专有的，因此已移至 OpenCV3 的其他模块中。

OpenCV 支持更多特征描述子，如 Features from Accelerated Segment Test（FAST）、Binary Robust Independent Elementary Features（BRIEF）和 Oriented FAST and Rotated BRIEF（ORB），后者是 SIFT 或 SURF 的开源替代品。

接下来，我们将学习如何使用 SURF 来检测图像中的特征。

3.6.2　使用 SURF 检测图像中的特征

本章的余下部分将使用 SURF 检测器。SURF 算法大致可以分为两个不同的步骤，即检测兴趣点和制定描述子。

SURF 依赖 Hessian 角点检测器进行兴趣点检测，这需要设置最小的 minhessianThreshold。此阈值决定了将点用作兴趣点必须使用的 Hessian 滤波器的输出大小。

当该值较大时，将获得较少的兴趣点，但是从理论上讲，它们更加明显，反之亦然。你可以随意尝试不同的值。

本章将 400 作为选择值，就像之前在 FeatureMatching.__init__中所设置的那样，我们使用以下代码片段创建 SURF 描述子：

```
self.f_extractor = cv2.xfeatures2d_SURF.create(hessianThreshold = 400)
```

图像中的关键点可以通过一个步骤获得，具体步骤如下：

```
key_query = self.f_extractor.detect(img_query)
```

在这里，key_query 是 cv2.KeyPoint 实例的列表，并且具有检测到的关键点数量的长度。每个 KeyPoint 包含有关位置（KeyPoint.pt）、大小（KeyPoint.size）的信息，以及有关兴趣点的其他有用信息。

现在可以使用 drawkeypoints 函数轻松绘制关键点：

```
img_keypoints = cv2.drawKeypoints(img_query, key_query, None,
    (255, 0, 0), 4)
cv2.imshow("keypoints", img_keypoints)
```

根据图像的不同，检测到的关键点数量可能很大，并且在可视化时不清楚。这可以使用 len(keyQuery)进行检查。如果只关心绘制关键点，则可以尝试将 min_hessian 设置为较大的值，直到返回的关键点数目可以很好地说明问题为止。

注意：

SURF 受专利法保护。因此，如果开发人员希望在商业应用程序中使用 SURF，则需要获得许可。

接下来，需要获取检测到的关键点的描述子。

3.6.3　使用 SURF 获取特征描述子

使用 SURF 通过 OpenCV 从图像中提取特征的过程也是一个步骤。这是通过我们的特征提取器的 compute 方法完成的。后者接受图像及其关键点作为参数：

```
key_query, desc_query = self.f_extractor.compute(img_query, key_query)
```

在这里，desc_query 是一个形状为(num_keypoints, descriptor_size)的 Numpy ndarray。每个描述子都是一个 n 维空间（长度为 n 的数字数组）中的向量。每个向量都描述了相应的关键点，并提供了有关完整图像的一些有意义的信息。

通过这种方式，我们已经完成了特征提取算法，该算法必须以降维的方式提供有关图像的有意义的信息。这取决于算法的创建者决定描述子向量中包含哪种信息，但是至少这些向量应该使得它们比看起来不同的关键点更接近相似的关键点。

我们的特征提取算法还提供了一种方便的方法来组合特征检测和描述子创建过程：

```
key_query, desc_query = self.f_extractor.detectAndCompute(img_query, None)
```

它可以在单个步骤中同时返回关键点和描述子，并接收感兴趣区域的蒙版。在本示例中，该蒙版是完整图像。

在提取特征之后，下一步是查询和训练包含相似特征的图像，这是通过特征匹配算法完成的。因此，接下来我们将学习特征匹配。

3.7　了解特征匹配

从两幅（或多幅）图像中提取特征及其描述子之后，即可开始询问这些特征中的某些特征是否同时出现在两幅（或所有）图像中。例如，如果我们同时拥有感兴趣的对象（self.desc_train）和当前视频帧（desc_query）的描述子，则可以尝试查找当前帧中看起来像感兴趣的对象的区域。

这是通过使用以下方法完成的：

```
good_matches = self.match_features(desc_query)
```

查找帧到帧对应关系的过程可以公式化为：从一组描述子中为另一组描述子的每个元素搜索最近的邻居。

第一组描述子通常称为训练集（Train Set），因为在机器学习中，这些描述子用于训练模型，例如要检测的对象的模型。在本示例中，训练集对应于模板图像（我们感兴趣的对象）的描述子。因此，可以将模板图像称为训练图像（self.img_train）。

第二个集合通常称为查询集（Query Set），因为我们不断询问它是否包含训练图像。在本示例中，查询集对应于每个传入帧的描述子。因此，我们将帧称为查询图像（img_query）。

可以通过多种方式对特征进行匹配，例如，可以借助暴力匹配器（cv2.BFMatcher）查找第一个集合中的每个描述子，然后尝试匹配第二个集合中最接近的描述子（使用穷举搜索）。

接下来，我们将学习如何使用 FLANN 算法匹配图像的特征。

3.7.1　使用 FLANN 算法匹配图像特征

除了暴力匹配器的穷举搜索之外，另一种选择是使用基于快速第三方库 FLANN 的近似 k 最近邻（k-Nearest Neighbor，kNN）算法来查找对应关系。可使用以下代码段执行 FLANN 匹配，在这里我们为 kNN 算法设置了 k = 2：

```
def match_features(self, desc_frame: np.ndarray) -> List[cv2.DMatch]:
        matches = self.flann.knnMatch(self.desc_train, desc_frame, k=2)
```

flann.knnMatch 函数返回的结果是两个描述子的集合之间对应关系的列表，这两个描述子的集合都包含在 matches 变量中。这两个描述子的集合正是训练集（因为它对应于我们感兴趣对象的模式图像）和查询集（因为它对应于我们正在搜索的感兴趣对象的图像）。

现在我们已经找到了特征的最近邻，接下来还需要删除异常值。

3.7.2　执行比率检验以消除异常值

找到的正确匹配越多（意味着存在更多的图案与图像对应关系），则图案出现在图像中的机会就越高。但是，某些匹配也可能是假阳性。

有一种众所周知的删除异常值（Outlier，也称为离群值）的技术称为比率检验（Ratio Test）。由于我们执行了 k = 2 的 kNN 匹配，因此每次匹配都会返回两个最接近的描述子。第一个匹配项是最接近的邻居，第二个匹配项是第二接近的邻居。

直观地看，正确的匹配应该是第一个匹配项要比第二个匹配项近得多。反过来讲，不正确的匹配就是两个最接近的邻居（第一个匹配项和第二个匹配项）距离相近。

因此，我们可以通过查看距离之间的差异来发现匹配的良好程度。比率检验认为，只有在第一个匹配项和第二个匹配项之间的距离比率小于给定数字（通常为 0.5 左右）时，该匹配才是好的。在本示例中，我们选择此数字为 0.7。以下代码段可找到良好的匹配项：

```
# 丢弃不良匹配，根据 Lowe 的论文进行比率检验
good_matches = [ x[0] for x in matches
    if x[0].distance < 0.7 * x[1].distance]
```

要删除所有不满足此要求的匹配项，可以过滤匹配项列表，并将良好匹配项存储在 good_matches 列表中。

然后，将找到的匹配项传递给 FeatureMatching.match，以便对其做进一步的处理：

```
return good_matches
```

接下来，我们可以可视化特征匹配项。

3.7.3　可视化特征匹配

在 OpenCV 中，可以使用 cv2.drawMatches 轻松绘制匹配的特征。在这里，为了演示需要，我们将创建自己的函数，并简化函数的自定义行为：

```
def draw_good_matches(img1: np.ndarray,
                      kp1: Sequence[cv2.KeyPoint],
                      img2: np.ndarray,
                      kp2: Sequence[cv2.KeyPoint],
                      matches: Sequence[cv2.DMatch]) -> np.ndarray:
```

该函数接收两幅图像，在本示例中，就是指感兴趣对象的图像和当前视频帧。它还接受来自图像和匹配项的关键点。它将在单幅指示图像上绘制彼此相邻的图像，在图像上显示匹配项，然后返回该指示图像。这是通过以下步骤实现的。

（1）创建一幅新的输出图像，该图像的大小应该可以将两幅图像放在一起，使它成为三通道以便在图像上绘制彩色线条：

```
rows1, cols1 = img1.shape[:2]
rows2, cols2 = img2.shape[:2]
out = np.zeros((max([rows1, rows2]), cols1 + cols2, 3),
dtype='uint8')
```

（2）将第一幅图像放置在新图像的左侧，将第二幅图像放置在新图像的右侧：

```
out[:rows1, :cols1, :] = img1[..., None]
out[:rows2, cols1:cols1 + cols2, :] = img2[..., None]
```

在这些表达式中，我们使用了 NumPy 数组的广播规则（Broadcasting Rule）。当数组的形状不匹配但满足某些约束时，广播规则是对数组进行操作的规则。具体如下所示。

- 如果两个数的维度数不同，那么小维度数组的形状将会在最左边补 1。
- 如果两个数组的形状在任何一个维度都不匹配，那么数组的形状会沿着维度为 1 的维度扩展以匹配另外一个数组的形状。
- 如果两个数组的形状在任何一个维度上都不匹配并且没有任何一个维度等于 1，则会引发异常。

在本示例中，img[..., None]将 1 赋值给二维灰度图像（数组）的通道（第三维）。接下来，一旦 NumPy 遇到一个不匹配的维，但其值为 1，则它将广播该数组。这意味着对所有 3 个通道使用相同的值。

（3）对于两幅图像之间的每个匹配点对，我们要在每幅图像上绘制一个小蓝色圆圈，并将两个圆圈用一条线连接起来。为此，可使用 for 循环遍历匹配的关键点列表，从相应的关键点中提取中心坐标，并移动第二个中心的坐标以进行线条绘制：

```
for m in matches:
    c1 = tuple(map(int, kp1[m.queryIdx].pt))
    c2 = tuple(map(int, kp2[m.trainIdx].pt))
    c2 = c2[0]+cols1, c2[1]
```

关键点在 Python 中存储为元组，其中两个条目分别用于 x 和 y 坐标。每个匹配项 m 将存储关键点列表中的索引，其中，m.trainIdx 指向第一个关键点列表（kp1）中的索引，m.queryIdx 则指向第二个关键点列表（kp2）中的索引。

（4）在同一个循环中，绘制半径为 4 像素，颜色为蓝色，轮廓线粗细为 1 像素的圆。然后，用直线将圆圈连接起来：

```
radius = 4
BLUE = (255, 0, 0)
thickness = 1
# 在两个坐标上各绘制一个很小的圆
cv2.circle(out, c1, radius, BLUE, thickness)
cv2.circle(out, c2, radius, BLUE, thickness)

# 在两点之间绘制一条直线
cv2.line(out, c1, c2, BLUE, thickness)
```

（5）返回结果图像：

```
return out
```

现在我们有了一个很方便的函数，可以使用以下代码来指示特征匹配：

```
cv2.imshow('imgFlann', draw_good_matches(self.img_train,
    self.key_train, img_query, key_query, good_matches))
```

蓝色线条可将对象（左）中的特征连接到应用场景（右）中的特征，如图 3-4 所示。

在如图 3-4 这样的简单示例中，这种方法确实很好用，但是，当应用场景中还有其他对象时，结果又会如何呢？由于我们的对象包含一些看起来很显眼的字母，因此，当出现其他单词时会发生什么？

事实证明，即使在这样的应用场景下，该算法也能正常工作，如图 3-5 所示。

图 3-4　可视化特征匹配

图 3-5　在复杂应用场景下的特征匹配可视化效果

有趣的是，该算法并未将作者的姓名（J. D. SALINGER）与场景中该书旁边的黑白字母混淆，即使它们拼出了相同的名字。这是因为该算法找到了不完全依赖于灰度表示的对象描述。反过来讲，如果算法执行的是像素比较，那么很可能就会因为这个相同的作者姓名而出现错误匹配。

现在我们已经可以匹配特征，接下来需要使用这些结果来突出显示感兴趣的对象，可以在单应性估计（Homography Estimation）的帮助下执行此操作。

3.7.4 映射单应性估计

由于我们假设感兴趣的对象是平面的（即图像）且是刚性的，因此我们可以找到两幅图像的特征点之间的单应性变换（Homography Transformation）。

在以下步骤中，我们将探讨如何通过单应性来计算透视变换。当对象图像中的匹配特征点（self.key_train）与当前图像帧中的相应特征点（key_query）放置在同一平面时，需要这种透视变换。

（1）为方便起见，我们将所有匹配良好的关键点的图像坐标存储在列表中，如以下代码片段所示：

```
train_points = [self.key_train[good_match.queryIdx].pt
                for good_match in good_matches]
query_points = [key_query[good_match.trainIdx].pt
                for good_match in good_matches]
```

（2）将角点检测的逻辑封装在一个单独的函数中：

```
def detect_corner_points(src_points: Sequence[Point],
                         dst_points: Sequence[Point],
                         sh_src: Tuple[int, int]) -> np.ndarray:
```

上面的代码显示了两个点序列和源图像的形状，该函数将返回这些点的角，这可以通过以下步骤完成。

① 找到给定的两个坐标序列的透视变换，这实际上就是单应矩阵（Homography Matrix）H：

```
H, _ = cv2.findHomography(np.array(src_points),
np.array(dst_points), cv2.RANSAC)
```

为了找到该单应性变换，cv2.findHomography 函数将使用随机样本共识（Random Sample Consensus，RANSAC）方法来探测输入点的不同子集。

② 如果该方法找不到单应矩阵，则将引发一个异常，稍后将在我们的应用程序中捕获该异常：

```
if H is None:
    raise Outlier("Homography not found")
```

③ 给定源图像的形状，可将其角的坐标存储在一个数组中：

```
height, width = sh_src
```

```
src_corners = np.array([(0, 0), (width, 0),
                        (width, height),
                        (0, height)], dtype=np.float32)
```

④ 单应矩阵可用于将图案中的任何点转换到应用场景中，例如将训练图像中的角点转换为查询图像中的角点。换句话说，这意味着我们可以通过变换训练图像的角点来在查询图像中绘制书籍封面的轮廓。

为此，可以获取训练图像的角点列表（src_corners）并通过执行透视变换将其投影到查询图像中：

```
return cv2.perspectiveTransform(src_corners[None, :, :], H)[0]
```

该结果将立即返回，即图像点的数组（二维 Numpy ndarray）。

（3）现在我们已经定义了函数，可以调用它来检测角点：

```
dst_corners = detect_corner_points(
                  train_points, query_points, self.sh_train)
```

（4）我们需要做的就是在 dst_corners 中的每个点与下一个点之间画一条线，这样在应用场景中将看到一个轮廓：

```
dst_corners[:, 0] += self.sh_train[1]
cv2.polylines(
    img_flann,
    [dst_corners.astype(np.int)],
    isClosed=True,
    color=(0,255,0),
    thickness=3)
```

请注意，为了绘制图像点，首先需要将点的 x 坐标偏移，偏移量就是模式图像的宽度（因为我们将两幅图像彼此相邻显示）。然后，我们将图像的点视为封闭的多段线，并使用 cv2.polilines 对其进行绘制。此外还必须将数据类型更改为整数以进行绘制。

（5）书籍封面的轮廓绘制如图 3-6 所示。

即使对象仅部分可见，该函数也可以正常工作，如图 3-7 所示。

可以看到，尽管这本书的一部分位于帧的外部，但算法仍可以预测书的轮廓，其轮廓的边界位于帧之外。

接下来，我们将学习如何使图像扭曲变形以使其看起来更接近原始图像。

图 3-6　绿色的书籍封面轮廓

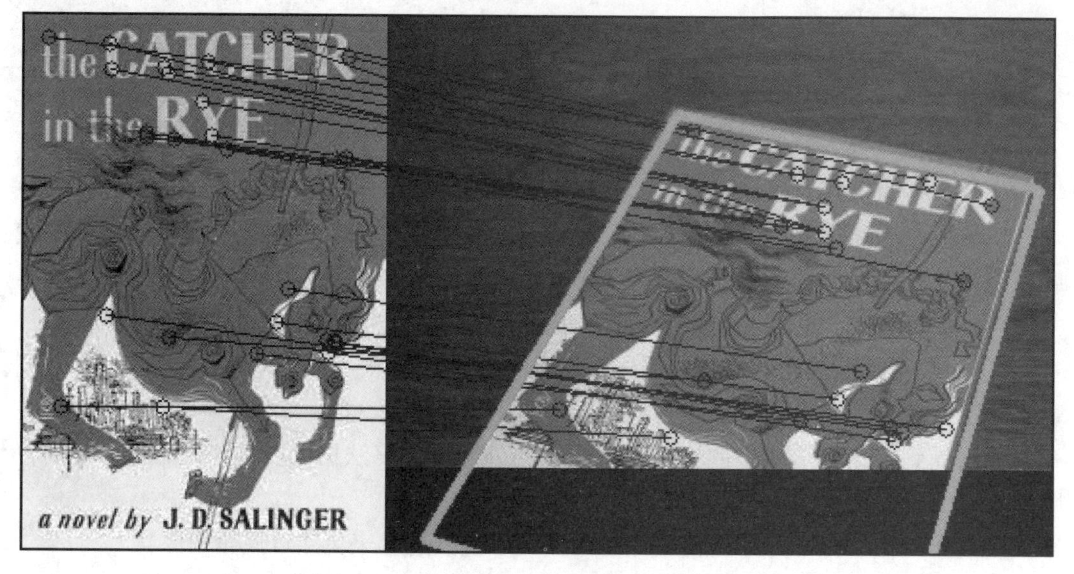

图 3-7　仅有部分对象也可以正常绘制轮廓

3.7.5　扭曲图像

我们也可以执行单应性估计/变换的相反操作，方法是从已经探测到的应用场景还原到训练模式坐标。在本示例中，这意味着可以将书的封面变成正面。

可以简单地采用单应矩阵的逆来获得逆变换：

```
Hinv = cv2.linalg.inverse(H)
```

但是，这样做会将图书封面的左上角映射到新图像的原点，这将切断图书封面左侧和上方的所有内容，而我们希望在新图片中大致将图书封面居中。因此，还需要计算一个新的单应矩阵。

图书封面应该大约是新图像尺寸的一半。因此，我们可以不使用训练图像的点坐标，而是通过以下方法演示如何变换点坐标以使其出现在新图像的中心。

（1）找到缩放比例因子和偏差，然后应用线性缩放比例并转换坐标：

```
@staticmethod
def scale_and_offset(points: Sequence[Point],
                     source_size: Tuple[int, int],
                     dst_size: Tuple[int, int],
                     factor: float = 0.5) -> List[Point]:
    dst_size = np.array(dst_size)
    scale = 1 / np.array(source_size) * dst_size * factor
    bias = dst_size * (1 - factor) / 2
    return [tuple(np.array(pt) * scale + bias) for pt in points]
```

（2）作为输出，我们希望图像具有与模式图像（sh_query）相同的形状：

```
train_points_scaled = self.scale_and_offset(
    train_points, self.sh_train, sh_query)
```

（3）可以在查询图像中的点与训练图像变换后的点之间找到单应矩阵（确保将列表转换为 NumPy 数组）：

```
Hinv, _ = cv2.findHomography(
    np.array(query_points), np.array(train_points_scaled), cv2.RANSAC)
```

（4）可以使用单应矩阵来变换图像中的每个像素。该操作也称为扭曲透视（Wrap Perspective）：

```
img_warp = cv2.warpPerspective(img_query, Hinv, (sh_query[1], sh_query[0]))
```

其结果如图 3-8 所示（左侧为匹配项，右侧为扭曲还原之后的图像）。

图 3-8　扭曲透视以还原图像

透视变换产生的图像可能无法与 frontoparallel 平面完全对齐，因为单应矩阵只是给出了一个近似值。但是，在大多数情况下，我们的方法是可以正常工作的，图 3-9 就显示了这样一个示例。

图 3-9　扭曲图像示例

现在，我们对如何通过几张图像完成特征提取和匹配已经有了一个很好的理解，接下来，我们将了解如何跟踪特征。

3.8　了解特征跟踪

既然我们的算法适用于单帧，那么就需要确保在上一帧中找到的图像也可以在其紧邻的下一帧中找到。

在 FeatureMatching.__init__中，我们创建了一些簿记变量，前文已经介绍过，这些变量将用于特征跟踪。其主要思想是在从上一帧到下一帧时增强一些连贯性。由于我们每秒捕获大约 10 帧，因此可以合理假设从上一帧到下一帧的变化不会太大。

有鉴于此，我们可以确保在任何给定帧中获得的结果都必须与在前一帧中获得的结果相似。否则，我们将丢弃结果并转到下一帧。

当然，我们必须注意不要卡在我们认为合理但实际上是异常值的结果上。为了解决此问题，我们可以跟踪找不到合适结果的帧数。我们使用 self.num_frames_no_success 来保存帧数的值。如果此值小于某个阈值（假设为 self.max_frames_no_success），则需要在帧之间进行比较。

如果它大于阈值，则可以认为自从获得最后一个结果以来已经过去了太多的时间，在这种情况下，比较帧之间的结果将是不合理的（因为应用场景很可能已经切换了）。

接下来，我们将学习早期异常值检测和剔除。

3.9　理解早期异常值检测和剔除

我们可以将异常值排除的概念扩展到计算的每个步骤，目标便是最大限度地减少工作量，同时最大限度地提高我们获得良好结果的可能性。

在 FeatureMatching.match 方法中已经嵌入了早期异常值检测和剔除的过程。此方法首先将图像转换为灰度图并存储其形状：

```
def match(self, frame):
    # 创建帧的有效副本（灰度图）
    # 并存储其形状方便日后使用
    img_query = cv2.cvtColor(frame, cv2.COLOR_BGR2GRAY)
    sh_query = img_query.shape # 行数和列数
```

然后，如果在计算的任何步骤中检测到异常值，则将引发一个 Outlier 异常以终止计算。以下步骤演示了匹配过程。

（1）在模式的特征描述子和查询图像之间找到良好的匹配，然后存储来自训练图像和查询图像的相应点坐标：

```
key_query, desc_query = self.f_extractor.detectAndCompute(
    img_query, None)
good_matches = self.match_features(desc_query)
train_points = [self.key_train[good_match.queryIdx].pt
                for good_match in good_matches]
query_points = [key_query[good_match.trainIdx].pt
                for good_match in good_matches]
```

为了使 RANSAC 能够在下一个操作步骤中正常有效，至少需要进行 4 个匹配项。如果发现匹配项较少（小于 4），则承认失败并使用自定义消息抛出 Outlier 异常。我们将异常值检测包装在 try 模块中：

```
try:
    # 早期异常值检测和剔除
    if len(good_matches) < 4:
        raise Outlier("Too few matches")
```

（2）在查询图像（dst_corners）中找到图案的角点：

```
dst_corners = detect_corner_points(
    train_points, query_points, self.sh_train)
```

如果这些点中的任何一个点位于图像的外部（在本例中为 20 像素），则意味着我们没有看到感兴趣的对象，或者感兴趣的对象并不完全在图像中。在这两种情况下，都无须继续处理，并可以创建 Outlier 的实例并抛出异常：

```
if np.any((dst_corners < -20) | (dst_corners > np.array(sh_query) + 20)):
    raise Outlier("Out of image")
```

（3）如果 4 个还原的角点未跨越合理的四边形，则意味着我们可能没有看到感兴趣的对象。可以使用以下代码来计算四边形的面积：

```
for prev, nxt in zip(dst_corners, np.roll(dst_corners, -1, axis=0)):
    area += (prev[0] * nxt[1] - prev[1] * nxt[0]) / 2.
```

如果面积的大小不合理（过小或过大），则丢弃该帧并抛出异常：

```
if not np.prod(sh_query) / 16. < area < np.prod(sh_query) / 2.:
```

```
    raise Outlier("Area is unreasonably small or large")
```

（4）缩放训练图像上的比较好的点，并找到单应矩阵以将对象带到正向平面：

```
train_points_scaled = self.scale_and_offset(
    train_points, self.sh_train, sh_query)
Hinv, _ = cv2.findHomography(
    np.array(query_points), np.array(train_points_scaled), cv2.RANSAC)
```

（5）如果还原的单应矩阵与上次还原的单应矩阵（self.last_hinv）有很大不同，则意味着我们可能看到的是不同对象。当然，如果是在最近的帧（例如 self.max_frames_no_success）内，则仅考虑 self.last_hinv：

```
similar = np.linalg.norm(
Hinv - self.last_hinv) < self.max_error_hinv
recent = self.num_frames_no_success < self.max_frames_no_success
if recent and not similar:
    raise Outlier("Not similar transformation")
```

这将有助于我们随着时间的流逝，跟踪相同的关注对象。如果某种原因使我们失去对模式图像的跟踪超过 self.max_frames_no_success 帧，则跳过此条件，并接收到那时为止还原的所有单应矩阵。这样可以确保我们不会被 self.last_hinv 矩阵卡住，此时 self.last_hinv 矩阵实际上是一个异常值。

如果在异常值检测过程中检测到异常值，则会递增 self.num_frame_no_success 并返回 False。还可以输出异常值的消息，以查看确切的时间：

```
except Outlier as e:
    print(f"Outlier:{e}")
    self.num_frames_no_success += 1
    return False, None, None
```

如果未检测到异常值，则可以确定已成功在当前帧中找到了感兴趣的对象。在这种情况下，我们首先存储单应矩阵并重置计数器：

```
else:
    # 重置计数器并更新 Hinv
    self.num_frames_no_success = 0
    self.last_h = Hinv
```

以下代码行将显示图像的扭曲透视。

```
img_warped = cv2.warpPerspective(
```

```
    img_query, Hinv, (sh_query[1], sh_query[0]))
```

（6）绘制良好的匹配和角点，并返回结果：

```
img_flann = draw_good_matches(
    self.img_obj,
    self.key_train,
    img_query,
    key_query,
    good_matches)
# 调整角点的 x 坐标（col）
# 以便可以在训练图像旁边绘制它们（add self.sh_train[1]）
dst_corners[:, 0] += self.sh_train[1]
cv2.polylines(
    img_flann,
    [dst_corners.astype(np.int)],
    isClosed=True,
    color=(0,255,0),
    thickness=3)
return True, img_warped, img_flann
```

在上面的代码中，我们将角点的 x 坐标进行了偏移，偏移量就是训练图像的宽度，因为查询图像出现在训练图像旁边。我们还将角点的数据类型更改为整数，这是由于 polilines 方法接受整数作为坐标。

在第 3.10 节中，我们将探讨该算法的工作原理。

3.10　研究算法原理

便携式计算机网络摄像头实时流中匹配过程的结果如图 3-10 所示。

可以看到，模式图像中的大多数关键点都与右侧查询图像中的关键点正确匹配。模式的输出现在可以缓慢地移动、倾斜和旋转。只要所有角点都停留在当前帧中，就可以相应地更新单应矩阵并正确绘制模式图像的轮廓。

即使输出上下颠倒，此操作也可以正常进行，如图 3-11 所示。

在所有情况下，经过扭曲透视还原的图像都会将模式图像带到 frontoparallel 平面的正面居中的位置。这会产生一种很酷的效果，即将模式图像冻结在屏幕中央，而周围的应用场景则可以围绕它旋转，如图 3-12 所示。

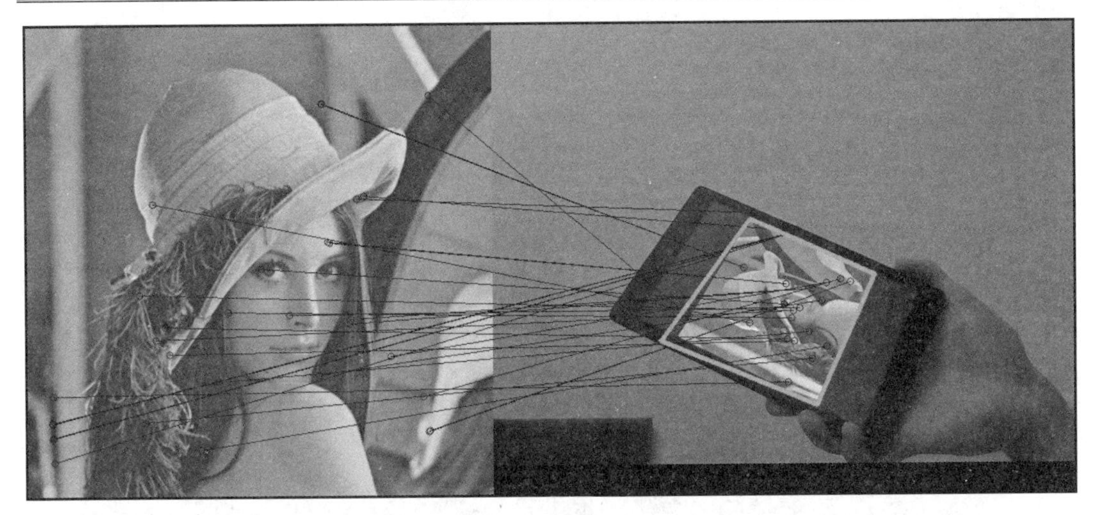

图 3-10　模式图像和摄像头帧的实时匹配

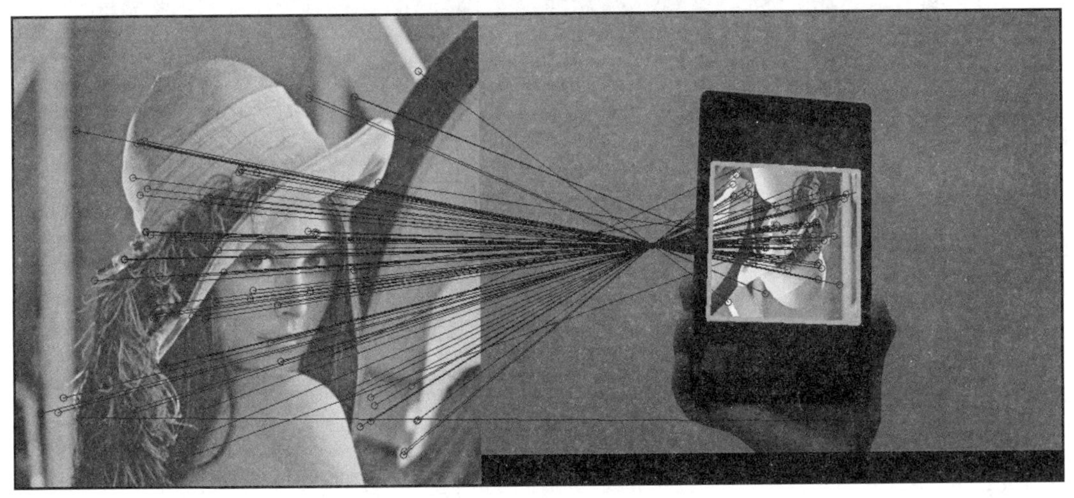

图 3-11　对象周围的整个应用场景旋转时，算法仍然可以正常工作

在大多数情况下，经过扭曲透视之后的图像看起来都相当准确，如图 3-12 所示。如果某种原因使该算法接受了错误的单应矩阵而得到了不合理的扭曲图像，则该算法将丢弃异常值并在半秒内恢复（即在 self.max_frames_no_success 帧内），从而使特征跟踪始终准确而高效。

图 3-12　扭曲透视还原的正面图像

3.11　小　　结

本章介绍了一种强大的特征跟踪方法，当我们将其应用于网络摄像头的实时流时，该方法可以足够快地实时运行。

首先，该算法演示了如何提取和检测图像中的重要特征，而这些特征与透视和大小无关，无论是在我们感兴趣对象（训练图像）的模板中，还是在更复杂场景嵌入的内容（查询图像）中，特征都是尺度不变的。

其次，使用最近邻算法的快速版本对关键点进行聚类，从而找到两幅图像中的特征点之间的匹配。从该阶段开始，可以计算将一组特征点映射到另一组特征点的透视变换。有了这些信息，我们可以勾勒出在查询图像中找到的训练图像，并通过扭曲透视还原查询图像，以便感兴趣的对象在屏幕中央垂直显示。

有了这个功能强大的算法，现在我们就可以设计出先进的特征跟踪、图像拼接或增强现实应用程序。

在第 4 章中，我们将继续研究应用场景的几何特征，但是这一次，我们将专注于运动场景。具体来说，我们将研究如何通过从摄像头运动中推断场景的几何特征来重建 3D 场景。这需要将我们在特征匹配方面的知识与光流和运动恢复结构技术相结合。

3.12　许　可

Lenna.png 图片版权——作品名称：Lenna，作者：Conor Lawless，以 CC BY 2.0 许可。其网址如下：

http://www.flickr.com/photos/15489034@N00/3388463896

第4章　使用运动恢复结构重建3D场景

在第 3 章“通过特征匹配和透视变换查找对象”中，我们学习了如何在网络摄像头的视频流中检测和跟踪感兴趣的对象（即使是从不同角度或距离观察或在部分遮挡的情况下也可以正确识别对象）。本章将进一步跟踪有趣的特征，并通过研究图像帧之间的相似性来了解整个视觉场景。

本章的目的是研究如何通过从摄像头（或相机）运动推断场景的几何特征来重建 3D 场景。有时将这种技术称为运动恢复结构（Structure from Motion，SfM）。通过从不同角度查看同一场景，我们将能够推断出场景中不同特征的真实 3D 坐标。此过程称为三角剖分（Triangulation），它使我们能够将场景重建（Reconstruct）为 3D 点云（3D Point Cloud）。

如果我们从不同角度拍摄同一场景的两幅图片，则可以使用特征匹配或光流（Optic Flow）来估计相机在拍摄两幅图片之间进行的任何平移和旋转运动。但是，为了使该方法正常工作，我们首先必须校准相机。

本章将涵盖以下主题。

- 了解相机校准知识。
- 设置应用程序。
- 从一对图像中估计相机的运动。
- 重建场景。
- 了解 3D 点云可视化。
- 了解运动恢复结构。

完成本章应用程序示例之后，你将理解在从不同视点获取多幅图像的情况下，对场景或对象进行 3D 重建的经典方法。你将能够在自己的应用程序中应用这些方法，这些方法与根据相机图像或视频构建 3D 模型有关。

首先我们将介绍本章操作所需的准备工作。

4.1　准备工作

本章程序已经使用 OpenCV 4.1.0 和 wxPython 4.0.4 测试过。

wxPython 4.0.4 下载网址如下：

http://www.wxpython.org/download.php

本章程序还需要 NumPy 和 Matplotlib，其网址如下：

http://www.numpy.org

http://www.matplotlib.org/downloads.html

请注意，你可能必须从以下网址获得所谓的额外模块：

https://github.com/Itseez/opencv_contrib

你需要使用 OPENCV_EXTRA_MODULES_PATH 变量集进行 OpenCV 安装，以安装尺度不变特征变换（Scale Invariant Feature Transform，SIFT）。另外请注意，你可能必须获得许可才能在商业应用程序中使用 SIFT。

你可以在以下 GitHub 存储库中找到本章介绍的代码。

https://github.com/PacktPublishing/OpenCV-4-with-Python-Blueprints-Second-Edition/tree/master/chapter4

4.2 规划应用程序

最终的应用程序将提取并可视化一对图像的运动恢复结构（SfM）。我们将假定这两幅图像是使用同一相机拍摄的，我们知道其内部相机参数。如果这些参数未知，则需要在相机校准过程中首先对其进行估计。

然后，最终的应用程序将包含以下模块和脚本。

- chapter4.main：这是启动应用程序的主要函数例程。
- scene3D.SceneReconstruction3D：这是一个类，它包含一系列功能，可以计算和可视化运动恢复结构。它包括以下公共方法：
  - __init__：此构造函数将接收固有的相机矩阵和畸变系数。
  - load_image_pair：这是用于从文件中加载两幅图像的方法。这两幅图像是使用之前描述的相机拍摄的。
  - plot_optic_flow：这是用于可视化两幅图像帧之间的光流的方法。
  - draw_epipolar_lines：此方法用于绘制两幅图像的极线。
  - plot_rectified_images：此方法用于绘制两幅图像的校正版本。
  - plot_point_cloud：这是将恢复的场景真实坐标可视化为 3D 点云的方法。为了实现 3D 点云，我们将需要利用极线几何。当然，对极几何结构采用针孔相机模型，因此没有实际的相机可以使用。

该应用程序的完整过程包括以下步骤。

（1）相机校准（Camera Calibration）：我们将使用棋盘图案提取相机内参矩阵以及畸变系数，这对于执行场景重建非常重要。

（2）特征匹配（Feature Matching）：我们将通过 SIFT 或光流来匹配同一视觉场景的两幅 2D 图像中的点，如图 4-1 所示。

图 4-1　特征匹配

（3）图像校正（Image Rectification）：通过一对图像估计相机的运动，我们将提取本质矩阵（Essential Matrix）并校正图像，如图 4-2 所示。

（4）三角剖分（Triangulation）：我们将利用对极几何（Epipolar Geometry）的约束条件来重建图像点的 3D 现实世界坐标。

（5）3D 点云可视化（3D Point Cloud Visualization）：我们将使用 Matplotlib 中的散点图可视化已恢复的场景的 3D 结构。在使用 pyplot 中的平移轴（Pan Axes）按钮进行研究时，该操作非常有趣。使用此按钮可以在所有 3 个维度上旋转和缩放点云。如图 4-3 所示，3D 点云颜色对应于场景中某个点的深度。

本示例首先需要校正图像以使其看起来好像来自针孔相机。为此，我们需要估计相机的参数，因此接下来我们将先了解一下相机校准知识。

图 4-2　图像校正

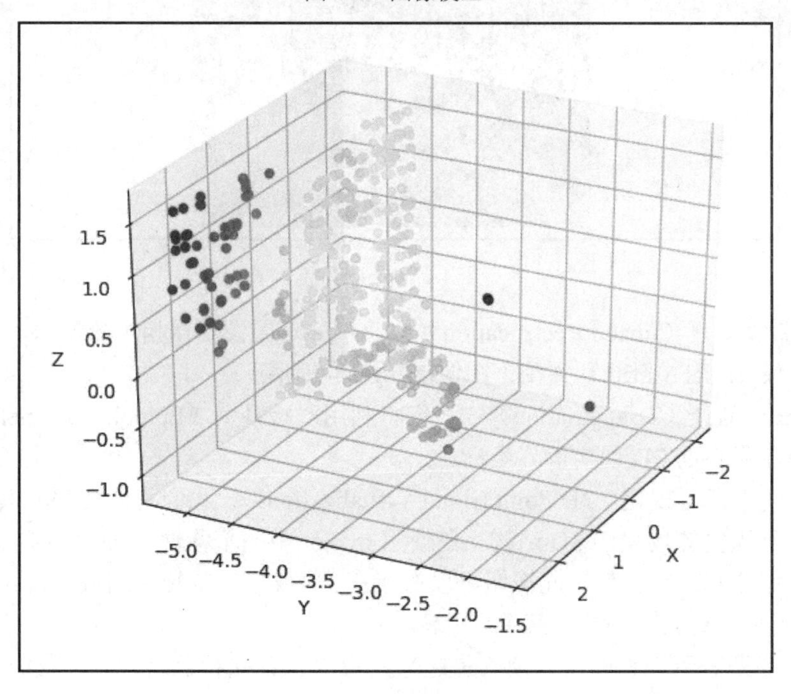

图 4-3　3D 点云可视化效果

4.3　了解相机校准知识

到目前为止，我们使用的都是从网络摄像头直接获得的图像，而没有考虑其拍摄方式的问题。但是，每个相机镜头都有其独特的参数，如焦距（Focal Length）、主点（Principal Point）和镜头畸变（Lens Distortion）等。

使用相机拍摄照片时，实际发生的事情是这样的：光线先穿过镜头，然后穿过光圈，最后才落在光传感器的表面上。这个过程可以用针孔相机模型来近似估计。估计实际镜头参数以适合针孔相机模型的过程称为相机校准（Camera Calibration），也称为相机反切（Camera Resectioning），注意不要将它与光度相机校准（Photometric Camera Calibration）搞混。

接下来，我们需要先了解一下针孔相机模型。

4.3.1　了解针孔相机模型

针孔相机模型（Pinhole Camera Model）是没有镜头且相机光圈（Aperture）由单个点（针孔）近似的真实相机的简化。此处描述的公式也适用于带有薄透镜的相机，并描述了任何普通相机的主要参数。

在查看真实世界的 3D 场景（如树）时，光线穿过点大小的光圈，并落在相机内部的 2D 像平面（Image Plane）上，如图 4-4 所示。

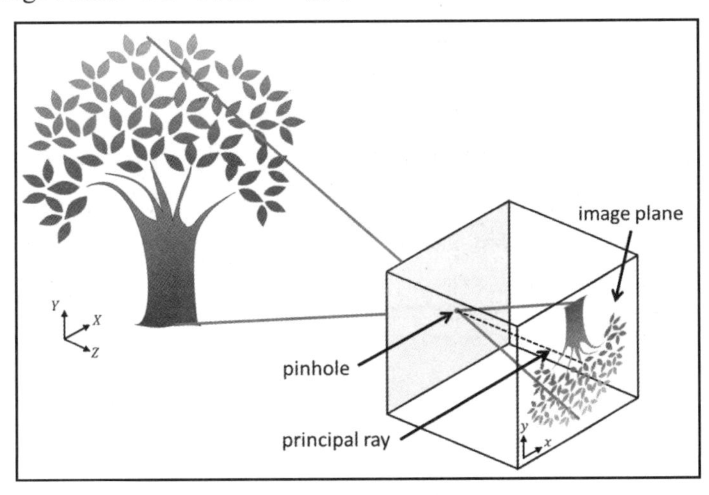

图 4-4　针孔相机模型

原　　文	译　　文
image plane	像平面
pinhole	针孔
principal ray	主光线

在此模型中，将具有坐标(X, Y, Z)的 3D 点映射到位于像平面上的具有坐标(x, y)的 2D 点。请注意，这会导致树在像平面上倒置出现。

垂直于像平面并穿过针孔的线称为主光线（Principal Ray），其长度称为焦距（Focal Length）。焦距是内部相机参数的一部分，因为焦距可能会因所使用的相机而异。在带镜头的简单相机中，针孔被镜头代替，焦平面（Focal Plane）被放置在镜头的焦距处，以便尽可能避免模糊。

Hartley 和 Zisserman 找到了一个数学公式来描述如何从具有坐标(X, Y, Z)和相机固有参数的 3D 点中推断出具有坐标(x, y)的 2D 点，如下所示：

$$\begin{bmatrix} x \\ y \\ w \end{bmatrix} \begin{bmatrix} f_x & 0 & c_x \\ 0 & f_y & c_y \\ 0 & 0 & 1 \end{bmatrix} = \begin{bmatrix} X \\ Y \\ Z \end{bmatrix}$$

上述公式中的 3×3 矩阵是相机内参矩阵（Intrinsic Camera Matrix），该矩阵紧凑地描述了所有内部相机参数。该矩阵包括焦距（f_x 和 f_y）以及光学中心 c_x 和 c_y，在数字成像的情况下，它们可以简单地以像素坐标表示。如前文所述，焦距是针孔与像平面之间的距离。

针孔相机只有一个焦距，在这种情况下，$f_x = f_y$。但是，在实际的相机中，这两个值可能会有所不同，例如，由于镜头的瑕疵、焦平面（由数码相机传感器代表）的瑕疵或组装的瑕疵等，都可能造成它们的区别。出于某些目的，这种区别也可以是有意为之，这可以通过使用在不同方向上具有不同曲率的透镜来实现。主光线与像平面相交的点称为主点（Principal Point），其在像平面上的相对位置由光学中心（或主点偏移）捕获。

此外，照相机可能会受到径向畸变或切向畸变的影响，从而导致鱼眼效果（Fish-Eye Effect）。这是由于硬件缺陷和镜头未对准造成的。这些畸变可以用一系列畸变系数（Distortion Coefficient）来描述。有时，径向畸变实际上是一种理想的艺术效果。而在其他时候，则需要对其进行纠正。

注意：

有关针孔相机模型的更多信息，网络上有很多不错的教程，例如：

http://ksimek.github.io/2013/08/13/intrinsic

由于这些参数是与相机硬件相关的，因此称之为内参（Intrinsic），与之相对应的还有外参（Extrinsic）。内参仅需在相机的使用寿命内计算一次即可，该操作称为相机校准（Camera Calibration）。

接下来，我们将介绍相机内参。

4.3.2　估算相机内参

在 OpenCV 中，相机校准非常简单。官方说明文档阐释了该主题，并提供了一些示例 C++脚本，其网址如下：

http://docs.opencv.org/doc/tutorials/calib3d/camera_calibration/camera_calibration.html

出于本书写作目的，我们将使用 Python 开发自己的校准脚本。

我们需要提供特殊图案图像，包括向要校准的相机提供已知几何形状（棋盘或白色背景上的黑色圆圈）。

因为我们知道图案图像的几何形状，所以可使用特征检测来研究相机内参矩阵的属性。例如，如果相机遭受不希望的径向畸变，则棋盘图案的不同角将在图像中显示出畸变并且不位于矩形网格上。通过从不同的视角对棋盘图案拍摄约 10～20 张快照，即可收集足够的信息来正确推断相机矩阵和畸变系数。

为此，我们将使用 calibrate.py 脚本，首先导入以下模块：

```
import cv2
import numpy as np
import wx

from wx_gui import BaseLayout
```

与前几章相似，我们将使用基于 BaseLayout 的简单布局，以嵌入对网络摄像头视频流的处理。

此脚本的 main 函数将生成图形用户界面（GUI）并执行应用程序的 main 循环：

```
def main():
```

后者是通过以下步骤在函数主体中完成的。

（1）连接到相机并设置标准 VGA 分辨率：

```
capture = cv2.VideoCapture(0)
assert capture.isOpened(), "Can not connect to camera"
capture.set(cv2.CAP_PROP_FRAME_WIDTH, 640)
capture.set(cv2.CAP_PROP_FRAME_HEIGHT, 480)
```

（2）与前面章节的操作类似，这里我们也可以创建一个 wx 应用程序和 layout 类，下文将编写该类：

```
app = wx.App()
layout = CameraCalibration(capture, title='Camera Calibration', fps=2)
```

（3）显示 GUI 并执行 app 的 MainLoop：

```
layout.Show(True)
app.MainLoop()
```

接下来，我们将准备相机校准的图形用户界面，这会在 main 函数中用到。

4.3.3 定义相机校准图形用户界面

我们要定义的相机校准图形用户界面（GUI）是通用 BaseLayout 的自定义版本：

```
class CameraCalibration(BaseLayout):
```

布局仅由当前相机帧和下方的单个按钮组成。此按钮使我们可以开始校准过程：

```
def augment_layout(self):
    pnl = wx.Panel(self, -1)
    self.button_calibrate = wx.Button(pnl, label='Calibrate Camera')
    self.Bind(wx.EVT_BUTTON, self._on_button_calibrate)
    hbox = wx.BoxSizer(wx.HORIZONTAL)
    hbox.Add(self.button_calibrate)
    pnl.SetSizer(hbox)
```

为了使这些更改生效，需要将 pnl 添加到现有面板的列表中：

```
self.panels_vertical.Add(pnl, flag=wx.EXPAND | wx.BOTTOM | wx.TOP,
                         border=1)
```

可视化管道的其余部分将由 BaseLayout 类处理。我们只需要确保初始化所需的变量并提供 process_frame 方法即可。

现在，我们已经定义了用于相机校准的图形用户界面（GUI），接下来将初始化相机校准算法。

4.3.4 初始化相机校准算法

为了执行相机校准过程，我们需要做一些簿记。这可以按以下步骤操作：

（1）我们专注讨论一个 10×7 的棋盘。算法将检测棋盘的所有 9×6 个内角（也可称之为对象点），并将检测到的这些内角的图像点存储在一个列表中。因此，首先需要将 Chessboard_size 初始化为内角的数量：

```
self.chessboard_size =(9, 6)
```

（2）我们需要枚举所有对象点（Object Point），并为其分配对象点坐标，以使第一个点的坐标为(0, 0)，第二个点（在第一行）的坐标为(1, 0)，而最后一个点的坐标则为(8, 5)：

```
# 准备对象点
self.objp = np.zeros((np.prod(self.chessboard_size), 3),
                     dtype=np.float32)
self.objp[:, :2] = np.mgrid[0:self.chessboard_size[0],
                            0:self.chessboard_size[1]]
                           .T.reshape(-1, 2)
```

（3）我们还需要跟踪当前是否正在记录对象和图像点。用户单击 self.button_calibrate 按钮后，我们将启动此过程。在此之后，算法将尝试在所有后续帧中检测棋盘，直至检测到 self.record_min_num_frames 棋盘为止：

```
# 准备记录
self.recording = False
self.record_min_num_frames = 15
self._reset_recording()
```

（4）当单击 self.button_calibrate 按钮时，我们都会重置所有簿记变量，禁用该按钮并开始记录：

```
def _on_button_calibrate(self, event):
    """按下按钮启用记录模式"""
    self.button_calibrate.Disable()
    self.recording = True
    self._reset_recording()
```

重置簿记变量涉及清除已经记录的对象和图像点（self.obj_points 和 self.img_points）列表，并且将检测到的棋盘数（self.recordCnt）重置为 0：

```
def _reset_recording(self):
    self.record_cnt = 0
    self.obj_points = []
    self.img_points = []
```

接下来，我们将收集图像和对象点。

4.3.5 收集图像和对象点

process_frame 方法负责完成相机校准技术中最难一部分的工作。我们将通过以下步骤收集图像和对象点。

（1）单击 self.button_calibrate 按钮后，process_frame 方法即开始收集数据，直至已检测总共 self.record_min_num_frames 个棋盘为止：

```
def process_frame(self, frame):
    """处理每一帧"""
    # 如果未在记录，则显示帧即可
    if not self.recording:
        return frame

    # 否则就是在记录
    img_gray =  cv2.cvtColor(frame, cv2.COLOR_BGR2GRAY)
               .astype(np.uint8)
    if self.record_cnt < self.record_min_num_frames:
        ret, corners = cv2. findChessboardCorners(
                           img_gray,
                           self.chessboard_size,
                           None)
```

cv2.findChessboardCorners 函数将解析一幅灰度图像（img_gray）以找到大小为 self.chessboard_size 的棋盘。如果该图像确实包含棋盘，则该函数将返回 true(ret) 以及棋盘角的列表（corners）。

（2）按以下方式绘制棋盘：

```
            if ret:
                print(f"{self.record_min_num_frames -
self.record_cnt} chessboards remain")
                cv2.drawChessboardCorners(frame,
self.chessboard_size, corners, ret)
```

结果如图 4-5 所示（为突出效果，本示例将棋盘格的角绘制为彩色）。

现在，我们可以存储已经检测到的角的列表，然后移至下一帧。当然，为了使校准尽可能准确，OpenCV 还提供了一个完善角点测量的函数：

```
criteria = (cv2.TERM_CRITERIA_EPS + cv2.TERM_CRITERIA_MAX_ITER,
            30, 0.01)
cv2.cornerSubPix(img_gray, corners, (9, 9), (-1, -1), criteria)
```

图 4-5　绘制的棋盘角

这会将检测到的角的坐标细化为亚像素精度（Subpixel Precision）。现在我们已经准备好将对象和图像点追加到列表中，并递增帧计数器：

```
self.obj_points.append(self.objp)
self.img_points.append(corners)
self.record_cnt += 1
```

接下来，我们将学习如何找到相机矩阵，这是完成适当的 3D 重建所必需的。

4.3.6　寻找相机矩阵

一旦收集了足够的数据（即，一旦 self.record_cnt 达到 self.record_min_num_frames 的值），算法就可以执行校准了。可以通过调用一次 cv2.calibrateCamera 来执行此过程：

```
else:
    print("Calibrating...")
    ret, K, dist, rvecs, tvecs = cv2.calibrateCamera(self.obj_points,
                                                      self.img_points,
                                                     (self.imgHeight,
                                                      self.imgWidth),
                                                      None, None)
```

在收集到棋盘数据（ret）、相机内参矩阵（K）、畸变系数（dist）以及旋转和平移矩阵（rvecs 和 tvecs）时，该函数返回 True。目前，我们主要对相机内参矩阵和畸变系数感兴趣，因为它们将使我们能够补偿相机内部硬件的任何缺陷。

可以将它们输出到控制台上以便于检查：

```
print("K=", K)
print("dist=", dist)
```

例如，笔记本电脑网络摄像头的校准恢复了以下值：

```
K = [[ 3.36696445e+03 0.00000000e+00 2.99109943e+02]
     [ 0.00000000e+00 3.29683922e+03 2.69436829e+02]
     [ 0.00000000e+00 0.00000000e+00 1.00000000e+00]]
dist = [[9.87991355e-01 -3.18446968e+02 9.56790602e-02
        -3.42530800e-02 4.87489304e+03]]
```

可以看到，在本示例中，网络摄像头的焦距为 fx = 3366.9644 像素，fy = 3296.8392 像素，光学中心 cx = 299.1099 像素和 cy = 269.4368 像素。

仔细检查校准过程的准确性是一个好主意。这可以通过使用恢复之后的相机参数将对象点投影到图像上来完成，这样就可以将它们与使用 cv2.findChessboardCorners 函数收集的图像点列表进行比较。如果两个点大致相同，则表明校准成功。我们甚至还可以通过投影列表中的每个对象点来计算重建的平均误差（Mean Error）：

```
mean_error = 0
for obj_point, rvec, tvec, img_point in zip(
        self.obj_points, rvecs, tvecs, self.img_points):
    img_points2, _ = cv2.projectPoints(
        obj_point, rvec, tvec, K, dist)
    error = cv2.norm(img_point, img_points2,
                     cv2.NORM_L2) / len(img_points2)
    mean_error += error

print("mean error=", mean_error)
```

在笔记本电脑的网络摄像头上执行此检查会导致 0.95 像素的平均误差，可以认为该误差非常接近 0。

恢复相机内部参数之后，现在可以着手从不同角度拍摄美丽、不畸变的世界照片，以便可以提取运动恢复结构（SfM）。

接下来，让我们看看如何设置应用程序。

4.4 设置应用程序

在本示例中，我们将使用一个著名的开源数据集，称为 fountain-P11。它描绘了从各个角度观看的瑞士喷泉，如图 4-6 所示。

图 4-6　开源数据集中的图片素材

该数据集包含 11 张高分辨率图像，可从以下地址下载：

https://icwww.epfl.ch/multiview/denseMVS.html

如果你要采用自己拍摄的照片，则必须经过整个相机校准过程才能恢复相机内参矩阵和畸变系数。幸运的是，这些参数对于拍摄喷泉数据集的相机是已知的，因此我们可以在代码中对这些值进行硬编码。

接下来我们将准备 main 例程函数。

4.4.1　理解 main 例程函数

我们的 main 例程函数将包括创建 SceneReconstruction3D 类的实例并与之交互。可以在 Chapter4.py 文件中找到此代码。SceneReconstruction3D 模块的依赖项是 NumPy 和类本身，可以按以下方式导入：

```
import numpy as np

from scene3D import SceneReconstruction3D
```

现在可以定义 main 函数：

```
def main():
```

该函数包括以下步骤。

（1）为拍摄喷泉数据集照片的相机定义相机内参矩阵（K），并设置畸变系数（d）：

```
K = np.array([[ 2759.48 / 4, 0, 1520.69 / 4, 0, 2764.16 / 4,
            1006.81 / 4, 0, 0, 1]]).reshape(3, 3)
d = np.array([0.0, 0.0, 0.0, 0.0, 0.0]).reshape(1, 5)
```

根据摄影师的说法，这些图像已经没有畸变，因此我们可以将所有畸变系数（d）都设置为 0。

注意：

如果要在 fountain-P11 以外的数据集上运行本章介绍的代码，则必须调整相机内参矩阵和畸变系数。

（2）创建 SceneReconstruction3D 类的一个实例并加载一对图像（这一对图像将应用运动恢复结构技术）。该数据集被下载到名为 fountain_dense 的子目录中：

```
scene = SceneReconstruction3D(K, d)
scene.load_image_pair("fountain_dense/0004.png","fountain_dense/0005.png")
```

（3）从类中调用执行各种计算的方法：

```
scene.plot_rectified_images()
scene.plot_optic_flow()
scene.plot_point_cloud()
```

下文将实现这些方法。

应用程序的主要脚本已经准备完毕，接下来可以开始实现 SceneReconstruction3D 类，该类将完成所有繁重工作并加入 3D 重建的计算。

4.4.2　实现 SceneReconstruction3D 类

本章所有相关的 3D 场景重建代码都可以在 scene3D 模块的 SceneReconstruction3D 类中找到。实例化后，该类将存储在所有后续计算中都会用到的相机内参：

```
import cv2
import numpy as np
import sys

from mpl_toolkits.mplot3d import Axes3D
```

```
import matplotlib.pyplot as plt
from matplotlib import cm

class SceneReconstruction3D:
    def __init__(self, K, dist):
        self.K = K
        self.K_inv = np.linalg.inv(K)
        self.d = dist
```

然后，我们需要加载一对图像，以便进行操作。

为了做到这一点，可以先创建一个静态方法，该方法将加载图像并将其转换为 RGB 格式（如果源图像是灰度图），因为其他方法希望使用三通道图像。在本示例的喷泉数据集中，所有图像都具有相对较高的分辨率。如果设置了可选的 downscale 标志，则该方法会将图像缩小到大约 600 像素的宽度：

```
@staticmethod
def load_image(
        img_path: str,
        use_pyr_down: bool,
        target_width: int = 600) -> np.ndarray:

    img = cv2.imread(img_path, cv2.CV_8UC3)
    # 确认图像是有效的
    assert img is not None, f"Image {img_path} could not be loaded."
    if len(img.shape) == 2:
        img = cv2.cvtColor(img, cv2.COLOR_GRAY2BGR)

    while use_pyr_down and img.shape[1] > 2 * target_width:
        img = cv2.pyrDown(img)
    return img
```

现在可以创建一个方法来加载一对图像，并使用先前指定的畸变系数（如果有）对它们的径向和切向透镜畸变进行补偿：

```
def load_image_pair(
        self,
        img_path1: str,
        img_path2: str,
        use_pyr_down: bool = True) -> None:

    self.img1, self.img2 = [cv2.undistort(self.load_image(path,
use_pyr_down), self.K, self.d)
```

```
        for path in (img_path1,img_path2)]
```

接下来，我们将进入项目的核心——估计相机运动并重建场景。

4.5 从一对图像估计相机的运动

现在我们已经加载了同一场景的两幅图像（self.img1 和 self.img2），这两幅图像显示的是相同的刚性物体或静态场景，只是视角不同。

在第 3 章“通过特征匹配和透视变换查找对象”中，我们也使用了两幅图像，目的是进行特征匹配，而这一次我们的问题是：如果在拍摄两张照片之间唯一改变的是相机的位置，那么是否可以通过查看匹配特征来推断相机的相对运动？

答案自然是肯定的。我们将采用第一幅图像中相机的位置和方向作为给定项，然后找出该相机需要在位置和方向上做出多大的变化才能使其视角与第二幅图像中的视角相匹配。

换句话说，我们需要恢复第二幅图像中相机的本质矩阵（Essential Matrix）。本质矩阵是一个 4×3 矩阵，它是一个 3×3 旋转矩阵和一个 3×1 平移矩阵的连接，通常用$[R \mid t]$表示。你可以将该任务视为捕获第二幅图像中相机的位置和方向（相对于第一幅图像中相机的位置和方向）。

恢复本质矩阵（以及本章中的所有其他转换）的关键步骤是特征匹配。我们可以将 SIFT 检测器应用于两幅图像，也可以计算两幅图像之间的光流（Optic Flow）。用户可以通过指定特征提取模式来选择自己喜欢的方法，这将通过以下私有方法来实现：

```
def _extract_keypoints(self, feat_mode):
    # 提取特征
    if feat_mode.lower() == "sift":
        # 通过 SIFT 和 BFMatcher 进行特征匹配
        self._extract_keypoints_sift()
    elif feat_mode.lower() == "flow":
        # 通过光流进行特征匹配
        self._extract_keypoints_flow()
    else:
        sys.exit(f"Unknown feat_mode {feat_mode}. Use 'SIFT' or 'FLOW'")
```

接下来，我们将学习如何使用丰富的特征描述子执行点匹配。

4.5.1　使用丰富特征描述子应用点匹配

从图像中提取重要特征的可靠方法是使用 SIFT 检测器。在本章中，我们想将其用于两幅图像，即 self.img1 和 self.img2：

```
def _extract_keypoints_sift(self):
    # 从两幅图像提取关键点和描述子
    detector = cv2.xfeatures2d.SIFT_create()
    first_key_points, first_desc = detector.detectAndCompute(self.img1,
                                                             None)
    second_key_points,second_desc = detector.detectAndCompute(self.img2,
                                                             None)
```

对于特征匹配，可以使用暴力破解匹配器（BruteForce Matcher，BFMatcher），其他匹配器（如 FLANN）也可以正常工作：

```
matcher = cv2.BFMatcher(cv2.NORM_L1, True)
matches = matcher.match(first_desc, second_desc)
```

对于每个 matches，我们需要恢复相应的图像坐标。这些坐标都保存在 self.match_pts1 和 self.match_pts2 列表中：

```
# 生成点对应关系列表
self.match_pts1 = np.array(
    [first_key_points[match.queryIdx].pt for match in matches])
self.match_pts2 = np.array(
    [second_key_points[match.trainIdx].pt for match in matches])
```

图 4-7 显示了将特征匹配器应用于喷泉序列的两个任意帧的示例。

图 4-7　特征匹配器应用示例

接下来，我们将学习使用光流进行点匹配。

4.5.2 使用光流进行点匹配

使用丰富特征匹配的一种替代方法是使用光流。光流是通过计算位移向量（Displacement Vector）来估计两个连续图像帧之间运动的过程。可以为图像中的每个像素（密集）或仅针对选定点（稀疏）计算位移向量。

Lukas-Kanade 方法是计算密集光流的最常用技术之一。在 OpenCV 中，可以使用 cv2.calcOpticalFlowPyrLK 函数通过单行代码实现。

但是在此之前，我们需要在图像中选择一些值得跟踪的点。同样，这也是一个特征选择的问题。如果只想对几个高度突出的图像点获得准确的结果，则可以使用 Shi-Tomasi 的 cv2.goodFeaturesToTrack 函数。此函数可能恢复的特征如图 4-8 所示。

图 4-8 恢复特征

当然，为了推断运动恢复结构，我们可能需要更多的特征，而不仅仅是最显著的 Harris 角。一种替代方法是检测加速分割测试特征（Feature from Accelerated Segment Test，FAST）：

```
def _extract_keypoints_flow(self):
    fast = cv2.FastFeatureDetector()
    first_key_points = fast.detect(self.img1, None)
```

然后，我们可以计算这些特征的光流。换句话说，我们想在第二幅图片中找到最有可能与第一幅图像中的 first_key_points 相对应的点。为此，我们需要将关键点列表转换为(x, y)坐标的 NumPy 数组：

```
first_key_list = [i.pt for i in first_key_points]
first_key_arr = np.array(first_key_list).astype(np.float32)
```

然后，光流将返回第二幅图像（second_key_arr）中相应特征的列表：

```
second_key_arr, status, err =
   cv2.calcOpticalFlowPyrLK(self.img1, self.img2, first_key_arr)
```

该函数还将返回一个状态位向量（status）和一个估计的误差值向量（err），状态位指示是否找到了关键点的光流。如果我们忽略这两个附加向量，则恢复的光流场可能看起来如图 4-9 所示。

图 4-9　恢复的光流场

在此图像中，为每个关键点绘制了一个箭头，该箭头从第一幅图像中关键点的位置开始，并指向第二幅图像中相同关键点的位置。通过检查流动图像，我们可以看到相机大部分向右移动，但是似乎还有一个旋转分量。

但是，其中一些箭头的确很大，而其中的一些则没有任何意义。例如，右下角的像素实际上不可能一直按这种方式移动到图像的顶部。该特定关键点的光流计算很可能是错误的。因此，我们要排除状态位为 0 或估计的误差大于某个值的所有关键点：

```
condition = (status == 1) * (err < 5.)
concat = np.concatenate((condition, condition), axis=1)
first_match_points = first_key_arr[concat].reshape(-1, 2)
second_match_points = second_key_arr[concat].reshape(-1, 2)

self.match_pts1 = first_match_points
self.match_pts2 = second_match_points
```

如果我们使用一组有限的关键点再次绘制光流场，则此时的图像将如图 4-10 所示。

图 4-10　再次绘制的光流场

可以使用以下公共方法绘制光流场，该方法首先使用前面的代码提取关键点，然后在图像上绘制实际箭头：

```
def plot_optic_flow(self):
    self._extract_keypoints_flow()

    img = np.copy(self.img1)
    for pt1, pt2 in zip(self.match_pts1, self.match_pts2):
```

```
        cv2.arrowedLine(img, tuple(pt1), tuple(pt2),
                color=(255, 0, 0))

    cv2.imshow("imgFlow", img)
    cv2.waitKey()
```

使用光流代替丰富特征的优点在于，该过程通常更快，并且可以容纳更多点的匹配，从而使重建更加密集。

使用光流的注意事项是，它对于由相同硬件拍摄的连续图像最有效，而丰富的特征在这方面的效果则不一定。

接下来，我们将学习如何查找相机矩阵。

4.5.3　查找相机矩阵

现在我们已经获得了关键点之间的匹配，可以计算两个重要的相机矩阵，即基础矩阵（Fundamental Matrix）和本质矩阵（Essential Matrix）。这些矩阵将根据旋转和平移分量指定相机的运动。获得基础矩阵（self.F）是另一种的 OpenCV 单行小程序（One-Liner）：

```
def _find_fundamental_matrix(self):
    self.F, self.Fmask = cv2.findFundamentalMat(self.match_pts1,
        self.match_pts2, cv2.FM_RANSAC, 0.1, 0.99)
```

fundamental_matrix 和 essential_matrix 这两个矩阵之间的唯一区别在于，后者是在校正后的图像上运行：

```
def _find_essential_matrix(self):
    self.E = self.K.T.dot(self.F).dot(self.K)
```

然后可以将本质矩阵（self.E）分解为旋转分量和平移分量，以$[R \mid t]$表示，使用奇异值分解（Singular Value Decomposition，SVD）：

```
def _find_camera_matrices(self):
    U, S, Vt = np.linalg.svd(self.E)
    W = np.array([0.0, -1.0, 0.0, 1.0, 0.0, 0.0, 0.0, 0.0,
        1.0]).reshape(3, 3)
```

结合使用酉矩阵（Unitary Matrix）$\boldsymbol{U}$ 和 $\boldsymbol{V}$ 以及附加矩阵 $\boldsymbol{W}$，我们现在可以重建$[R \mid t]$。但是，可以证明该分解具有 4 个可能的解，而其中只有一个是有效的第二个相机矩阵。我们唯一能做的就是检查所有 4 个可能的解，并找到一个预测所有成像关键点都位于两个相机前面的解。

但在此之前，我们需要将关键点从 2D 图像坐标转换为同构坐标。我们可以通过添加

z 坐标（将其设置为 1）来实现此目标：

```
first_inliers = []
second_inliers = []
for pt1,pt2, mask in
zip(self.match_pts1,self.match_pts2,self.Fmask):
    if mask:
        first_inliers.append(self.K_inv.dot([pt1[0], pt1[1], 1.0]))
        second_inliers.append(self.K_inv.dot([pt2[0], pt2[1], 1.0]))
```

然后，我们将遍历 4 种可能的解，并选择_in_front_of_both_cameras 返回 True 的解：

```
R = T = None
for r in (U.dot(W).dot(Vt), U.dot(W.T).dot(Vt)):
    for t in (U[:, 2], -U[:, 2]):
        if self._in_front_of_both_cameras(
                first_inliers, second_inliers, r, t):
            R, T = r, t

assert R is not None, "Camera matricies were never found!"
```

现在，我们终于可以构造这两个相机的[R | t]矩阵。第一个相机只是一个标准相机（无平移，也无旋转）：

```
self.Rt1 = np.hstack((np.eye(3), np.zeros((3, 1))))
```

第二个相机矩阵由[R | t]组成，并且先恢复：

```
self.Rt2 = np.hstack((R, T.reshape(3,1)))
```

__InFrontOfBothCameras 私有方法是一个辅助函数，可确保每对关键点都映射到 3D 坐标，从而使它们位于两个相机的前面：

```
def _in_front_of_both_cameras(self, first_points, second_points, rot,
                              trans):
    """确定点对应关系是否在两幅图像的前面"""
    rot_inv = rot
    for first, second in zip(first_points, second_points):
        first_z = np.dot(rot[0, :] - second[0] * rot[2, :],
                    trans) / np.dot(rot[0, :] - second[0] * rot[2,:],
                                    second)
        first_3d_point = np.array([first[0] * first_z,
                                   second[0] * first_z, first_z])
        second_3d_point = np.dot(rot.T, first_3d_point) - np.dot(rot.T,
                                                                  trans)
```

如果函数找到任何不在两个相机前面的关键点，则它将返回 False：

```
if first_3d_point[2] < 0 or second_3d_point[2] < 0:
    return False
return True
```

在找到了相机矩阵之后，即可校正图像，这是验证已恢复的矩阵是否正确的好方法。

4.5.4　应用图像校正

确保我们已恢复正确相机矩阵的最简单方法是校正图像。如果正确校正了图像，则第一幅图像中的点和第二幅图像中与相同的 3D 世界点相对应的点将位于相同的垂直坐标上。

在一个更具体的示例（例如本示例）中，由于我们知道相机是正面直立的，因此可以验证校正后的图像中的水平线是否与 3D 场景中的水平线相对应。因此，可以按照以下步骤校正我们的图像。

（1）执行前述所有步骤来获得第二台相机的[R | t]矩阵：

```
def plot_rectified_images(self, feat_mode="SIFT"):
    self._extract_keypoints(feat_mode)
    self._find_fundamental_matrix()
    self._find_essential_matrix()
    self._find_camera_matrices_rt()

    R = self.Rt2[:, :3]
    T = self.Rt2[:, 3]
```

（2）使用两个 OpenCV 单行小程序（One-Liner）执行校正，该小程序将基于相机矩阵（self.K）、畸变系数（self.d）、本质矩阵的旋转分量（R）和本质矩阵的平移分量（T）将图像坐标重新映射到校正坐标。

```
R1, R2, P1, P2, Q, roi1, roi2 = cv2.stereoRectify(
    self.K, self.d, self.K, self.d,
    self.img1.shape[:2], R, T, alpha=1.0)
mapx1, mapy1 = cv2.initUndistortRectifyMap(
    self.K, self.d, R1, self.K, self.img1.shape[:2],
    cv2.CV_32F)
mapx2, mapy2 = cv2.initUndistortRectifyMap(
    self.K, self.d, R2, self.K,
    self.img2.shape[:2],
```

```
    cv2.CV_32F)
img_rect1 = cv2.remap(self.img1, mapx1, mapy1, cv2.INTER_LINEAR)
img_rect2 = cv2.remap(self.img2, mapx2, mapy2, cv2.INTER_LINEAR)
```

（3）为了确保校正是正确的，我们将两幅校正之后的图像（img_rect1 和 img_rect2）彼此相邻绘制：

```
total_size = (max(img_rect1.shape[0], img_rect2.shape[0]),
              img_rect1.shape[1] + img_rect2.shape[1], 3)
img = np.zeros(total_size, dtype=np.uint8)
img[:img_rect1.shape[0], :img_rect1.shape[1]] = img_rect1
img[:img_rect2.shape[0], img_rect1.shape[1]:] = img_rect2
```

（4）在并排的图像上每隔25个像素绘制蓝色横线，以进一步帮助我们在视觉上研究校正过程：

```
for i in range(20, img.shape[0], 25):
    cv2.line(img, (0, i), (img.shape[1], i), (255, 0, 0))

cv2.imshow('imgRectified', img)
cv2.waitKey()
```

现在可以轻松地在视觉上判断图像校正是否成功，如图 4-11 所示。

图 4-11　通过蓝色横线可以判断图像校正是成功的

在校正图像之后，接下来我们学习如何重建 3D 场景。

4.6 重建场景

最后利用三角剖分（Triangulation）重建 3D 场景。基于极几何（Epipolar Geometry）的工作方式，我们能够推断出点的 3D 坐标。通过计算本质矩阵，我们可以了解更多有关视觉场景的几何形状。由于两台相机描绘的是同一真实世界场景，因此我们知道在这两幅图像中可以找到大多数 3D 真实世界点。

此外，我们知道从 2D 图像点到对应的 3D 现实世界点的映射将遵循几何规则。如果我们研究足够多的图像点，则可以构造和求解一个（大型）线性方程组，以获得真实世界坐标的解。

让我们回到瑞士喷泉数据集。如果我们要求两位摄影师同时从不同的角度拍摄喷泉的照片，不难发现第一位摄影师可能会出现在第二位摄影师的照片中，反之亦然。

在像平面上可以看到其他摄影师的点称为极点（Epipole 或 Epipolar Point）。

用更专业的术语来说，极点是一台相机的像平面上另一台相机的投影中心的点。有趣的是，它们在各自像平面上的两个极点和两个投影中心都位于一条 3D 线上。

通过查看极点和图像点之间的线，可以限制图像点可能的 3D 坐标数。实际上，如果投影点是已知的，那么极线（Epipolar Line，即图像点与极点之间的直线）就是已知的，按照这个逻辑，投影到第二幅图像上的同一点则必须位于该特定极线上。要验证这一点，可以看图 4-12。

图 4-12　极点必然位于极线上

图 4-12 中的每条线都是图像中特定点的极线。理想情况下，左侧图像中绘制的所有极线都应在一个点处相交，并且该点通常位于图像外部。如果计算是正确的，则该点应

该与从第一个相机看到的第二个相机的位置重合。

换句话说，左侧图像中的极线告诉我们，拍摄右侧图像的相机位于我们（即第一个相机）的右侧。类似地，右侧图像中的极线告诉我们，拍摄左侧图像的相机位于我们（即第二个相机）的左侧。

此外，对于在一幅图像中观察到的每个点，必须在已知极线上的另一幅图像中观察到相同的点，这称为对极约束（Epipolar Constraint）。我们可以利用这一事实证明，如果两个图像点对应于同一 3D 点，则这两个图像点的投影线必须在 3D 点处精确相交。这意味着可以通过两个图像点计算出 3D 点，而这正是我们接下来要做的。

幸运的是，OpenCV 再次提供了一个包装器来求解各种线性方程组，这可通过执行以下步骤来完成。

（1）必须将匹配的特征点列表转换为 NumPy 数组：

```
first_inliers = np.array(self.match_inliers1).reshape
    (-1, 3)[:, :2]second_inliers =
np.array(self.match_inliers2).reshape
    (-1, 3)[:, :2]
```

（2）使用前面的两个[*R* | *t*]矩阵进行三角剖分。这两个[*R* | *t*]矩阵是：第一个相机的 self.Rt1 和第二个相机的 self.Rt2：

```
pts4D = cv2.triangulatePoints(self.Rt1, self.Rt2, first_inliers.T,
    second_inliers.T).T
```

（3）使用 4D 齐次坐标返回三角剖分后的真实世界点。要将它们转换为 3D 坐标，需要将(X, Y, Z)坐标除以第四个坐标，通常称为 W：

```
pts3D = pts4D[:, :3]/np.repeat(pts4D[:, 3], 3).reshape(-1, 3)
```

现在我们已经获得了 3D 空间中的点，接下来将对其进行可视化以查看它们的外观。

4.7　了解 3D 点云可视化

最后一步是可视化三角剖分之后的 3D 现实世界中的点。创建 3D 散点图的一种简单方法是使用 Matplotlib。当然，如果你想要寻找更专业的可视化工具，则可能对 Mayavi、VisPy 或 Point Cloud Library 感兴趣。其网址如下：

http://docs.enthought.com/mayavi/mayavi

http://vispy.org

http://pointclouds.org

尽管最后一个工具还不支持 Python 对点云的可视化，但它是点云分割、过滤和样本共识模型拟合的出色工具。有关更多信息，请访问 Strawlab 的 GitHub 存储库，其网址如下：

https://github.com/strawlab/python-pcl

在绘制 3D 点云之前，必须提取[*R* | *t*]矩阵并执行三角剖分，这在前面已经解释过了：

```
def plot_point_cloud(self, feat_mode="SIFT"):
    self._extract_keypoints(feat_mode)
    self._find_fundamental_matrix()
    self._find_essential_matrix()
    self._find_camera_matrices_rt()

    # 三角剖分点
    first_inliers = np.array(self.match_inliers1)[:, :2]
    second_inliers = np.array(self.match_inliers2)[:, :2]
    pts4D = cv2.triangulatePoints(self.Rt1, self.Rt2, first_inliers.T,
                                  second_inliers.T).T

    # 从齐次坐标转换为 3D 坐标
    pts3D = pts4D[:, :3] / pts4D[:, 3, None]
```

然后，我们要做的就是打开 Matplotlib 图形，并在 3D 散点图中绘制 pts3D 的每个条目：

```
Xs, Zs, Ys = [pts3D[:, i] for i in range(3)]

fig = plt.figure()
ax = fig.add_subplot(111, projection='3d')
ax.scatter(Xs, Ys, Zs, c=Ys, cmap=cm.hsv, marker='o')
ax.set_xlabel('X')
ax.set_ylabel('Y')
ax.set_zlabel('Z')
plt.title('3D point cloud: Use pan axes button below to inspect')
plt.show()
```

当使用 pyplot 的 pan axes 按钮进行研究时，可以在所有 3 个维度上旋转和缩放点云。图 4-13 显示了从顶部查看的投影，点的颜色对应于该点的深度（*y* 坐标）。大多数点位于与 XZ 平面成角的平面附近（点从红色到绿色）。这些点代表喷泉后面的墙。其他点（从黄色到蓝色）代表喷泉的其余结构。

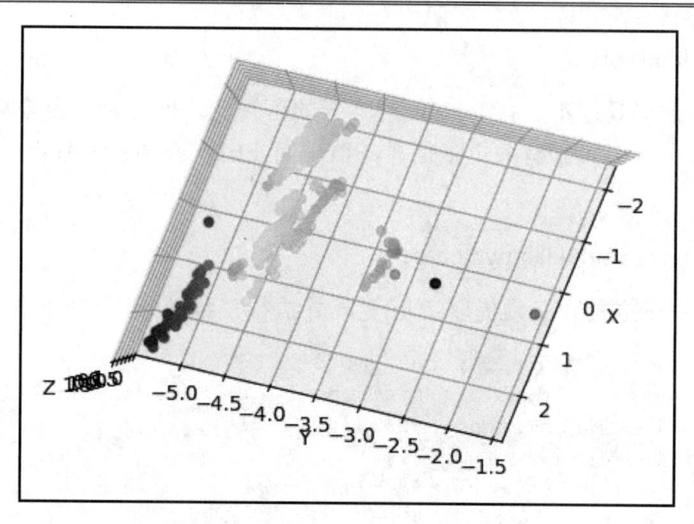

图 4-13　从顶部查看的 3D 点云投影

图 4-14 显示了从喷泉左侧以某个垂直角度查看的投影。

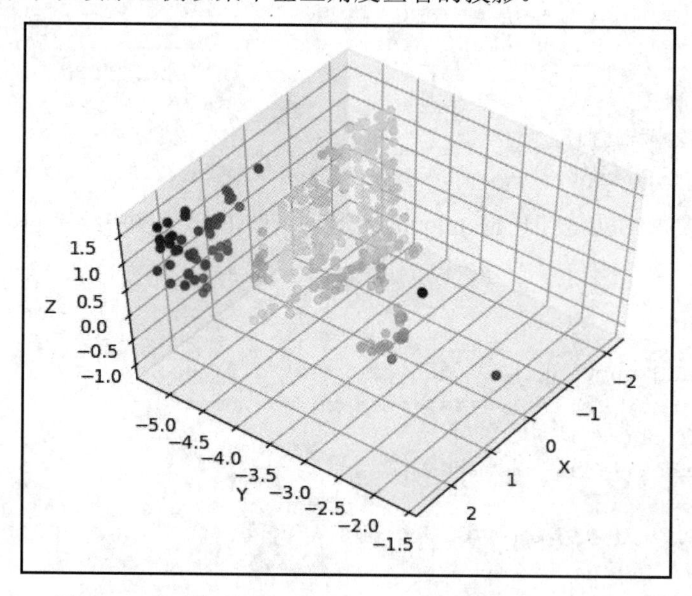

图 4-14　从喷泉左侧以某个垂直角度查看的 3D 点云投影

至此，我们已经完成了用于 3D 重建的第一个应用程序，这其实已经涉足了所谓“运动恢复结构”的计算机视觉领域。这是一个仍在不断发展的领域。接下来我们将介绍该研究领域正在尝试做的事情。

4.8　了解运动恢复结构

到目前为止，我们已经进行了一些数学运算，并且可以基于从不同角度拍摄的几幅图像来重建场景的深度，这实际上就是从相机运动重建 3D 结构的问题。

在计算机视觉中，基于图像序列重建场景3D结构的过程通常称为运动恢复结构（Structure from Motion，SfM）。与此类似的问题是立体视觉恢复结构（Structure from Stereo Vision）。在立体视觉的重建中，有两个摄像头（相机），彼此相距一定距离，并且在运动恢复结构中，存在从不同角度和位置拍摄的不同图像。从概念上来说，它们并没有太大区别。

让我们考虑一下人类的视觉。人们善于估计物体的距离和相对位置。人类甚至不需要两只眼睛——我们只要用一只眼睛视物，就可以很好地估计距离和相对位置。此外，仅当眼睛之间的距离与物体之间的距离具有相似的数量级时才会发生立体视觉，而场景在眼睛上的投影具有明显的差异。

例如，如果一个物体距离你有足球场那么远，则两只眼睛之间的相对位置就无关紧要，但是如果你盯着自己的鼻子看，则左右眼的视野就会发生很大的变化。为了进一步说明立体视觉并不是我们人类视觉的本质，我们可以观看一张照片，照片可以很好地描述物体的相对位置，但实际上我们看到的只是一个平坦的表面。

人类在婴儿期没有这种技能。观察表明，婴儿不擅长找到物体的位置。因此，很可能人类是在有意识的生活中通过观察世界来习得这项技能。由此衍生出来的一个问题是：如果人类是通过观察学习理解了世界的 3D 结构，那么能否让计算机也做到这一点呢？

已经有一些很有趣的模型尝试这样做。例如，Vid2Depth 就是这样一种深度学习模型，其详细说明文档地址如下：

https://arxiv.org/pdf/1802.05522.pdf

该模型的作者训练了一个模型来预测单幅图像中的深度。同时，该模型是在没有任何深度注解的视频帧序列上训练的。类似问题是当今研究的活跃主题。

4.9　小　　结

本章通过推断同一相机拍摄的 2D 图像的几何特征，探索了一种重建 3D 场景的方法。我们编写了一个脚本来校准相机，并介绍了本质矩阵和基本矩阵。我们使用此知识执行了三角剖分。最后，我们还使用 Matplotlib 中的简单 3D 散点图在 3D 点云中可视化了场景的真实几何图形。

从本章示例出发，你可以将三角剖分之后的 3D 点存储在可以由点云库解析的文件中，或者对不同的图像对（Image Pairs）重复该过程，以便可以生成更密集、更准确的重建效果。尽管本章已经讨论了不少内容，但是这个领域还有很多可研究的东西。

一般来说，在谈论运动恢复结构（SfM）管道时，还会讨论到本章未涉及的两个附加步骤：束调整（Bundle Adjustment）和几何拟合（Geometry Fitting）。在此类管道中最重要的步骤之一是优化 3D 估计，以最大限度地减少重建误差。通常而言，我们还希望从云中获取所有不属于我们感兴趣对象的点。有了本章的基本代码之后，你现在可以继续编写自己的高级运动恢复结构管道。

在第 5 章中，我们将使用本章在 3D 场景重建中学习过的概念。我们将会用到关键点和特征，并应用其他对齐算法来创建全景图。我们还将深入探讨计算摄影的其他主题，了解核心概念，并创建高动态范围（High Dynamic Range，HDR）图像。

第 5 章　在 OpenCV 中使用计算摄影

本章的目的是在前几章有关摄影和图像处理内容的基础上，进一步研究 OpenCV 提供的一些算法。我们将专注于使用数字摄影和构建工具，这些工具将使你能够利用 OpenCV 的强大功能，甚至可以考虑将其用作编辑照片的必备工具。

本章将涵盖以下主题。

- 规划应用程序。
- 了解 8 位问题。
- 使用伽马校正（Gamma Correction）。
- 了解高动态范围成像（High-Dynamic-Range Imaging，HDRI）。
- 了解全景拼接。
- 改善全景拼接。

学习数码摄影的基础知识和高动态范围成像的概念，不仅可以使你更好地理解计算摄影，而且可以使你成为一名更好的摄影师。本章将详细探讨这些主题，并编写新的算法。

通过本章，你将学习如何直接使用数码相机处理未处理（RAW）图像，如何使用 OpenCV 的计算摄影工具，以及如何使用低级 OpenCV API 来构建全景拼接算法。

本章要讨论的主题很多，让我们立即开始吧。

5.1　准备工作

你可以在以下 GitHub 存储库中找到本章提供的代码。

https://github.com/PacktPublishing/OpenCV-4-with-Python-Blueprints-Second-Edition/tree/master/chapter5

我们还将使用 rawpy 和 exifread Python 包来读取 RAW 图像和图像元数据。有关需求的完整列表，可以参考本书的 GitHub 存储库中的 requirements.txt 文件。

5.2　规划应用程序

本章有多个概念需要熟悉。为了构建你的图像处理工具箱，我们将开发一些算法，以使你能熟悉使用 OpenCV 来解决实际问题的 Python 脚本。

我们将使用 OpenCV 来实现以下脚本，以便你可以在需要进行照片处理时使用它们。

- gamma_correct.py：可以将伽玛校正应用于输入图像并显示结果图像。
- hdr.py：可以将图像作为输入并生成高动态范围（High Dynamic Range，HDR）图像作为输出。
- Panorama.py：它可以将多幅图像作为输入并生成比单幅图像大的单幅拼接图像。

首先，我们将讨论数码摄影的工作原理，以及如果不进行后期处理就无法拍摄完美照片的原因。让我们从图像的 8 位问题开始。

5.3　了解 8 位问题

我们惯用的典型联合图像专家组（Joint Photographic Experts Group，JPEG）图像通过将每个像素编码为 24 位来工作，每个 RGB（红色、绿色、蓝色）颜色分量一个 8 位数字，这使我们得到一个 0～255 范围的整数（$2^8 = 256$）。仅有 256 个数字是否可以包含足够的信息？为了理解这一点，让我们尝试了解这些数字是如何被记录的以及这些数字的含义。

当前大多数数码相机都使用拜耳滤镜（Bayer Filter）或工作原理类似的等效滤镜。拜耳滤镜是一组放置在网格上的不同颜色的传感器，它类似于图 5-1。

图 5-1　拜耳滤镜

图片来源：https://zh.wikipedia.org/wiki/Bayer_filter#/media/File:Bayer_pattern_on_sensor.svg（CC SA 3.0）

在图 5-1 中，每个传感器都测量进入其中的光的强度，一组 4 个传感器代表一个像素。来自这 4 个传感器的数据被组合起来，为我们提供 R、G 和 B 的 3 个值。

不同的相机可能在红色、绿色和蓝色像素的布局上略有不同，但本质上，它们使用的是小型传感器，可以将它们获得的辐射量离散化为 0～255 范围的单个值，其中 0 表示完全没有辐射，255 表示传感器可以记录的最亮的辐射。

可检测到的亮度范围称为动态范围（Dynamic Range）或亮度范围（Luminance Range）。可以记录的最小辐射量（即 1）与最大辐射量（即 255）之间的比率称为对比度（Contrast Ratio）。

正如我们所说，JPEG 文件的对比度为 255∶1。当前大多数 LCD 显示器已经超过了该值，并且对比度可以高达 1000∶1。大多数人可以识别的对比度高达 15000∶1。

因此，我们能够看到的对比度不仅是我们最好的 LCD 显示器所能显示的，而且还远远超过简单 JPEG 文件所存储的对比度。不过也不要太失望，因为最新的数码相机已经赶上来了，现在可以捕捉高达 28000∶1 的对比度（只有真正昂贵的数码相机才具有该性能指标）。

当动态范围较小时，如果你拍摄背景为阳光的照片，则看到的阳光和周围的环境都是白色而没有任何细节，或者前景中的一切都非常暗，如图 5-2 所示。

图 5-2 动态范围较小时的拍摄示例

图片来源：https://github.com/mamikonyana/winter-hills（CC SA 4.0）

因此，该问题在于我们显示的东西要么太亮，要么太暗。在继续下一个主题之前，让我们看一下如何读取 8 位以上的文件并将数据导入 OpenCV。

5.3.1　了解 RAW 图像

由于本章是关于计算摄影的，因此部分读者可能是一些摄影爱好者，并且喜欢使用相机支持的 RAW 格式——例如尼康电子格式（Nikon Electronic Format，NEF）或佳能 RAW 格式（Canon Raw Version 2，CR2）进行拍照。

RAW 格式文件通常可以捕获比 JPEG 文件更多的信息（通常是每像素更多的比特），如果你要进行大量的后期处理，使用这些文件会更加方便，因为它们会产生更高质量的最终图像。

因此，让我们看一下如何使用 Python 打开 CR2 文件并将其加载到 OpenCV 中。为此，我们将使用一个名为 rawpy 的 Python 库。方便起见，我们将编写一个名为 load_image 的函数，该函数可以处理 RAW 图像和常规 JPEG 文件，因此我们可以将这一部分抽象化，并在本章的其余部分中集中讨论更多有趣的内容：

（1）我们要注意导入额外的库：

```
import rawpy
import cv2
```

（2）定义函数，添加一个可选的 bps 参数，这将使我们能够控制图像的精度，即我们要检查是否需要完整的 16 位或者仅有 8 位就足够好：

```
def load_image(path, bps = 16):
```

（3）如果文件扩展名为 .CR2，则可以使用 rawpy 打开文件并提取图像，而无须尝试进行任何后期处理，因为我们想使用 OpenCV 来执行该操作：

```
if path.suffix == '.CR2':
    with rawpy.imread(str(path)) as raw:
        data = raw.postprocess(no_auto_bright=True,
                               gamma=(1, 1),
                               output_bps=bps)
```

（4）由于佳能公司（此处指光学产品公司 Canon Inc.）和 OpenCV 使用不同的颜色顺序，因此我们将从 RGB 切换到 BGR（蓝色、绿色和红色），这是 OpenCV 的默认顺序，我们将返回结果图像：

```
return cv2.cvtColor(data, cv2.COLOR_RGB2BGR)
```

对于.CR2 之外的任何文件，可以使用 OpenCV：

```
else:
    return cv2.imread(str(path))
```

现在我们已经知道了如何将所有图像都放入 OpenCV 中，接下来即可开始使用其算法进行处理。

由于我们的相机具有 14 位动态范围，因此可使用相机拍摄的图像：

```
def load_14bit_gray(path):
    img = load_image(path, bps=16)
    return (cv2.cvtColor(img, cv2.COLOR_BGR2GRAY) / 4).astype(np.uint16)
```

知道如何加载图片后，即可尝试以最佳方式在屏幕上显示它们。

5.3.2　使用伽玛校正

如果 JPEG 图片只能区分 255 个不同的级别，为什么每个人仍在使用 JPEG 文件？这是否意味着它只能捕获 1∶255 的动态范围？事实证明，人们使用了许多巧妙的技巧。

如前文所述，摄像头传感器捕获的是线性值，例如，4 表示其光强度是 1 的 4 倍，而 80 则表示光强度是 10 的 8 倍。但是，JPEG 文件格式是否必须使用线性比例？事实证明并非如此。因此，如果我们愿意牺牲两个值（如 100 和 101）之间的差异，则可以在此处拟合另一个值。

为了更好地理解这一点，让我们看一下 RAW 图像的灰色像素值的直方图。

以下代码可以加载图像，将其转换为灰度图，然后使用 pyplot 显示直方图：

```
images = [load_14bit_gray(p) for p in args.images]
fig, axes = plt.subplots(2, len(images), sharey=False)
for i, gray in enumerate(images):
    axes[0, i].imshow(gray, cmap='gray', vmax=2**14)
    axes[1, i].hist(gray.flatten(), bins=256)
```

图 5-3 是直方图的结果。

我们现在有两张图片：左边是普通图片，你可以在其中看到一些云，但是几乎看不到前景中的任何东西，而右边则试图捕获树木中的某些细节，因此导致了云彩的过曝。有没有办法将这些结合起来？

如果仔细观察直方图，就会发现在右侧直方图上可见过曝的部分，因为其中有 16000 的值被编码为 255，即白色像素。但是在左侧图片上，没有白色像素。我们将 14 位值编码为 8 位值的方法是非常简单的：只要将这些值除以 64（$=2^6$）即可，因此我们失去了

2500、2501 和 2502 之间的区别；反过来，在 8 位格式中，只有 39 个值（255 个值中的 39 值），因为 8 位格式的值必须是整数。

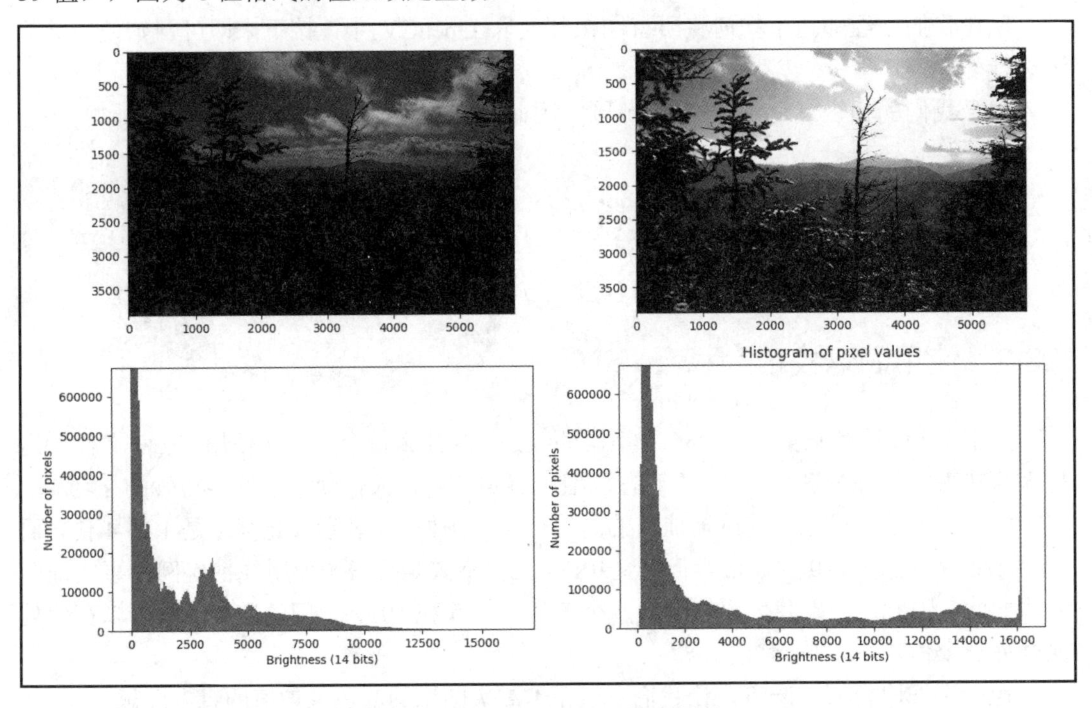

图 5-3　使用 pyplot 显示的直方图

这就是伽马校正发挥作用的地方。我们不是仅将记录的值显示为强度，而是要进行一些校正，以使图像更具视觉吸引力。

我们将使用非线性函数来强调我们认为更重要的部分：

$$O = \left(\frac{I}{255}\right)^{\gamma} \times 255$$

我们可以尝试使用两个不同的伽马值（γ=0.3 和 γ=3）来可视化该公式，其结果如图 5-4 所示。

可以看到，较小的伽玛值将重点放在较低的值上。从 0～50 的像素值映射到 0～150 的像素值（超过可用值的一半）。对于较高的伽玛，情况恰恰相反：将 200～250 的值映射到 100～250 的值（超过可用值的一半）。因此，如果要使照片更亮，则应选择 γ<1 的伽玛值，通常称为伽玛压缩（Gamma Compression）。而且，如果要使照片变暗以显示更多细节，则应选择 γ > 1 的伽玛值，这称为伽玛扩展（Gamma Expansion）。

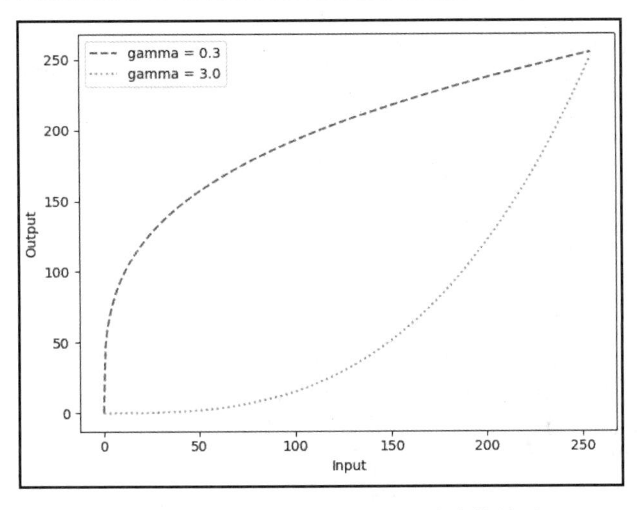

图 5-4　使用不同伽马值可视化公式的结果

原　　文	译　　文
Output	输出
Input	输入

在上面的公式中，我们可以让 I 不从整数开始，而是从浮点数开始，以此获取 O 值，然后将该数字转换为整数以损失更少的信息。让我们编写一些 Python 代码来实现伽玛校正。

（1）编写一个函数来应用上述公式。因为我们使用的是 14 位数字，所以必须将公式更改为以下形式：

$$O=\left(\frac{I}{2^{14}}\right)^{\gamma}\times 255$$

因此，相关代码如下：

```
@functools.lru_cache(maxsize=None)
def gamma_transform(x, gamma, bps=14):
    return np.clip(pow(x / 2**bps, gamma) * 255.0, 0, 255)
```

在上述代码中，我们使用了@functools.lru_cache 装饰器来确保不会对任何东西执行两次计算。

（2）遍历所有像素并应用转换函数：

```
def apply_gamma(img, gamma, bps=14):
    corrected = img.copy()
```

```
    for i, j in itertools.product(range(corrected.shape[0]),
                                  range(corrected.shape[1])):
        corrected[i, j] = gamma_transform(corrected[i, j], gamma,
bps=bps)
    return corrected
```

现在，让我们看一下如何使用它来显示新图像以及正常转换之后的 8 位图像。可以为此编写一个脚本。

（1）配置一个 parser 以加载图像并允许设置 gamma 值：

```
if __name__== '__main__':
    parser = argparse.ArgumentParser()
    parser.add_argument('raw_image', type=Path,
                        help='Location of a .CR2 file.')
    parser.add_argument('--gamma', type=float, default=0.3)
    args = parser.parse_args()
```

（2）将灰度图像加载为 14bit 图像：

```
gray = load_14bit_gray(args.raw_image)
```

（3）使用线性变换获得在 0～255 范围的整数输出值：

```
normal = np.clip(gray / 64, 0, 255).astype(np.uint8)
```

（4）使用先前编写的 apply_gamma 函数获得经过伽玛校正的图像：

```
corrected = apply_gamma(gray, args.gamma)
```

（5）绘制两幅图像及其直方图：

```
fig, axes = plt.subplots(2, 2, sharey=False)
for i, img in enumerate([normal, corrected]):
   axes[0, i].imshow(img, cmap='gray', vmax=255)
   axes[1, i].hist(img.flatten(), bins=256)
```

（6）显示图像：

```
plt.show()
```

现在我们已经绘制了直方图，并可以通过两个直方图的对比来详细说明其神奇变化，如图 5-5 所示。

现在来看右上角的图片，几乎可以看清所有内容，白云没有过曝，前景也不再黑乎乎一片，而这仅仅是伽马校正的简单操作。

图 5-5　伽马校正之后的图像

事实证明，伽玛补偿在黑白图像上效果很好，但是它并不能包办一切。它可以校正亮度，但是会损失大多数颜色信息；或者它可以校正颜色信息，但是会损失亮度信息。因此，我们必须找到一个新的且好用的工具，那就是高动态范围成像（HDRI）。

5.4　了解高动态范围成像

高动态范围成像（High-Dynamic-Range Imaging，HDRI）是一种技术，可以产生比通过显示介质显示或通过相机单次拍摄具有更大动态亮度范围（即对比度）的图像。创建此类图像的主要方法有两种，一种是使用特殊的图像传感器（例如，过采样的二进制图像传感器），另一种是我们将重点讨论的方法，即通过组合多个标准动态范围（Standard Dynamic Range，SDR）图像来生成组合的 HDR 图像。

HDR 成像适用于每个通道使用 8 位以上（通常为 32 位浮点值）的图像，这意味着可以提供更大的动态范围。众所周知，场景的动态范围是其最亮和最暗部分之间的对比度。

让我们仔细研究一下可以看到的某些事物的亮度值。图 5-6 显示了从黑暗天空（大约 10^{-4} cd/m^2）到落日余晖（10^5 cd/m^2）条件下，我们可以轻松地看到亮度值。

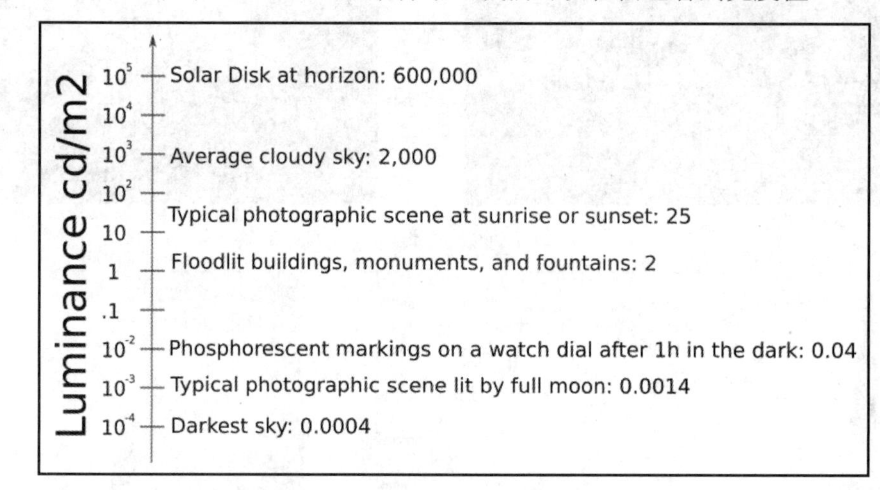

图 5-6　不同场景下可以看到的亮度值

原　文	译　文
Luminance cd/m2	亮度（cd/m^2）
Solar Disk at horizon: 600,000	地平线上的太阳：600000
Average cloudy sky: 2,000	晴转多云的天空：2000
Typical photographic scene at sunrise or sunset: 25	日出或日落时的典型摄影场景：25
Floodlit buildings, monuments, and fountains: 2	泛光照明的建筑物、纪念碑和喷泉：2
Phosphorescent markings on a watch dial after 1h in the dark: 0.04	在黑暗中 1 小时后，表盘上的磷光标记：0.04
Typical photographic scene lit by full moon: 0.0014	皓月当空的典型摄影场景：0.0014
Darkest sky: 0.0004	黑暗天空：0.0004

我们可以看到的不仅仅是这些值。有些人可以将眼睛调整到适应更暗的地方，或者还可以观察不在地平线上而是在高空中的太阳（这可能高达 10^8cd/m^2，请注意，直视太阳有一定的伤害，不建议尝试）。当然，目前这个范围（指 10^{-4}cd/m^2～10^5cd/m^2）已经很大了，因此，使用这个范围即可。作为比较，常见 8 位图像的对比度为 256∶1，人类肉眼在一段时间内可识别的对比度约为 10^6∶1，而 14 位 RAW 格式图像可显示的对比度为 2^{14}∶1。

显示媒体也有其局限性。例如，典型的 IPS 面板显示器的对比度大约为 1000∶1，而

VA 面板显示器的对比度可能高达 6000∶1。因此，我们可以将这些值放在此频谱上，看看它们的比较情况，如图 5-7 所示。

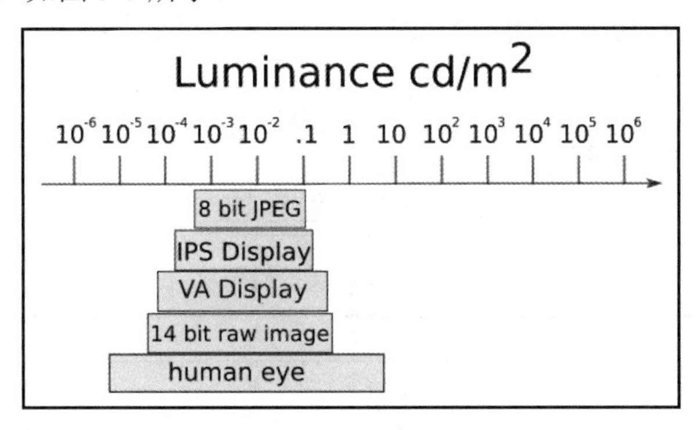

图 5-7　对比度范围比较

原　　文	译　　文
Luminance cd/m^2	亮度（cd/m^2）
8 bit JPEG	8 位 JPEG 图像
IPS Display	IPS 面板显示器
VA Display	VA 面板显示器
14 bit raw image	14 位 RAW 格式图像
human eye	人类肉眼

前面我们介绍过，大多数人可以识别的对比度可达 15000∶1，现在又说人类肉眼在一段时间内可识别的对比度约为 10^6∶1，这两个值差别很大，是不是自相矛盾呢？其实不是。这两个说法都是正确的，大多数人可以识别的对比度可达 15000∶1 指的是动态对比度，而如果要识别 10^6∶1 对比度，则需要时间来适应不同的照明条件。例如，如果我们从一个金碧辉煌的房间里面出来，突然进入一个较为黑暗的房间，那么你可能什么也看不清，你需要适应一段时间才能逐渐看清房间内的物体。相机也是如此。在拍摄时如果你的对焦点非常明亮，那么其他地方可能会黑乎乎一片，失去大量细节。反过来，如果你的对焦点在非常暗的地方，则那些明亮的物体可能过曝。一般来说，如果只是一眨眼的话，我们肉眼所能看到的东西甚至比最好的相机还多。那么，该如何补救相机在这方面的差距呢？

这里的诀窍就是快速连续拍摄多张照片，这是大多数相机都可以轻松实现的。如果我们能够快速连续拍摄照片，那么仅用 5 幅 JPEG 就可以覆盖光谱的很大一部分，如图 5-8 所示。

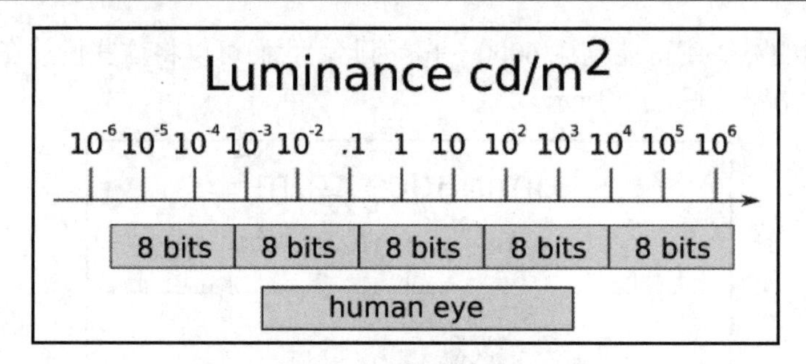

图 5-8 快速连续拍摄照片

原 文	译 文
Luminance cd/m^2	亮度（cd/m^2）
human eye	人类肉眼

这似乎也太简单了，但是请记住，拍摄 5 张照片很容易，不过我们正在谈论的是一张具有所有动态范围的图片，而不是 5 张单独的图片。使用 HDR 图像有两个大问题。

- 如何将多幅图像组合成一幅图像？
- 如何显示动态范围比显示器还高的图像？

当然，在可以合并这些图像之前，我们还需要仔细研究一下如何改变相机的曝光度，即其对光的敏感度。

5.4.1 探索改变曝光度的方法

如前文所述，现代的数码单反相机（Digital Single Lens Reflector，DSLR）和其他数码相机都具有固定的传感器网格（通常作为拜耳滤色镜放置），该传感器网格仅用于测量相机的光强度。

相信很多人都看到过美丽的夜景图像，在灯光璀璨的大街上，车流出现了像拉丝般的光线；在风光摄影中，经常可以看到河水潺潺，像云彩一般丝滑；在赛事报道中，体育摄影师也经常可以将比赛中高速运动的运动员定格为永恒的瞬间。那么他们如何才能将同一台相机用于如此不同的设置并获得我们在屏幕上看到的结果？

在测量曝光时，实际上很难测量所捕获的亮度。测量相对速度则要容易得多。如前文所述，亮度测量使用的是 10 的幂，这可能很难调整，而测量速度使用的则是 2 的幂，我们称之为 f 数（f-number）或 f 档（f-stop）。

这里的诀窍在于，即使相机的对比度范围有限，它也必须能够捕获每张图片的有限亮度范围。范围本身可以沿亮度光谱移动。为了更好地理解这个问题，我们需要研究相机的快门速度、光圈和 ISO 速度等参数。

5.4.2　快门速度

快门速度（Shutter Speed）实际上并不是快门的速度，而是在拍照时相机的快门打开的时间长度。因此，这就是相机内部的数字传感器暴露在光线下以收集信息的时间。它是所有相机控件中最直观的控件，因为我们可以感觉到它的发生。快门速度越快，进光量越少；快门速度越慢，进光量越多。一般来说，快门速度太快容易导致照片太黑，而如果快门速度太慢就会导致进光量太大，照片容易过曝。

快门速度通常以几分之一秒为单位进行测量。以 1/60 秒为例，在这样的速度下，拍照时手抖容易导致照片模糊。因此，如果你要以慢门速度拍照，则应考虑使用三脚架。

此外，快门速度更快可以捕捉到高速移动物体瞬间的形态，而快门速度慢可以捕捉到物体的运动轨迹。前面提到的夜景车流拉丝光线效果就是以慢门速度拍摄的。

5.4.3　光圈

光圈（Aperture）是光学透镜上的孔的直径，光线通过该孔进入相机。图 5-9 显示了设置为不同光圈值的开口的示例。

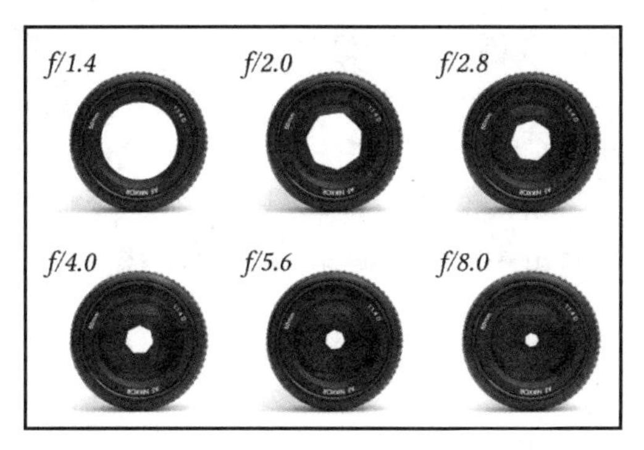

图 5-9　光圈

图片来源：https://zh.wikipedia.org/wiki/Aperture#/media/File:Lenses_with_di□erent_apertures.jpg（CC SA 4.0）

通常使用 f 数（f-number）来测量光圈。f-number 是镜头的焦距（Focal Length）与开口直径（入射光瞳）的比率。例如，假设镜头焦距为 100mm，开口直径为 50mm，则 f 数=f/2.0（见图 5-9 第 1 排第 2 列）。我们不用管镜头焦距的问题，唯一需要知道的是：

只有变焦镜头才具有可变的焦距，因此，如果不更改镜头的放大倍率，则焦距将保持不变。因此，我们可以通过 f 数的平方来测量入射光瞳的面积（area）：

$$\text{area} \propto \frac{1}{\text{f}-\text{number}^2}$$

而且，我们知道，面积越大，照片中的光线就越多。因此，如果我们增加 f 值，则对应的就是入射光瞳尺寸的减小，并且照片将变得更暗，这使得我们在下午拍照时效果更好。

请注意，光圈大小和 f 数字是相反的，数字越小代表光圈越大，数字越大光圈越小。例如，在图 5-9 中可以直观看到，f/1.4 是大光圈，f/8.0 相形之下就是小光圈。

大光圈有两个作用，一是增大通光量，二是缩小景深，因此，使用大光圈适于拍摄前景清晰背景虚化的人像照片。

5.4.4 ISO 感光度

ISO 速度（ISO Speed）是相机中使用的传感器的感光度。ISO 是国际标准化组织（International Organization for Standardization）的缩写，因为照相机的感光度是由该组织发布的，所以称为 ISO 感光度值。它是使用数字进行测量的，在计算机处理之前，这些数字将数字传感器的感光度映射到化学胶卷。

ISO 感光度以两个数字表示；例如 100/21°，其中第一个数字是算术标度上的速度，第二个数字则是对数标度上的数字。由于这些数字具有一对一的映射关系，因此通常省略第二个数字，只需写 ISO 100 即可。ISO 100 对光的敏感度是 ISO 200 的两倍，因此可以说它们相差 1 档（1 Stop）。

以 2 的幂而不是 10 的幂来讨论问题比较容易，因此摄影师想出了档（Stop）的概念。1 档就是两倍的差距，2 档就是 4 倍的差距，依此类推。因此，n 档就是 2^n 倍的差距。这种类比的应用已经非常广泛。

一般来说，低感光度能刻画出较为细腻的人像品质，而高感光度则适于夜间拍摄，缺陷是容易产生过多噪声。

现在，我们已经理解了如何控制曝光，接下来可以研究一下将具有不同曝光量的多张图像组合为一张图像的算法。

5.4.5 使用多重曝光图像生成 HDR 图像

现在，一旦我们知道如何获得更多图片，就可以拍摄多张动态范围重叠较少的照片。让我们来研究一下目前最流行的 HDR 算法，该算法由 Paul E Debevec 和 Jitendra Malik

于 2008 年首次发布。

事实证明，如果要获得良好的效果，则照片必须具有重叠的对比度范围，以确保具有良好的准确性，这是因为照片中有噪点。不同图像之间通常有 1 档、2 档或最多 3 档的差异。如果我们能够拍摄 5 张相差 3 档的 8 位照片，那么这将覆盖人眼的 100 万比 1 的感光度比，如图 5-10 所示。

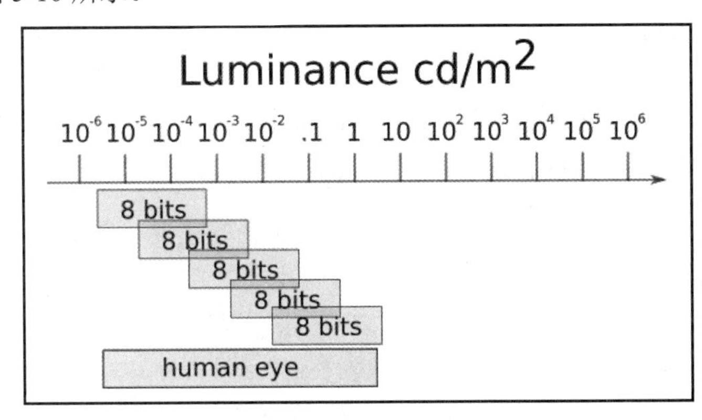

图 5-10　通过 5 张相差 3 档的 8 位图片即可覆盖人眼感光度比

原　　文	译　　文
Luminance cd/m^2	亮度（cd/m^2）
human eye	人类肉眼

现在，让我们仔细研究一下 Debevec HDR 算法的工作原理。

首先，假设相机看到的记录值是场景辐照度（Irradiance）的某种函数。我们之前曾说过这是线性的，但是在现实生活中没有什么真正是线性的。设记录值矩阵为 $\boldsymbol{Z}$，辐照度矩阵为 $\boldsymbol{E}$，则有以下公式：

$$\boldsymbol{Z} = f(\boldsymbol{E}\Delta t)$$

在这里，我们使用了 Δt 作为曝光时间的量度，并且函数 f 称为相机的响应函数（Response Function）。此外，我们假设如果将曝光量加倍，将辐照度减半，则将获得相同的输出，反之亦然。这在所有图像上都应该是成立的，并且 $\boldsymbol{E}$ 的值不应随图片而变化；只有 $\boldsymbol{Z}$ 的记录值和曝光时间 Δt 可以改变。如果我们应用逆响应函数（f^{-1}）并取两边的对数，则对于所有图片（i）都可以得到下式：

$$\ln f^{-1}(\boldsymbol{Z}_i) = \ln \boldsymbol{E} + \ln \Delta t_i$$

现在的诀窍是想出一种可以计算 f^{-1} 的算法，这就是 Debevec 等人做出的贡献。

当然，我们的像素值不会完全遵循此规则，所以只能采用近似解决方案，但是，我们可以更详细地看一下这些值是什么。

在继续前进之前，让我们看一下如何从图片文件中恢复 Δt_i 值。

5.4.6 从图像中提取曝光强度值

假设先前讨论的所有相机参数都采用互易性原理（Principle of Reciprocity），让我们尝试提出一个函数 exposure_strength，该函数返回与曝光相等的时间。

（1）让我们设置对 ISO 感光度和 f-stop 的引用：

```
def exposure_strength(path, iso_ref=100, f_stop_ref=6.375):
```

（2）使用 exifread Python 软件包（该软件包可轻松读取与图像相关的元数据）。大多数现代相机都以这种标准格式记录元数据：

```
with open(path, 'rb') as infile:
    tags = exifread.process_file(infile)
```

（3）提取 f_stop 值，查看引用的入射光瞳面积是多少：

```
    [f_stop] = tags['EXIF ApertureValue'].values
    rel_aperture_area = 1 / (f_stop.num / f_stop.den / f_stop_ref)** 2
```

（4）设置 ISO 感光度：

```
[iso_speed] = tags['EXIF ISOSpeedRatings'].values
iso_multiplier = iso_speed / iso_ref
```

（5）将所有值与快门速度结合起来并返回 exposure_time：

```
[exposure_time] = tags['EXIF ExposureTime'].values
exposure_time_float = exposure_time.num / exposure_time.den
return rel_aperture_area * exposure_time_float * iso_multipli
```

表 5-1 是用于此演示的照片值的一个示例，照片取自 Frozen River 照片集。

表 5-1　照片元数据提取示例

照　片	光　圈	ISO 感光度	快 门 速 度
AM5D5669.CR2	6 3/8	100	1/60
AM5D5670.CR2	6 3/8	100	1/250
AM5D5671.CR2	6 3/8	100	1/160

续表

照　　片	光　　圈	ISO 感光度	快 门 速 度
AM5D5672.CR2	6 3/8	100	1/100
AM5D5673.CR2	6 3/8	100	1/40
AM5D5674.CR2	6 3/8	160	1/40
AM5D5676.CR2	6 3/8	250	1/40

以下是使用 exposure_strength 函数对这些图片的时间估计的输出：

```
[0.0166666666666666, 0.004, 0.00625, 0.01, 0.025, 0.04, 0.0625
```

现在，我们已经有了曝光时间，接下来查看如何将其用于获取相机响应函数。

5.4.7　估计相机响应函数

让我们在 y 轴上绘制 $\ln \Delta t_i$ ，并在 x 轴上绘制 Z_i，如图 5-11 所示。

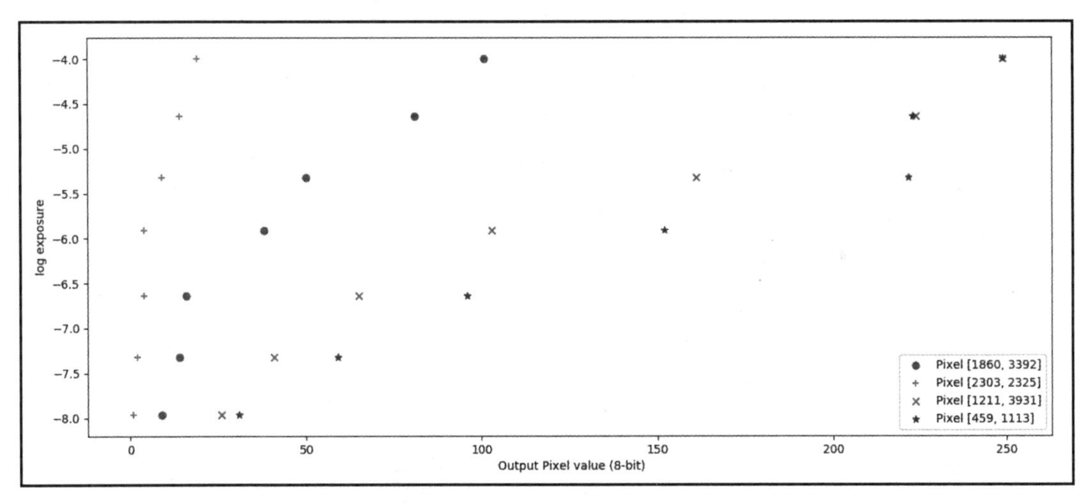

图 5-11　在 y 轴上绘制曝光时间对数，在 x 轴上绘制 8 位像素值

我们要做的是找到一个 f^{-1} 函数，更重要的是，找到所有图像的 $\ln E$，以便当我们将 log(E)添加到曝光时间对数时，我们将对所有像素应用相同的函数。你可以在图 5-12 中查看 Debevec 算法的结果。

Debevec 算法可估计 f^{-1} 函数和 $\ln E$。f^{-1} 函数将遍历所有像素，E 矩阵是我们恢复的结果 HDR 图像矩阵。

现在让我们看一下如何使用 OpenCV 来实现该算法。

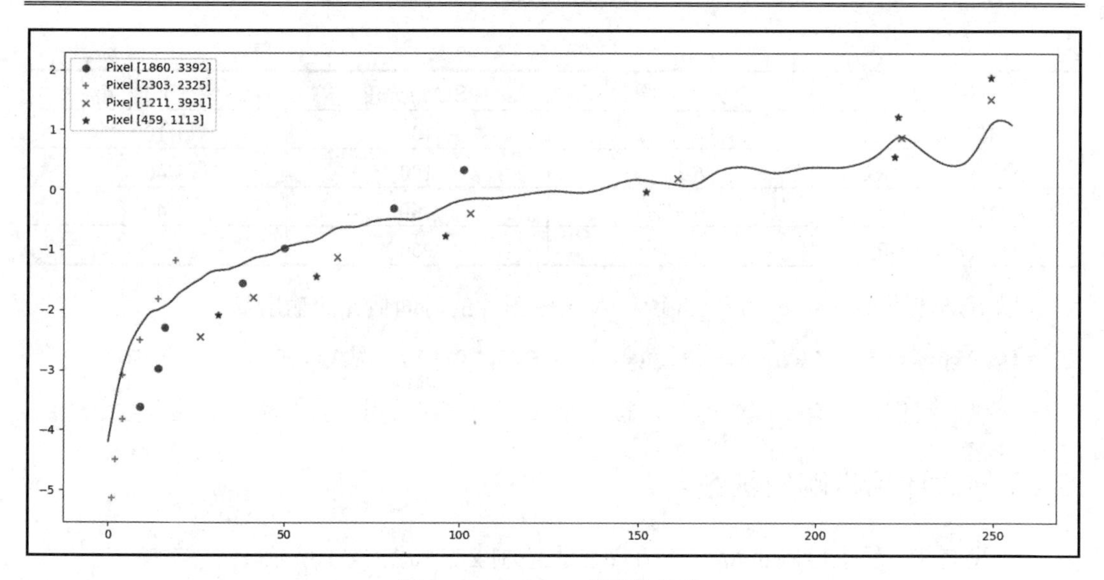

图 5-12　Debevec 算法的结果

5.4.8　使用 OpenCV 编写 HDR 脚本

脚本的第一步是使用 Python 的内置 argparse 模块设置脚本参数：

```
import argparse

if __name__== '__main__':
    parser = argparse.ArgumentParser()
    img_group = parser.add_mutually_exclusive_group(required=True)
    img_group.add_argument('--image-dir', type=Path)
    img_group.add_argument('--images', type=Path, nargs='+')
    args = parser.parse_args()
    if args.image_dir:
        args.images = sorted(args.image_dir.iterdir())
```

可以看到，我们设置了两个互斥的参数，其中一个参数是--image-dir，它包含图像的目录，另一个参数是--images，它是将要使用的图像列表。

我们将确保使用所有图像的列表填充 args.images，因此就脚本的其余部分而言不必担心用户选择了哪个选项。

在拥有所有命令行参数之后，其余过程如下。

（1）将所有图像读取到内存中：

```
images = [load_image(p, bps=8) for p in args.images]
```

（2）读取元数据，并使用 exposure_strength 估算曝光时间：

```
times = [exposure_strength(p)[0] for p in args.images]
times_array = np.array(times, dtype=np.float32)
```

（3）计算相机响应函数（Camera Response Function，CRF）crf_debevec：

```
cal_debevec = cv2.createCalibrateDebevec(int samples=200)
crf_debevec = cal_debevec.process(images, times=times_array)
```

（4）使用相机响应函数来计算 HDR 图像：

```
    merge_debevec = cv2.createMergeDebevec()
    hdr_debevec = merge_debevec.process(images, times=times_array.copy(),
response=crf_debevec)
```

可以看到，HDR 图像的类型为 float32 而不是 uint8，因为它包含所有曝光图像的完整动态范围。

现在我们已经有了 HDR 图像，接下来让我们看一看如何使用 8 位图像显示 HDR 图像，这是另一个很重要的部分。

5.4.9　显示 HDR 图像

显示 HDR 图像非常棘手。如前文所述，HDR 比相机具有更多的值，因此我们需要找到一种显示方法。幸运的是，OpenCV 再次可以在这方面为我们提供帮助，并且，你可能已经猜到了，我们可以使用伽马校正将我们拥有的所有不同值映射到 0～255 范围的较小值范围内，这称为色调映射（Tone Mapping）。

OpenCV 有一个使用 gamma 作为参数的方法：

```
tonemap = cv2.createTonemap(gamma=2.2)
res_debevec = tonemap.process(hdr_debevec)
```

现在，我们必须裁剪（Clip）所有值以使其成为整数：

```
res_8bit = np.clip(res_debevec * 255, 0, 255).astype('uint8')
```

之后，我们可以使用 pyplot 显示生成的 HDR 图像：

```
plt.imshow(res_8bit)
plt.show()
```

最终的结果图像如图 5-13 所示。

图 5-13　显示 HDR 图像

接下来，让我们看看如何才能将相机的视野扩展到潜在的 360 度！

5.5　了解全景拼接

计算摄影中的另一个非常有趣的主题是全景拼接（Panorama Stitching）。相信很多人都已经在手机上体验过全景拍摄功能。本节将重点介绍全景图拼接背后的思路，而不仅仅是调用单个函数，我们还将介绍从一堆单独的照片中创建全景图所涉及的所有步骤。

5.5.1　编写脚本参数并过滤图像

我们编写一个脚本，该脚本将获取图像列表并生成一张全景图片。因此，我们可以为脚本设置 ArgumentParser：

```
def parse_args():
    parser = argparse.ArgumentParser()
    img_group = parser.add_mutually_exclusive_group(required=True)
    img_group.add_argument('--image-dir', type=Path)
```

```
    img_group.add_argument('--images', type=Path, nargs='+')
    args = parser.parse_args()

    if args.image_dir:
        args.images = sorted(args.image_dir.iterdir())
    return args
```

这里，我们创建了一个 ArgumentParser 的实例，并添加了参数以传递图像列表的图像目录。然后，如果传递了图像目录，那么我们将确保从其中获取所有图像，而不是传递图像列表。

下一步是使用特征提取器，查看图像的共同特征是什么。这非常类似于前两章（即第 3 章“通过特征匹配和透视变换查找对象”和第 4 章“使用运动恢复结构重建 3D 场景”）中的特征匹配。我们还将编写一个函数来过滤具有共同特征的那些图像，因此脚本的用途更加广泛。

现在让我们来逐步了解一下该函数。

（1）创建 SURF 特征提取器并计算所有图像的所有特征：

```
def largest_connected_subset(images):
    finder = cv2.xfeatures2d_SURF.create()
    all_img_features = [cv2.detail.computeImageFeatures2(finder,
img) for img in images]
```

（2）创建一个 matcher 类，将图像与共享最多特征的最近邻居进行匹配：

```
matcher = cv2.detail.BestOf2NearestMatcher_create(False, 0.6)
pair_matches = matcher.apply2(all_img_features)
matcher.collectGarbage()
```

（3）过滤图像，并确保至少有两幅共享特征的图像，以便可以继续使用该算法：

```
    _conn_indices = cv2.detail.leaveBiggestComponent(all_img_features,
pair_matches, 0.4)
    conn_indices = [i for [i] in _conn_indices]
    if len(conn_indices) < 2:
        raise RuntimeError("Need 2 or more connected images.")

    conn_features = np.array([all_img_features[i] for i in
conn_indices])
    conn_images = [images[i] for i in conn_indices]
```

（4）再次运行 matcher，检查是否删除了任何图像，并返回将来需要的变量：

```
if len(conn_images) < len(images):
```

```
    pair_matches = matcher.apply2(conn_features)
    matcher.collectGarbage()

return conn_images, conn_features, pair_matches
```

过滤图像并获得所有特征之后，即可继续进行下一步，即为全景拼接设置一块空白画布。

5.5.2 计算相对位置和最终图片尺寸

一旦我们分离了所有连接的图片并了解了所有特征，就该计算出合并全景图的大小，并创建空白画布以开始向其中添加图片。首先，我们需要找到图片的参数。

5.5.3 查找相机参数

为了能够合并图像，我们需要计算所有图像的单应性矩阵，然后使用它们来调整图像，以便可以将它们合并在一起。我们将编写一个函数来做到这一点。

（1）创建一个 HomographyBasedEstimator()函数：

```
def find_camera_parameters(features, pair_matches):
    estimator = cv2.detail_HomographyBasedEstimator()
```

（2）在有了 estimator 估算器之后，为了提取所有的相机参数，我们将使用来自不同图像的已匹配特征：

```
success, cameras = estimator.apply(features, pair_matches, None)
if not success:
    raise RuntimeError("Homography estimation failed.")
```

（3）确保 ***R*** 矩阵具有正确的类型：

```
for cam in cameras:
    cam.R = cam.R.astype(np.float32)
```

（4）返回所有参数：

```
return camera
```

你还可以使用优化程序（如 cv2.detail_BundleAdjusterRay）使这些参数更好，但目前这种方法已经足够好且很简单。

5.5.4　为全景图创建画布

现在是时候创建画布了。为此，我们可以基于所需的旋转模式创建一个 warper 对象。为简单起见，我们假设了一个平面模型：

```
warper = cv2.PyRotationWarper('plane', 1)
```

然后，使用 enumerate 枚举所有连接的图像，并获得每幅图像中的所有感兴趣区域：

```
stitch_sizes, stitch_corners = [], []
for i, img in enumerate(conn_images):
    sz = img.shape[1], img.shape[0]
    K = cameras[i].K().astype(np.float32)
    roi = warper.warpRoi(sz, K, cameras[i].R)
    stitch_corners.append(roi[0:2])
    stitch_sizes.append(roi[2:4])
```

最后，根据所有感兴趣的区域估算最终的 canvas_size：

```
    canvas_size = cv2.detail.resultRoi(corners = stitch_corners,
size = stitch_sizes)
```

接下来，让我们看看如何使用 canvas_size 将所有图像合并在一起。

5.5.5　将图像合并在一起

首先，我们创建一个 MultiBandBlender 对象，这有助于将图像合并在一起。blender 不仅会从一幅或另一幅图像中选择值，还将在可用值之间进行插值：

```
    blender = cv2.detail_MultiBandBlender()
    blend_width = np.sqrt(canvas_size[2] * canvas_size[3]) * 5 / 100
    blender.setNumBands((np.log(blend_width) / np.log(2.) -
1.).astype(np.int))
    blender.prepare(canvas_size)
```

对于每个连接的图像，执行以下操作。

（1）使用 warp 处理图像并获取 corner 位置：

```
for i, img in enumerate(conn_images):
    K = cameras[i].K().astype(np.float32)
    corner, image_wp = warper.warp(img, K, cameras[i].R,
                                   cv2.INTER_LINEAR,
                                   cv2.BORDER_REFLECT)
```

（2）计算画布上图像的 mask 蒙版：

```
        mask = 255 * np.ones((img.shape[0], img.shape[1]),
np.uint8)
        _, mask_wp = warper.warp(mask, K, cameras[i].R,
                                 cv2.INTER_NEAREST,
cv2.BORDER_CONSTANT)
```

（3）将值转换为 np.int16 并使用 feed 将其输入 blender：

```
image_warped_s = image_wp.astype(np.int16)
blender.feed(cv2.UMat(image_warped_s), mask_wp, stitch_corners[i])
```

（4）对 blender 使用 blend 函数，以获得最终结果并保存：

```
result, result_mask = blender.blend(None, None)
cv2.imwrite('result.jpg', result)
```

还可以将图像缩小到 600 像素宽并显示它：

```
zoomx = 600.0 / result.shape[1]
dst = cv2.normalize(src=result, dst=None, alpha=255.,
                    norm_type=cv2.NORM_MINMAX, dtype=cv2.CV_8U)
dst = cv2.resize(dst, dsize=None, fx=zoomx, fy=zoomx)
cv2.imshow('panorama', dst)
cv2.waitKey()
```

从以下网址下载图像作为示例：

https://github.com/mamikonyana/yosemite-panorama

生成的全景图如图 5-14 所示。

图 5-14　全景图拼接效果

你会发现它并不完美，白平衡需要逐一校正，但这是一个很好的开始。接下来，我们将改进拼接输出。

5.5.6　改善全景拼接

可以使用我们已经拥有的脚本，添加或删除某些功能（例如，可以添加白平衡补偿程序，以确保从一张图片平滑过渡到另一张图片），或者也可以尝试调整其他参数。

值得一提的是，当你需要快速生成全景图功能时，OpenCV 还提供了一个方便的 Stitcher 类，它可以执行我们已经讨论的大多数操作：

```
images = [load_image(p, bps=8) for p in args.images]

stitcher = cv2.Stitcher_create()
(status, stitched) = stitcher.stitch(images)
```

此代码段的执行比你将照片上传到全景服务要快得多，现在你可以随心所欲地创建自己的全景图了。

当然，不要忘记添加一些代码来裁剪全景图，以删除多余的黑色像素。

5.6　小　　结

本章学习了如何使用能力有限的相机（无论是动态范围还是视野都有限）拍摄简单的图像，并使用 OpenCV 将多张图像合并为一张比原始图像更好的图像。

我们为你提供了 3 个可以构建的脚本。最重要的是，panorama.py 仍然缺少许多功能，并且还有许多其他 HDR 技术可供使用。

最重要的是，可以同时进行 HDR 和全景拼接。

这是关于相机摄影的最后一章。本书的其余部分将重点放在视频监控以及将机器学习技术应用于图像处理任务上。

在第 6 章中，我们将重点关注跟踪场景中很显著且移动的对象。这将使你了解如何处理非静态场景。我们还将探索如何使算法快速聚焦于场景中的重要事物，这是一种已知的技术，可以加快对象检测、对象识别、对象跟踪和内容感知图像编辑的速度。

5.7　延 伸 阅 读

在计算摄影中，还有许多其他主题需要探讨。

特别值得一提的是 Tom Mertens 等人开发的曝光融合（Exposure Fusion）技术。曝光融合是一种将使用不同曝光设置拍摄的图像组合成一个看起来像色调映射的高动态范围（HDR）图像的方法。

- *Exposure fusion*（曝光融合）, Tom Mertens, Jan Kautz, and Frank Van Reeth, in Computer Graphics and Applications, 2007, Pacific Graphics 2007, proceedings at 15th Pacific Conference on, pages 382–390, IEEE, 2007.
- *Recovering High Dynamic Range Radiance Maps from Photographs*（从照片中恢复高动态范围辐射度映射）, Paul E Debevec and Jitendra Malik, in ACM SIGGRAPH 2008 classes, 2008, page 31, ACM, 2008.

5.8 许　　可

可以在以下网址找到 Frozen River 照片集，该照片集以 CC-BY-SA-4.0 许可。

https://github.com/mamikonyana/frosted-river

第 6 章　跟踪视觉上的显著对象

本章的目的是一次跟踪视频序列中的多个在视觉上很显著的对象。与其由我们自己在视频中标记感兴趣的对象，不如让算法确定视频帧的哪些区域值得跟踪。

在前面的章节中，我们已经学习了如何在严格控制的场景中检测感兴趣的简单对象（例如人的手），以及如何根据相机运动来推断视觉场景的几何特征。在本章中，我们将通过研究大量帧的图像统计（Image Statistics）信息，以了解视觉场景。

本章将涵盖以下主题。

- 规划应用程序。
- 设置应用程序。
- 映射视觉显著性。
- 了解均值漂移跟踪。
- 了解 OpenCV Tracking API。
- 综合演练。

通过分析自然图像的傅里叶频谱（Fourier Spectrum），我们将建立显著图（Saliency Map），该显著图使我们可以将图像中某些具有统计意义的图块标记为（潜在或实际）原型对象（Proto-Objects）。然后，我们将所有原型对象的位置提供给均值漂移跟踪器（Mean-Shift Tracker），这将使我们能够跟踪对象从一帧转到下一帧时的位置。

首先我们将介绍本章操作所需的准备工作。

6.1　准备工作

本章使用 OpenCV 4.1.0 以及其他软件包 NumPy、wxPython 2.8 和 Matplotlib，它们的网址如下：

http://www.numpy.org
http://www.wxpython.org/download.php
http://www.matplotlib.org/downloads.html

尽管本章介绍的部分算法已添加到 OpenCV 3.0.0 版本的可选 Saliency 模块中，但目前尚无 Python API，因此我们将编写自己的代码。

本章的代码可以在以下 GitHub 存储库中找到：

https://github.com/PacktPublishing/OpenCV-4-with-Python-Blueprints-Second-Edition/tree/master/chapter6

6.2　了解视觉显著性

视觉显著性（Visual Saliency）是认知心理学（Cognitive Psychology）中的一个技术术语，旨在描述某些物体或物品的视觉质量，从而使它们立即引起我们的注意。我们的大脑不断将视线移向视觉场景的重要区域，并随着时间的推移对其进行跟踪，从而使我们能够快速扫描周围的环境以找到感兴趣的对象和事件，而忽略次要的部分。

图 6-1 显示了一个常规 RGB 图像及其转换为显著图的示例，其中在统计意义上感兴趣的突出区域显得明亮而其他区域则很暗。

图 6-1　在统计意义上有趣的突出区域

傅里叶分析（Fourier Analysis）将使我们对自然图像统计数据有一个大致的了解，这有助于建立一个通用图像背景的模型。通过将背景模型与特定的图像帧进行比较，我们可以找到从周围环境中突显出来的图像子区域（见图 6-1）。理想情况下，这些子区域与图像块相对应，这些图块在观看图像时会立即引起我们的注意。

传统模型可能会尝试将特定的特征与每个目标相关联（非常类似于第 3 章“通过特征匹配和透视变换查找对象”中的特征匹配方法），这会将问题转换为检测特定类别的对象。但是，这些模型需要手动标记和训练。但是，如果不知道要跟踪的特征或对象数量怎么办？

另一种方法是，我们将尝试模仿大脑的行为，也就是说，将算法调整为自然图像的统计数据，以便我们可以立即定位在视觉场景中“吸引我们注意力”的模式或子区域（即偏离这些统计规律的模式），并标记它们以做进一步检查。结果是一种适用于场景中任意数量的原型对象的算法，例如跟踪足球场上的所有运动员。

可以参考图 6-2 以查看此跟踪的实际效果。

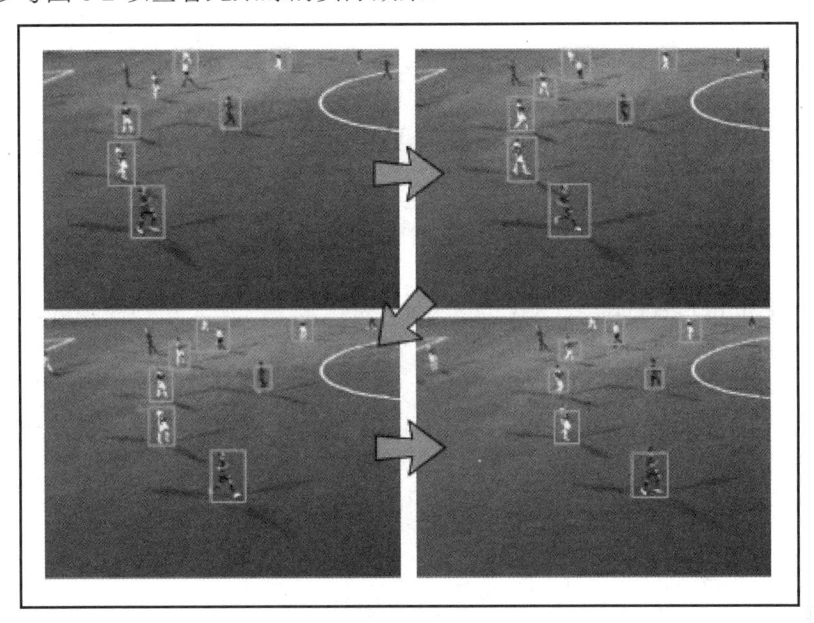

图 6-2　视觉显著性跟踪的示例

正如我们在图 6-2 这 4 个屏幕截图中看到的那样，一旦找到了图像的所有潜在关注图块，我们就可以使用一种称为对象均值漂移跟踪（Object Mean-Shift Tracking）的简单而有效的方法来跟踪它们在许多帧上的运动。由于场景中可能有多个原型对象，这些原型对象可能会随着时间的流逝而改变外观，因此我们需要能够区分它们并跟踪所有这些对象。

6.3　规划应用程序

要构建该应用程序，我们需要结合前面讨论的两个主要功能——显著图（Saliency Map）和对象跟踪（Object Tracking）。最终的应用程序会将视频序列的每个 RGB 帧转换为显著图，提取所有我们感兴趣的原型对象，并将其提供给均值漂移跟踪算法。要实现该应用程序，我们需要以下组件。

（1）main：这是启动应用程序的 main 函数例程（在 chapter6.py 中）。

（2）saliency.py：这是一个模块，用于从 RGB 彩色图像生成显著图和原型对象图。它包括以下函数。

- get_saliency_map：这是将 RGB 彩色图像转换为显著图的函数。
- get_proto_objects_map：这是将显著图转换为包含所有原型对象的二进制蒙版的函数。
- plot_power_density：此函数用于显示 RGB 彩色图像的二维功率密度（Two Dimensional Power Density），这有助于理解傅里叶变换。
- plot_power_spectrum：此函数用于显示 RGB 彩色图像的径向平均功率谱，这有助于理解自然图像统计信息。
- MultiObjectTracker：这是一个使用均值漂移跟踪来跟踪视频中多个对象的类。它包括以下公共方法。
  - MultiObjectTracker.advance_frame：这是一种用于更新新帧的跟踪信息的方法，该方法使用当前帧的显著图上的均值漂移算法将框从前一帧的位置更新到当前帧。
  - MultiObjectTracker.draw_good_boxes：这是一种用于说明当前帧中跟踪结果的方法。

在以下各节中，我们将详细讨论这些步骤。

6.4 设置应用程序

为了运行应用程序，我们需要执行 main 函数，该函数可读取视频流的某一帧，生成显著图，提取原型对象的位置，并从一帧到下一帧跟踪这些位置。

接下来，我们就来看看该 main 函数例程。

6.4.1 实现 main 函数

本示例的主要处理流程将由 chapter6.py 中的 main 函数处理，该函数将实例化跟踪器（MultipleObjectTracker）并打开一个视频文件，显示场中足球运动员的数量：

```
import cv2
from os import path

from saliency import get_saliency_map, get_proto_objects_map
```

```
from tracking import MultipleObjectsTracker


def main(video_file='soccer.avi', roi=((140, 100), (500, 600))):
    if not path.isfile(video_file):
        print(f'File "{video_file}" does not exist.')
        raise SystemExit

    # 打开视频文件
    video = cv2.VideoCapture(video_file)

    # 初始化跟踪器
    mot = MultipleObjectsTracker()
```

然后，该函数将逐帧读取视频并提取一些有意义的感兴趣区域（Region Of Interest，ROI）。示例如下：

```
while True:
    success, img = video.read()
    if success:
        if roi:
            # 提取一些有意义的感兴趣区域
            img = img[roi[0][0]:roi[1][0],
                  roi[0][1]:roi[1][1]]
```

之后，感兴趣的区域将被传递给一个函数，生成该区域的显著图。然后，将根据显著图生成感兴趣的原型对象，再将其与感兴趣的区域一起输入跟踪器。跟踪器的输出则是这些输入的区域，并且这些输入区域将用边界框加注（参见图 6-2）：

```
saliency = get_saliency_map(img, use_numpy_fft=False,
                            gauss_kernel=(3, 3))
objects = get_proto_objects_map(saliency, use_otsu=False)
cv2.imshow('tracker', mot.advance_frame(img, objects))
```

该应用程序将在视频的所有帧中运行，直至到达文件末尾或用户按 q 键：

```
if cv2.waitKey(100) & 0xFF == ord('q'):
    break
```

接下来，我们将介绍 MultiObjectTracker 类。

6.4.2　了解 MultiObjectTracker 类

跟踪器类的构造函数很简单。它所做的全部工作就是设置均值漂移跟踪的终止条件，并存储最小轮廓区域（min_area）和最小平均速度（min_speed_per_pix）的状态（最小平均速度将通过对象大小归一化），以便在后续计算步骤中予以考虑：

```
def __init__(self, min_object_area: int = 400,
             min_speed_per_pix: float = 0.02):
    self.object_boxes = []
    self.min_object_area = min_object_area
    self.min_speed_per_pix = min_speed_per_pix
    self.num_frame_tracked = 0
    # 设置终止条件，可进行 100 次迭代或至少移动 1 pt
    self.term_crit = (cv2.TERM_CRITERIA_EPS | cv2.TERM_CRITERIA_COUNT,
                     5, 1)
```

现在用户可以调用 advance_frame 方法将新的帧提供给跟踪器。

当然，在使用所有这些功能之前，我们还需要了解一下什么是图像统计信息以及如何生成显著图。

6.5　映射视觉显著性

正如本章前面已经提到的，视觉显著性试图描述某些物体或物品的视觉质量，从而使它们立即引起我们的注意。我们的大脑会不断地将视线移向视觉场景的重要区域，就好像它在视觉世界的不同子区域上闪闪发亮一样，从而使我们能够快速扫描周围的环境来寻找感兴趣的物体和事件，而忽略那些次要的部分。

人们认为这是一种进化策略，用于应对在视觉上非常丰富的环境中不断出现的信息溢出问题。例如，如果你在丛林中漫步，你希望能够在欣赏前方蝴蝶翅膀上错综复杂的颜色图案之前注意到左侧灌木丛中的猛虎。结果就是，视觉上显著的对象具有非凡的突出效果。如图 6-3 所示，我们的注意力会立即关注那些与众不同的对象。

识别这些突出目标可能并不总是一件容易的事。以图 6-3 左侧图像为例，你可能会立即注意到图像中唯一的红色条。但是，如果你是在以灰度图查看此图像，则可能很难找到目标（它位于第 4 排第 5 列）。

与颜色显著性相似，图 6-3 右侧图像中有一个视觉上很显著的对象（它位于第 3 排第 4 列）。尽管目标在左侧图像中具有唯一的颜色，在右侧图像中具有独特的方向，但是如果将这两个特征放在一起，那么突然间，唯一的目标将不再突出，如图 6-4 所示。

在图 6-4 中，仍然有一个与众不同的目标。但是，这一次，由于分散注意力项目的设计方式，该目标成功混迹在“群众”中，它不再引人注目。相反，你发现自己似乎在随机扫描图像，寻找感兴趣的东西（提示：我们的目标是图像中唯一的红色且几乎垂直的条形，它位于第 2 排第 3 列）。

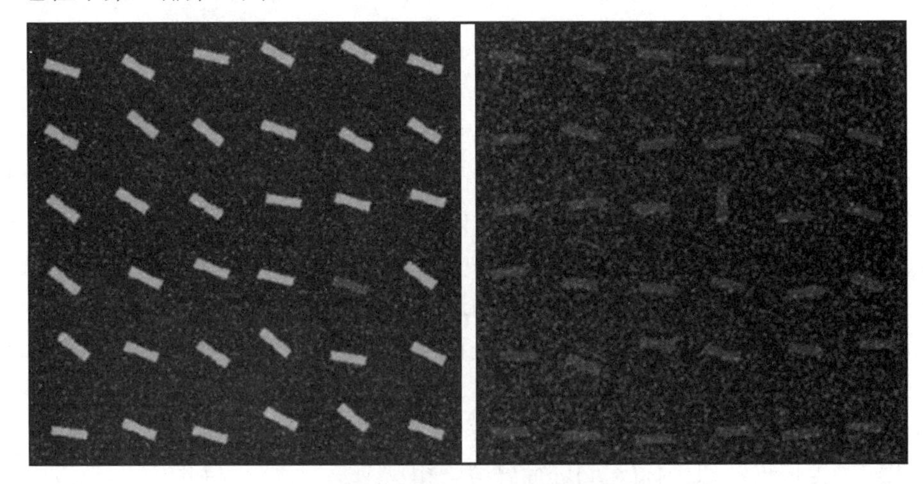

图 6-3　与众不同的对象立即就能抓住我们的眼球

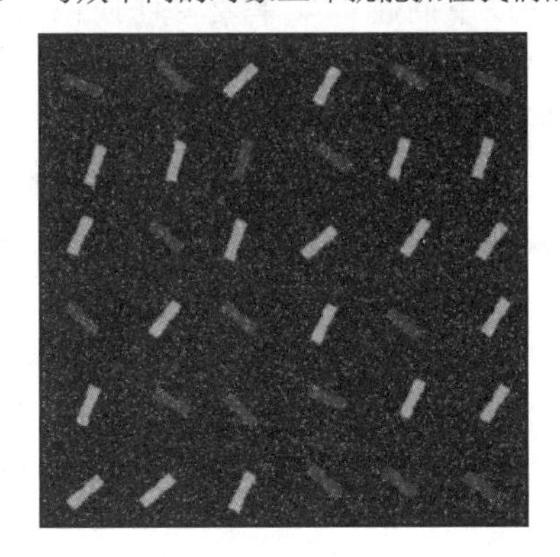

图 6-4　混迹在“群众”中的目标

你可能会问，这与计算机视觉有什么关系？实际上，关系还是很大的。人工视觉系统像你我一样，遭受着信息超载的困扰，而且它们对世界的了解比我们对世界的了解还要少。因此，我们能否从生物学中提取出一些见解（Insight）并将其用于教导我们的算法，使它获得有关世界的一些知识？

想象一下，你的汽车仪表板上安装了一个摄像头，如何让它自动聚焦到与当前路况相关的交通标志上？

再想象一下，在野生动植物观测站有一个监视摄像头，它的目标是自动检测素以昼伏夜出闻名的鸭嘴兽，如何让它仅跟踪鸭嘴兽的踪迹，而忽略其他一切？如何让算法知道什么是重要的什么是不重要的？换言之，如何让鸭嘴兽的形象在算法的视觉中更突出？

要回答这些问题，我们需要先了解傅里叶分析。

6.5.1 了解傅里叶分析

要找到图像的视觉显著子区域，我们需要研究其频谱（Frequency Spectrum）。到目前为止，我们已经在空间域（Spatial Domain）中处理了所有图像和视频帧，即分析像素或研究图像强度在图像的不同子区域中的变化方式。但是，图像也可以在频域（Frequency Domain）中表示，即分析像素频率或研究像素在图像中出现的频率和周期。

如果你学过信号与系统，那么你应该知道，信号可以分为：时域（一维）、空间域（多维）和频域等。真实世界的信号一般是连续的模拟信号，存在于时域和空间域。图像的输入即属于空间域信息。

通过应用傅里叶变换（Fourier Transform），可以将图像从空间域转换到频域。在频域中，我们不再根据图像坐标(x, y)进行思考。相反，我们旨在找到图像的光谱。傅里叶的激进思想基本上可以归结为以下问题：如果要将任何信号或图像转换成一系列的谐波（Harmonics），那该怎么办？

想一想彩虹。我们都知道彩虹很美丽，在彩虹中，白色的阳光（由许多不同的颜色或光谱的一部分组成）散布到其光谱中。当光线穿过雨滴时（类似于穿过玻璃棱镜的白光），太阳光的光谱就会暴露出来。傅里叶变换的目的是做同样的事情——恢复阳光中包含的光谱的所有不同部分。

对于任意图像，我们都可以做类似的事情。彩虹是频率对应于电磁频率，与彩虹相反，对于图像，我们考虑的是空间频率，即像素值的空间周期性。如果将图像比喻为监狱牢房，那么空间频率就可以视为两个相邻监狱牢房之间的距离。

频域分析信号的最常见目的是分析信号属性。通过分析频谱就可以知道输入信号中包含了哪些频率的信号（就像我们通过雨滴就可以看见阳光中包含赤橙黄绿青蓝紫一样）。从这种视角转变中可以获得的见解非常有力。简而言之，傅里叶频谱同时具有幅度（Magnitude）和相位（Phase）。傅里叶变换可将信号信息转换成每个成分频率上的幅度和相位。幅度描述了图像中不同频率的数量/总量，而相位则指的是这些频率的空间位置。在图 6-5 中，左侧显示的是在瑞士利马特河上拍摄的自然图像，而右侧则显示了相应的傅里叶幅度谱（灰度版本）。

右侧的幅度谱告诉我们，在左侧图像的灰度版本中，哪些频率分量最突出（明亮）。该频谱是已经调整过的，图像的中心对应于 x 和 y 的零频率。离图像的中心越远，频率越高。这个特殊的频谱告诉我们，左侧图像中有很多低频分量（聚集在图像中心附近）。

图 6-5　自然图像的傅里叶幅度谱分析

在 OpenCV 中，可以借助离散傅里叶变换（Discrete Fourier Transform，DFT）来实现此变换。让我们构造一个完成该任务的函数。它包括以下步骤。

（1）如有必要，可将图像转换为灰度图。该函数接收灰度图和 RGB 彩色图像，因此需要确保对单通道图像进行操作：

```
def calc_magnitude_spectrum(img: np.ndarray):
    if len(img.shape) > 2:
        img = cv2.cvtColor(img, cv2.COLOR_BGR2GRAY)
```

（2）将图像调整为最佳尺寸。事实证明，DFT 的性能取决于图像大小。如果图像大小为 2 的倍数，那么它往往最快。因此，使用 0 填充图像不失为一个好主意：

```
rows, cols = img.shape
nrows = cv2.getOptimalDFTSize(rows)
ncols = cv2.getOptimalDFTSize(cols)
frame = cv2.copyMakeBorder(img, 0, ncols-cols, 0, nrows-rows,
                           cv2.BORDER_CONSTANT, value=0)
```

（3）应用离散傅里叶变换（DFT）。这是 NumPy 中的单个函数调用。其结果是复数的二维矩阵：

```
img_dft = np.fft.fft2(img)
```

（4）将实数值和复数值转换为幅度。复数具有实数部分和复数（虚数）部分。要提取幅度，可以取绝对值：

```
magn = np.abs(img_dft)
```

（5）切换到对数比例。事实证明，傅里叶系数的动态范围通常太大而无法在屏幕上显示。我们会有一些很低或很高的变化值是无法观察到的。因此，高值将全部显示为白点，而低值将全部显示为黑点。

要使用灰度值进行可视化，可以将线性比例转换为对数比例：

```
log_magn = np.log10(magn)
```

（6）我们可以移动象限，以使光谱在图像上居中。这样可以更轻松地直观检查幅度 spectrum：

```
spectrum = np.fft.fftshift(log_magn)
```

（7）返回绘图结果：

```
return spectrum/np.max(spectrum)*255
```

结果可以用 pyplot 绘制。

现在，我们已经理解了图像的傅里叶频谱是什么以及如何计算它，接下来，我们将分析自然场景统计信息。

6.5.2　了解自然场景统计

人类的大脑很久以前就想出了如何聚焦于视觉上很显著的物体的方法。我们所生活的自然世界有一些统计意义上的规律，使各种事物具有独特的自然性，而这与棋盘图案之类的东西是不一样的。最常见的统计规律可能是 $1/f$ 定律。该定律指出，自然图像集合的振幅服从 $1/f$ 分布。有时也称为尺度不变性（Scale Invariance）。

可以使用 plot_power_spectrum 函数可视化二维图像的一维功率谱（作为频率的函数）。我们可以使用与以前应用过的幅度谱类似的方法，但是必须确保将二维谱正确折叠到一个轴上。

（1）定义函数，并在必要时将图像转换为灰度图（这与之前的操作相同）：

```
def plot_power_spectrum(frame: np.ndarray, use_numpy_fft=True) ->
None:
    if len(frame.shape) > 2:
        frame = cv2.cvtColor(frame, cv2.COLOR_BGR2GRAY)
```

（2）将图像扩展到最佳尺寸（这也与之前的操作相同）：

```
rows, cols = frame.shape
nrows = cv2.getOptimalDFTSize(rows)
ncols = cv2.getOptimalDFTSize(cols)
frame = cv2.copyMakeBorder(frame, 0, ncols-cols, 0,
    nrows-rows, cv2.BORDER_CONSTANT, value = 0)
```

（3）应用 DFT 并获得对数频谱。在这里，我们给用户一个选项（通过 use_numpy_fft 标志），以使用 NumPy 或 OpenCV 的傅里叶工具：

```
if use_numpy_fft:
    img_dft = np.fft.fft2(frame)
    spectrum = np.log10(np.real(np.abs(img_dft))**2)
else:
    img_dft = cv2.dft(np.float32(frame), flags=cv2.DFT_COMPLEX_OUTPUT)
    spectrum = np.log10(img_dft[:, :, 0]**2 + img_dft[:, :,1]**2)
```

（4）执行径向平均计算。这是比较棘手的部分。仅在 x 或 y 方向上平均二维谱是错误的。我们感兴趣的是作为频率函数的频谱，与确切的方向无关。有时也称为径向平均功率谱（Radically Average Power Spectrum，RAPS）。

这可以通过对所有频率幅度值进行加总来实现，它从图像的中心开始，查看从某个频率 r 到 r + dr 的所有可能的（径向）方向。我们使用 NumPy 直方图的分箱（binning）函数对数字求和，并将它们累加在 histo 变量中：

```
L = max(frame.shape)
freqs = np.fft.fftfreq(L)[:L/2]
dists = np.sqrt(np.fft.fftfreq(frame.shape[0])
    [:,np.newaxis]**2 + np.fft.fftfreq
        (frame.shape[1])**2)
dcount = np.histogram(dists.ravel(), bins=freqs)[0]
histo, bins = np.histogram(dists.ravel(), bins=freqs,
    weights=spectrum.ravel())
```

（5）绘制结果。可以绘制 histo 中的累加数，但一定不要忘记通过分箱大小（dcount）对这些数值进行归一化：

```
centers = (bins[:-1] + bins[1:]) / 2
plt.plot(centers, histo/dcount)
plt.xlabel('frequency')
plt.ylabel('log-spectrum')
plt.show()
```

其结果是与频率成反比的函数。如果要绝对确定 $1/f$ 属性，则可以取所有 x 值的 np.log10 并确保曲线以大致线性的方式减小。在线性 x 轴和对数 y 轴上，该绘图结果看起来应如图 6-6 所示。

此属性的效果很好。它指出，如果我们对自然场景拍摄的所有图像的所有频谱求平均（当然，这里忽略了使用奇特的图像滤镜拍摄的所有频谱），则我们将得到一条曲线，其外观与图 6-6 所示的曲线非常相似。

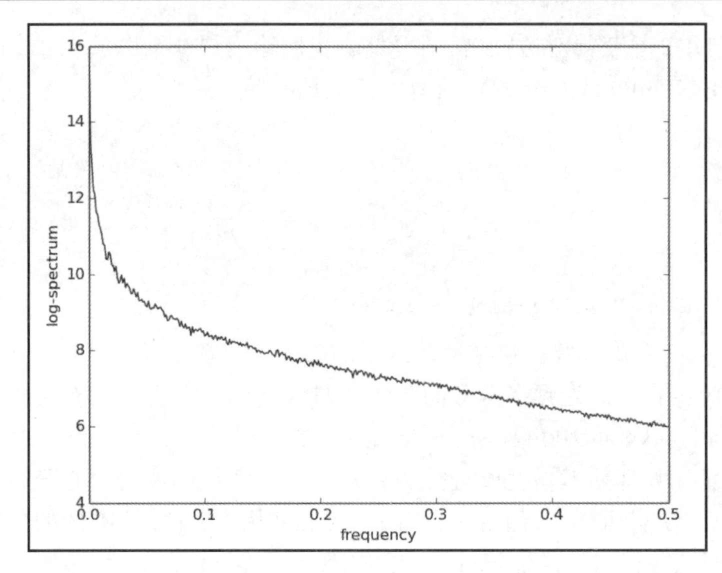

图 6-6　线性频率和对数频谱的绘图结果

但是，回到瑞士利马特河一艘宁静小船的图像上，这幅图像的识别结果又会如何呢？我们刚刚查看了此图像的功率谱（Power Spectrum），并见证了 1/*f* 属性。如何利用我们的自然图像统计知识告诉算法，不要盯着左边的树，而是关注在水面上的小船？图 6-7 描绘了利马特河的一处景象。

图 6-7　瑞士利马特河风光

这是我们意识到显著性真正含义的地方。

接下来，让我们看看如何使用频谱残差法生成显著图。

6.5.3　使用频谱残差法生成显著图

图像中值得我们注意的不是遵循 1/*f* 定律的图块，而是从平滑曲线中伸出的图块，换句话说，就是统计异常。这些异常称为图像的频谱残差（Spectral Residual，SR），对应于图像（或原型对象）的潜在的令人感兴趣的图块。将这些统计异常显示为亮点的图称为显著图（Saliency Map）。

注意：

这里描述的频谱残差法基于以下原始文档：

Saliency Detection: A Spectral Residual Approach（显著性检测：频谱残差方法），Xiaodi Hou and Liqing Zhang (2007), IEEE Transactions on Computer Vision and Pattern Recognition (CVPR), p.1-8, DOI: 10.1109/CVPR.2007.383267

可以通过_get_channel_sal_magn 函数使用以下过程生成单个通道的显著图。为了基于频谱残差法生成显著图，我们需要分别处理输入图像的每个通道（在灰度输入图像的情况下为单个通道，在 RGB 输入图像的情况下为 3 个单独的通道）。

（1）可以再次使用 NumPy 的 fft 模块或 OpenCV 功能来计算图像的傅里叶频谱（幅度和相位）：

```
def _calc_channel_sal_magn(channel: np.ndarray,
                           use_numpy_fft: bool = True) ->
np.ndarray:
    if use_numpy_fft:
        img_dft = np.fft.fft2(channel)
        magnitude, angle = cv2.cartToPolar(np.real(img_dft),
                                           np.imag(img_dft))
    else:
        img_dft = cv2.dft(np.float32(channel),
                          flags=cv2.DFT_COMPLEX_OUTPUT)
        magnitude, angle = cv2.cartToPolar(img_dft[:, :, 0],
                                           img_dft[:, :, 1])
```

（2）计算傅里叶频谱的对数幅度。我们将幅度的下限裁剪为 1e-9，以防止在计算对数时被 0 除：

```
log_ampl = np.log10(magnitude.clip(min = 1e-9))
```

（3）通过使用局部平均滤波器对图像进行卷积来近似估计自然图像的平均频谱：

```
log_ampl_blur = cv2.blur(log_amlp,(3,3))
```

（4）计算频谱残差。频谱残差主要包含场景的突出（或意外）部分：

```
residual = np.exp(log_ampl - log_ampl_blur)
```

（5）再次通过 NumPy 中的 fft 模块或 OpenCV 使用傅里叶逆变换来计算显著图：

```
    if use_numpy_fft:
        real_part, imag_part = cv2.polarToCart(residual, angle)
        img_combined = np.fft.ifft2(real_part + 1j * imag_part)
        magnitude, _ = cv2.cartToPolar(np.real(img_combined),
                                       np.imag(img_combined))
    else:
        img_dft[:, :, 0], img_dft[:, :, 1] =%MCEPASTEBIN%
cv2.polarToCart(residual, angle)
        img_combined = cv2.idft(img_dft)
        magnitude, _ = cv2.cartToPolar(img_combined[:, :, 0],
                                       img_combined[:, :, 1])

    return magnitude
```

get_saliency_map 使用单通道显著图（magnitude），它将对输入图像的所有通道重复该过程。如果输入图像是灰度图像，则说明我们已经完成：

```
def get_saliency_map(frame: np.ndarray,
                     small_shape: Tuple[int] = (64, 64),
                     gauss_kernel: Tuple[int] = (5, 5),
                     use_numpy_fft: bool = True) -> np.ndarray:
    frame_small = cv2.resize(frame, small_shape)
    if len(frame.shape) == 2:
        # 单一的 channelsmall_shape[1::-1]
        sal = _calc_channel_sal_magn(frame, use_numpy_fft)
```

当然，如果输入图像具有多个通道（例如 RGB 彩色图像就是如此），则我们需要分别考虑每个通道：

```
else:
    sal = np.zeros_like(frame_small).astype(np.float32)
    for c in range(frame_small.shape[2]):
        small = frame_small[:, :, c]
        sal[:, :, c] = _calc_channel_sal_magn(small, use_numpy_fft)
```

然后，通过平均总体通道确定多通道图像的总体显著性：

```
sal = np.mean(sal, 2)
```

最后，还需要进行一些后期处理，例如可选的模糊处理阶段，以使结果显得更平滑：

```
if gauss_kernel is not None:
    sal = cv2.GaussianBlur(sal, gauss_kernel, sigmaX=8, sigmaY=0)
```

同样，我们还需要对 sal 中的值求平方，以突出显示高显著性的区域，如原始论文的作者所概述的那样。为了显示图像，我们将其缩放回其原始分辨率并对其值进行归一化，以使其最大值为 1。

接下来，将 sal 中的值归一化，以使其最大值为 1，然后对它们求平方，以突出显示高显著性区域，最后，缩小到其原始分辨率，以显示图像：

```
    sal = sal**2
    sal = np.float32(sal)/np.max(sal)
    sal = cv2.resize(sal, self.frame_orig.shape[1::-1])
sal /= np.max(sal)
return cv2.resize(sal ** 2, frame.shape[1::-1])
```

生成的显著图如图 6-8 所示。

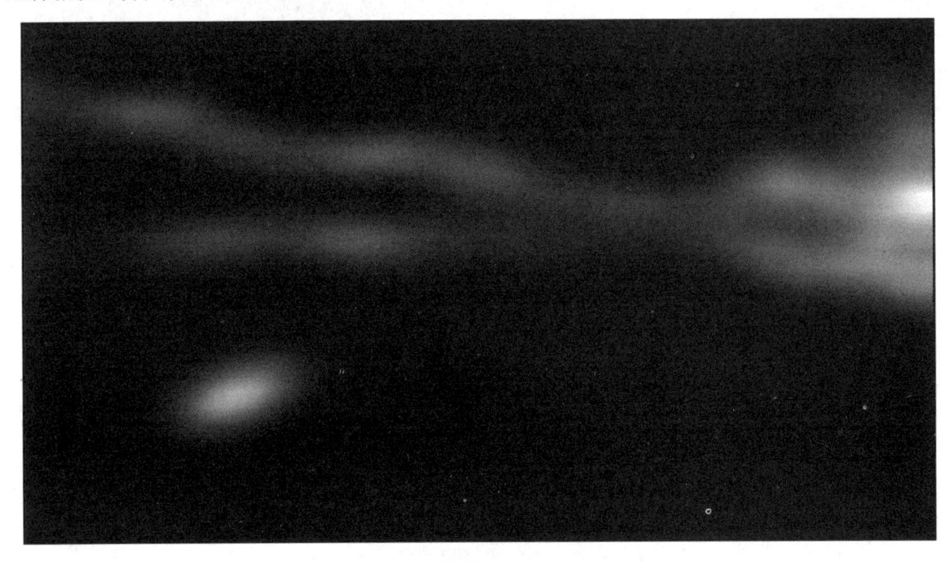

图 6-8　生成的显著图

现在我们可以清楚地看到船在水中的位置（在左下角），该船似乎是图像中最突出的子区域之一。另外也有其他一些重要地区，例如右侧的 Grossmünster 教堂。

注意：

这两个区域是该图像中最显著的区域，这个结果似乎表明该算法意识到苏黎世市中心的教堂塔楼数量实在太多，所以它只标识了右侧教堂为显著，而其他教堂则忽略了。

接下来，我们将讨论如何检测场景中的原型对象。

6.5.4　检测场景中的原型对象

从某种意义上说，显著图已经是原型对象的显式表示，因为它仅包含图像的感兴趣部分。因此，在完成了所有比较困难的工作之后，基本上可轻松获得原型对象图（Proto-Object Map），因为剩下要做的就是对显著图进行阈值处理。

这里唯一要考虑的开放参数是阈值。将阈值设置得太低会导致将太多区域标记为原型对象，包括一些可能不含任何感兴趣内容的区域（错误警报）。另外，将阈值设置得太高将忽略图像中的大多数显著区域，并可能使我们根本没有原型。

原始的频谱残差论文的作者在将图像的区域标记为原型对象时，标准就是该区域的显著性要大于图像平均显著性的 3 倍。通过将输入标志 use_otsu 设置为 True，我们为用户提供了实现此阈值或采用 Otsu 阈值的选择：

```
def get_proto_objects_map(saliency: np.ndarray, use_otsu=True) ->
np.ndarray:
```

然后，我们将显著性转换为 uint8 精度，以便可以将其传递给 cv2.threshold，设置用于阈值的参数。最后，应用阈值并返回原型对象：

```
saliency = np.uint8(saliency * 255)
if use_otsu:
    thresh_type = cv2.THRESH_OTSU
    # 将阈值设置为 0
    thresh_value = 0
else:
    thresh_type = cv2.THRESH_BINARY
    thresh_value = np.mean(saliency) * 3

_, img_objects = cv2.threshold(saliency,
                               thresh_value, 255, thresh_type)
return img_objects
```

生成的原型对象蒙版如图 6-9 所示。

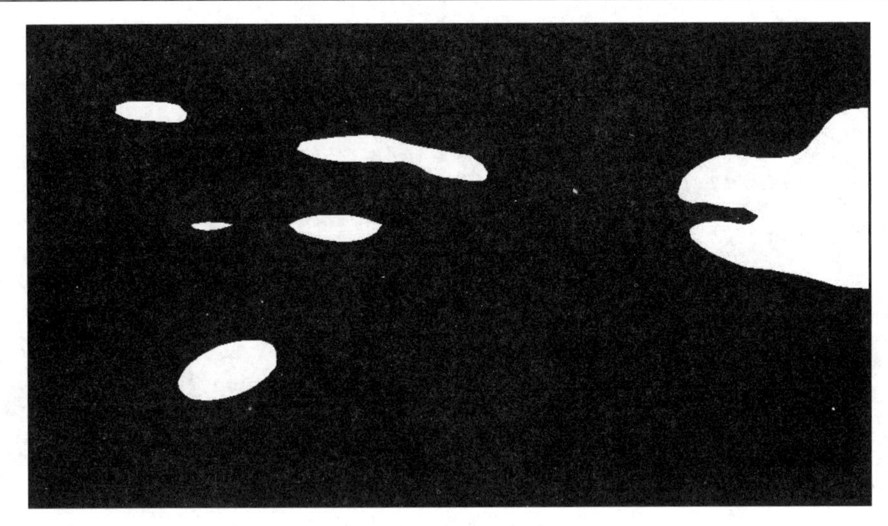

图 6-9　原型对象蒙版

然后，原型对象蒙版将用作跟踪算法的输入，在第 6.6 节中将看到这一点。

6.6　了解均值漂移跟踪

到目前为止，我们已经使用前面讨论的显著性检测器找到了原型对象的边界框（Bounding Box）。我们可以简单地将算法应用于视频序列的每一帧，并很好地了解对象的位置。当然，这样也会丢失对应信息。

想象一下，有一个熙熙攘攘场景的视频序列，例如从市中心或体育馆摄像头采集到的视频。尽管显著图可以突出显示已录制视频的每个帧中的所有原型对象，但是该算法将无法在前一帧的原型对象与当前帧中的原型对象之间建立对应关系。

另外，原型对象图可能包含一些误报，因此我们需要一种方法来选择与实际对象相对应的最可能的边界框。图 6-10 显示了这种误报示例。

在图 6-10 中可以看到，从原型对象图中提取的边界框至少犯了 3 个错误：一是错误地突出显示了左上角的一个球员（边界框仅包围了他的下肢而不是整个身体）；二是将两个球员合并到同一个边界框中；三是突出显示了一些错误的区域（虽然白色的球场标线在视觉上确实很显眼，但它们并不是我们感兴趣的区域）。为了改善这些结果并保持对应性，我们需要利用跟踪算法。

为了解决对应性的问题，可以使用以前介绍过的方法，例如特征匹配和光流，但是在本示例中，也可以使用均值漂移算法进行跟踪。

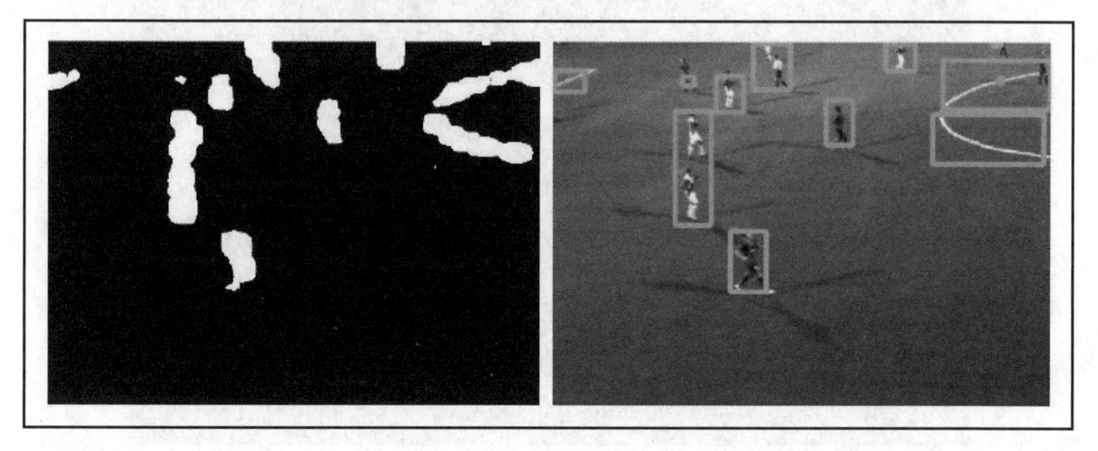

图 6-10　显著性误报示例

均值漂移（Mean-Shift，也称为均值偏移或均值平移）是一种用于跟踪任意对象的简单但非常有效的技术。均值漂移背后的原理是考虑我们感兴趣的一个较小区域（例如，我们要跟踪的对象的边界框）中的像素，这些像素可从最能描述一个目标的潜在概率密度函数（Probability Density Function，PDF）中采样。均值漂移算法是一种无参概率密度估计法，该算法利用像素特征点概率密度函数的梯度进行推导，其基本概念是沿着密度上升方向寻找聚类，通过迭代运算收敛于概率密度函数的局部最大值，从而实现目标定位和跟踪。

均值漂移对可变形状目标也能进行实时跟踪，因此非常适合本示例。在一定条件下，该算法能收敛到局部最优点，从而实现对运动体的准确定位，如图 6-11 所示。

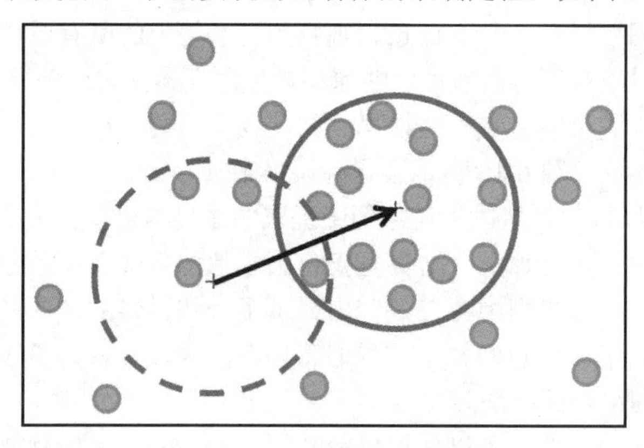

图 6-11　均值漂移采样示例

在图 6-11 中，小灰点代表来自概率分布的样本。假设点越近，则它们彼此之间越相似。直观地讲，均值偏移试图做的就是在该空间中找到最密集的区域并在其周围绘制一个圆圈。该算法可能首先将圆心定在空间完全不密集的区域上（虚线圆）。随着时间的流逝，它将缓慢地移向最密集的区域（实心圆）并锚定在该区域上。设想在一个有 N 个样本点的特征空间，初始确定一个中心点，计算在设置半径为 D 的圆形空间内所有的点与中心点的向量，计算整个圆形空间内所有向量的平均值，得到一个偏移均值，再将中心点移动到偏移均值位置，如此重复移动，直到满足一定条件结束。

如果我们将样本空间设计的比点群更有意义，则可以使用均值漂移跟踪来找到场景中感兴趣的对象。例如，如果我们为每个点分配一些值，以用于对象的颜色直方图和与对象大小相同的图像邻域的颜色直方图之间的对应关系，则可以对结果点进行均值漂移以进行跟踪对象。后一种方法通常与均值漂移跟踪相关联。在本示例中，我们将仅使用显著图本身。

均值漂移具有许多应用（例如聚类或寻找概率密度函数的模式），但它也特别适合于目标跟踪。在 OpenCV 中，该算法在 cv2.meanShift 中实现，并接受二维数组（例如，像显著图这样的灰度图像）和窗口（在本例中，我们使用的是对象的边界框）作为输入。它将根据均值漂移算法返回窗口的新位置，具体步骤如下。

（1）修正窗口位置。

（2）计算窗口内数据的平均值。

（3）将窗口移至均值位置并重复移动直到收敛。通过指定终止条件，我们可以控制迭代方法的长度和准确性。

接下来，让我们看看该算法如何（使用边界框）跟踪足球场上的球员。

6.7　自动跟踪足球场上的所有球员

本示例的目标是将显著性检测器与均值漂移算法的跟踪技术结合起来，以自动跟踪足球场上的所有球员。由显著性检测器识别的原型对象将用作均值漂移跟踪器的输入。本示例将使用 Alfheim 数据集的视频序列，该序列可从以下地址免费获得。

http://home.ifi.uio.no/paalh/dataset/alfheim/

结合这两种算法（显著图和均值漂移跟踪）是为了维护不同帧中对象之间的对应信息，以及消除一些误报并提高检测到的对象的准确性。

本示例比较困难的部分是由前面介绍过的 MultiObjectTracker 类及其 advance_frame

方法完成的。当有新帧到达时，都会调用 advance_frame 方法，并接收原型对象和显著图作为输入：

```
def advance_frame(self,
                  frame: np.ndarray,
                  proto_objects_map: np.ndarray,
                  saliency: np.ndarray) -> np.ndarray:
```

此方法涵盖以下步骤。

（1）从 proto_objects_map 创建轮廓，并为面积大于 min_object_area 的所有轮廓找到边界矩形。后者是使用均值漂移算法进行跟踪的候选边界框：

```
    object_contours, _ = cv2.findContours(proto_objects_map, 1, 2)
    object_boxes = [cv2.boundingRect(contour)
                   for contour in object_contours
                   if cv2.contourArea(contour) >
self.min_object_area]
```

（2）这些候选框也可能并不是跟踪整个帧的最佳框。例如，在图 6-10 中我们就看到过，有两个球员彼此靠近，导致他们被单个对象框包围而不是各自一个边界框。因此，我们需要一些方法来选择最适当的边界框。例如，可以考虑一种算法，结合从显著图获得的边界框来分析上一帧跟踪的边界框，从而得出最可能的边界框。

在本示例中，我们将使用一种更简单的方式——如果显著图中的边界框数没有增加，则使用当前帧的显著图跟踪从上一帧到当前帧的边界框，并将其保存为 objcect_boxes：

```
    if len(self.object_boxes) >= len(object_boxes):
        # 如果显著图中的边界框数没有增加
        # 则继续使用 meanshift 跟踪
        object_boxes = [cv2.meanShift(saliency, box,
self.term_crit)[1]
                       for box in self.object_boxes]
        self.num_frame_tracked += 1
```

（3）如果显著图中的边界框数确实增加，则重置跟踪信息，这是跟踪对象并计算对象初始中心的帧数：

```
    else:
        # 重置跟踪
        self.num_frame_tracked = 0
        self.object_initial_centers = [
            (x + w / 2, y + h / 2) for (x, y, w, h) in
object_boxes]
```

（4）保存边界框并在帧上显示跟踪信息（绘制边界框）：

```
self.object_boxes = object_boxes
return self.draw_good_boxes(copy.deepcopy(frame))
```

我们对移动的边界框感兴趣。因此，在跟踪开始时就需要计算每个边界框从其初始位置开始的位移。假设在帧上看起来较大的对象应该移动得更快，所以需要按边界框的宽度对位移进行归一化：

```
def draw_good_boxes(self, frame: np.ndarray) -> np.ndarray:
    # 找到每个对象的总位移长度
    # 并按对象大小进行归一化
    displacements = [((x + w / 2 - cx)**2 + (y + w / 2 - cy)**2)**0.5 / w
                     for (x, y, w, h), (cx, cy)
                     in zip(self.object_boxes,
self.object_initial_centers)]
```

接下来，绘制边界框及其数量，它们的每帧平均位移（或速度）应大于在跟踪器初始化时指定的值。在图 6-10 中我们指出了 3 个错误，其中一个错误是突出显示了白色的球场标线，由于它们是固定不动的，没有位移，因此将不会被绘制边界框，有效消除了这一错误。添加一个小数字是为了在跟踪的第一帧上不出现 0 除：

```
    for (x, y, w, h), displacement, i in zip(
            self.object_boxes, displacements, itertools.count()):
        # 仅绘制具有平均速度的边界框
        if displacement / (self.num_frame_tracked + 0.01) >
self.min_speed_per_pix:
            cv2.rectangle(frame, (x, y), (x + w, y + h),
                          (0, 255, 0), 2)
            cv2.putText(frame, str(i), (x, y),
                        cv2.FONT_HERSHEY_SIMPLEX, 0.5, (255, 255, 255))
    return frame
```

现在，我们已经理解了如何使用均值漂移算法来实现跟踪。这只是众多跟踪方法中的一种。需要指出的是，当对象的尺寸快速变化时（例如，如果某位球员快速接近相机），则均值漂移跟踪可能会特别失败。

对于这种情况，OpenCV 提供了一个不同的算法，即 cv2.CamShift，该算法额外考虑了旋转和大小变化，其中 CAMShift 表示的是连续自适应均值偏移（Continuously Adaptive Mean-Shift）。此外，OpenCV 还提供了一系列可直接使用的跟踪器，这些跟踪器被称为 OpenCV 跟踪 API（OpenCV Tracking API）。第 6.8 节将详细介绍它们。

6.8　了解 OpenCV 跟踪 API

我们在显著图上应用了均值漂移算法来跟踪显著对象。当然，世界上并非所有对象都是显著或与众不同的（例如，像变色龙之类的动物就会竭力让自己变得很“低调”），因此我们不能使用这种方法来跟踪任何对象。如前文所述，我们还可以结合使用 HSV 直方图和均值漂移算法来跟踪对象。后者不需要显著图——如果选择了一个区域，则该方法将尝试在随后的帧中跟踪选定的对象。

本节将创建一个脚本，使用 OpenCV 中可用的跟踪算法来跟踪视频所有帧中的某个对象。所有这些算法都具有相同的 API，并统称为 OpenCV 跟踪 API（OpenCV Tracking API）。这些算法将跟踪单个对象，一旦向算法提供了初始边界框，它将尝试在随后的所有帧中保持该边界框的新位置。当然，我们也可以通过为每个对象创建一个新的跟踪器来跟踪视频场景中的多个对象。

首先，导入将要使用的库并定义常量：

```
import argparse
import time

import cv2
import numpy as np

# 定义常量
FONT = cv2.FONT_HERSHEY_SIMPLEX
GREEN = (20, 200, 20)
RED = (20, 20, 255)
```

OpenCV 当前具有 8 个内置跟踪器。可定义所有跟踪器的构造函数的映射：

```
trackers = {
    'BOOSTING': cv2.TrackerBoosting_create,
    'MIL': cv2.TrackerMIL_create,
    'KCF': cv2.TrackerKCF_create,
    'TLD': cv2.TrackerTLD_create,
    'MEDIANFLOW': cv2.TrackerMedianFlow_create,
    'GOTURN': cv2.TrackerGOTURN_create,
    'MOSSE': cv2.TrackerMOSSE_create,
    'CSRT': cv2.TrackerCSRT_create
}
```

我们的脚本应该能够接收跟踪器的名称和视频路径作为参数。为了实现这一点，可创建一些参数，设置其默认值，然后使用先前导入的 argparse 模块进行解析：

```
# 解析参数
parser = argparse.ArgumentParser(description='Tracking API demo.')
parser.add_argument(
    '--tracker',
    default="KCF",
    help=f"One of {trackers.keys()}")
parser.add_argument(
    '--video',
    help="Video file to use",
    default="videos/test.mp4")
args = parser.parse_args()
```

然后，确保存在这样的跟踪器，并尝试从指定的视频中读取第一帧。

现在我们已经设置了脚本并可以接收参数，接下来要做的是实例化跟踪器。

（1）使脚本不区分大小写并检查所传递的跟踪器是否存在：

```
tracker_name = args.tracker.upper()
assert tracker_name in trackers, f"Tracker should be one of
{trackers.keys()}"
```

（2）打开视频并读取第一帧。如果无法读取视频，则中断脚本：

```
video = cv2.VideoCapture(args.video)
assert video.isOpened(), "Could not open video"
ok, frame = video.read()
assert ok, "Video file is not readable"
```

（3）使用边界框选择一个感兴趣的区域，以便在整个视频中进行跟踪。OpenCV 为此提供了一个基于用户界面的实现：

```
bbox = cv2.selectROI(frame, False)
```

调用此方法后，将出现一个用户界面，你可以在其中选择一个框。按 Enter 键后，将返回所选边界框的坐标。

（4）使用第一帧和选定的边界框启动跟踪器：

```
tracker = trackers[tracker_name]()
tracker.init(frame, bbox)
```

现在，我们已经有了一个跟踪器的实例，该实例从第一帧开始选择了一个感兴趣的边界框。我们将使用下一帧更新该跟踪器，以找到边界框中对象的新位置。还可以使用 time 模块估算所选跟踪算法的每秒帧数（Frames Per Second，FPS）：

```
for ok, frame in iter(video.read, (False, None)):
    # 秒数
    start_time = time.time()
    # 更新跟踪器
    ok, bbox = tracker.update(frame)
    # 计算 FPS
    fps = 1 / (time.time() - start_time)
```

至此，所有计算均已完成。现在可以显示每次迭代的结果：

```
if ok:
    # 绘制边界框
    x, y, w, h = np.array(bbox, dtype=np.int)
    cv2.rectangle(frame, (x, y), (x + w, y + w), GREEN, 2, 1)
else:
    # 跟踪失败
    cv2.putText(frame, "Tracking failed", (100, 80), FONT, 0.7, RED, 2)
cv2.putText(frame, f"{tracker_name} Tracker",
            (100, 20), FONT, 0.7, GREEN, 2)
cv2.putText(frame, f"FPS : {fps:.0f}", (100, 50), FONT, 0.7, GREEN, 2)
cv2.imshow("Tracking", frame)
# 按 Esc 键退出
if cv2.waitKey(1) & 0xff == 27:
    break
```

如果算法返回了边界框，则在帧上绘制该边界框；否则，说明跟踪失败，这意味着所选算法无法在当前帧中找到对象。

此外，我们还可以在帧上输入跟踪器的名称和当前 FPS。

你可以使用不同算法在不同视频上运行此脚本，以了解算法的行为，尤其是它们如何处理遮挡、快速移动的对象以及外观变化很大的对象。在尝试了这些算法之后，你可能会有兴趣阅读算法的原始论文以了解实现细节。

为了使用这些算法跟踪多个对象，OpenCV 还提供了方便的包装器类，该类可将跟踪器的多个实例组合在一起并同时更新它们。要使用该类，首先需创建该类的实例：

```
multiTracker = cv2.MultiTracker_create()
```

接下来，为每个感兴趣的边界框创建一个新的跟踪器（在这种情况下为 MIL 跟踪器），并将其添加到 multiTracker 对象中：

```
for bbox in bboxes:
    multiTracker.add(cv2.TrackerMIL_create(), frame, bbox)
```

最后，使用新帧更新 multiTracker 对象以获得边界框的新位置：

```
success, boxes = multiTracker.update(frame)
```

对于喜欢实践的读者，可以使用本章介绍的一种跟踪器替换上述应用程序中的均值漂移跟踪算法，以此来跟踪显著对象。你可以将它作为一项练习，将 multiTracker 与其中一个跟踪器一起使用，以更新原型对象边界框的位置。

6.9 综 合 演 练

综合使用本章介绍的技巧，运行应用程序的结果如图 6-12 所示。

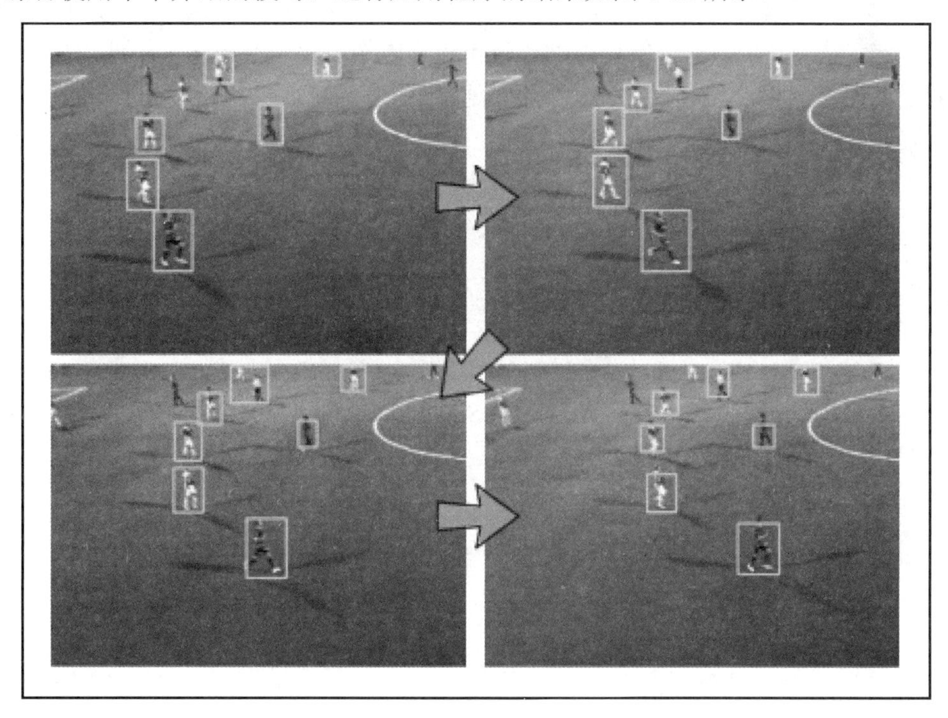

图 6-12　综合演练示例

在整个视频序列中，该算法能够比较准确地获取球员的位置，并通过均值漂移跟踪算法成功地逐帧跟踪他们。

6.10 小　　结

本章探索了一种标记视觉场景中感兴趣对象的方法，即使它们的形状和数量未知，也可以标记。我们使用傅里叶分析探索了自然图像统计数据，并实现了一种在自然场景中提取视觉显著区域的方法。此外，我们还将显著性检测器的输出与跟踪算法结合在一起，以跟踪足球比赛视频序列中形状和数量未知的多个对象。

我们介绍了 OpenCV 中可用的其他更复杂的跟踪算法，你可以使用它们替换应用程序中的均值漂移跟踪算法，甚至创建自己的应用程序。当然，也可以使用先前研究的技术（例如特征匹配或光流）替换均值漂移跟踪器。

在第 7 章中，我们将转到机器学习领域，构建更为强大的对象描述子。具体来说，我们将重点关注图像中交通标志的检测（解决交通标志在哪里的问题）和识别（解决交通标志内容的问题）。这将使我们能够训练可以在汽车的仪表板摄像头中使用的分类器，并使我们熟悉机器学习和对象识别的重要概念。

6.11 数据集许可

Soccer video and player position dataset（足球比赛视频和运动员位置数据集），S. A. Pettersen, D. Johansen, H. Johansen, V. Berg- Johansen, V. R. Gaddam, A. Mortensen, R. Langseth, C. Griwodz, H. K. Stensland, and P. Halvorsen, in Proceedings of the International Conference on Multimedia Systems (MMSys), Singapore, March 2014, pp. 18-23.

第 7 章　识别交通标志

在前面的章节中，我们研究了如何通过关键点和特征来描述对象，以及如何在同一对象的两幅不同图像中找到对应点。但是，在识别现实环境中的对象并将其分配给概念类别时，之前介绍的方法其实是很受限的。例如，在第 2 章“深度传感器和手势识别”中，图像中所需的对象是一只手，并且必须将其放在屏幕中央。如果可以取消这些限制，在任何场景中都可以识别出手形，岂不是更好？

本章的目的是训练一个多类分类器（Multiclass Classifier）以识别交通标志。

本章将涵盖以下主题。

- 规划应用程序。
- 监督学习概念简介。
- 了解德国交通标志识别基准（German Traffic Sign Recognition Benchmark，GTSRB）数据集。
- 了解数据集特征提取。
- 了解支持向量机（Support Vector Machine，SVM）。
- 综合演练。
- 使用神经网络改善结果。

本章将介绍如何将机器学习模型应用于解决实际问题。你将了解到如何将可用数据集用于训练模型，还将学习如何使用 SVM 进行多类分类，以及如何训练、测试和改进 OpenCV 提供的机器学习算法以实现实际任务。

我们将训练 SVM 识别各种交通标志。尽管 SVM 是二元分类器——也就是说，它们最多可用于学习两个类别（如正负、动物和非动物等），但它们可以扩展以用于多类分类。为了获得良好的分类性能，我们将探索许多颜色空间以及方向梯度直方图（Histogram of Oriented Gradients，HOG）功能。最终结果将是一个分类器，它可以按非常高的准确率识别数据集中 40 多个不同的交通标志。

如果你想让与视觉相关的应用程序更加智能，则掌握机器学习的基础知识非常有用。本章将教给你有关机器学习的基础知识，后面几章将以本章为基础。

首先我们将介绍本章操作所需的准备工作。

7.1　准备工作

本章示例中的德国交通标志识别基准（GTSRB）数据集可从以下网址免费获得：

http://benchmark.ini.rub.de/?section=gtsrb&subsection=dataset

在以下 GitHub 存储库中可以找到本章提供的代码：

https://github.com/PacktPublishing/OpenCV-4-with-Python-Blueprints-Second-Edition/tree/master/chapter7

7.2　规划应用程序

为了得到这样一个多类分类器（可以区分数据集中的 40 多个不同的交通标志），需要执行以下步骤。

（1）预处理数据集：我们需要一种加载数据集、提取感兴趣区域并将数据拆分为适当的训练和测试集的方法。

（2）提取特征：原始像素值可能并不是信息含义最丰富的数据表示形式。我们需要一种从数据中提取有意义的特征的方法，例如基于不同颜色空间和 HOG 的特征。

（3）训练分类器：使用一对多（One-versus-All）策略在训练数据上训练多分类器。

（4）为分类器评分：通过计算不同的性能指标（如准确率、精确度和召回率）来评估经过训练的整体分类器的质量。

在接下来的各节中详细讨论所有这些步骤。

最终的应用程序将解析数据集、训练集成分类器、评估其分类性能，并可视化结果。这将需要以下组件。

（1）main：启动应用程序所需的 main 函数例程（在 chapter7.py 中）。

（2）datasets.gtsrb：这是用于解析 GTSRB 数据集的脚本。该脚本包含以下函数。

- load_data：此函数用于加载 GTSRB 数据集，提取所选特征并将数据分为训练集和测试集。
- *_featurize、hog_featurize：这些函数将传递给 load_data，以从数据集中提取所选特征。示例函数如下。
  - gray_featurize：这是一个基于灰度像素值创建特征的函数。

➢ surf_featurize：这是一个基于 Speeded-Up-Robust Features（SURF）创建特征的函数。

分类性能将根据准确率（Accuracy）、精确率（Precision）和召回率（Recall）进行判断。以下各节将详细解释所有这些术语。

7.3　监督学习概念简介

机器学习的一个重要子领域是监督学习（Supervised Learning）。在监督学习中，我们将尝试从一组已标记的数据中学习——也就是说，每个数据样本都具有所需的目标值或真实的输出值。这些目标值可以对应于函数的连续输出（如 y=sin(x)中的 y），也可以对应于更抽象和离散的类别（如猫或狗）。

监督学习算法可使用已经标记的训练数据，对其进行分析，并生成从特征到标记的映射推断函数，用于映射新示例。理想情况下，推断的算法将很好地泛化并为新数据提供正确的目标值。

我们将监督学习任务分为两类。

- 如果要处理连续的输出（如下雨的概率），则该过程称为回归（Regression）。
- 如果要处理离散的输出（如动物的种类），则该过程称为分类（Classification）。

本章将重点关注 GTSRB 数据集的图像标签分类问题，我们将使用一种称为 SVM 的算法来推断图像及其标签之间的映射函数。

首先，让我们了解一下机器学习如何使机器具有像人一样学习的能力。机器像一个学生一样，也是可以训练的。

7.3.1　训练过程

例如，我们可能想要了解猫和狗的模样。为了使它成为一项有监督的学习任务，首先，必须将其作为一个具有分类答案或实值答案的问题。

以下是一些问题示例。

- 图片中显示了哪种动物？
- 图片中有猫吗？
- 图片中有狗吗？

之后，我们必须收集示例图片及其相应的正确答案，这就是训练数据（Training Data）。

然后，我们必须选择一种学习算法，并开始以某种方式调整其参数，以便算法通过训练数据分辨出正确的答案。

我们可以重复此过程，直至对程序（学习者）在训练数据上的表现或得分（可能是准确率、精确率或其他损失函数）感到满意为止。如果不满意，则可以修改算法的参数，以随着时间的推移提高分数。

图 7-1 简要描述了此过程。

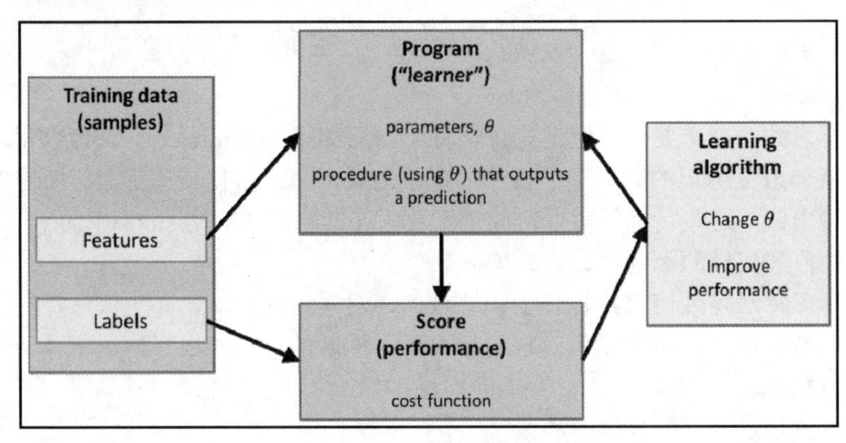

图 7-1　训练过程

原　文	译　文
Training data (samples)	训练数据（样本）
Features	特征
Labels	标记
Program ("learner")	程序（学习者）
parameters,θ	参数 θ
Procedure (using θ) that outputs a prediction	输出预测的过程（使用 θ）
Score (performance)	评分（性能）
cost function	成本函数
Learning algorithm	学习算法
Change θ	修改 θ
Improve performance	改进性能

在图 7-1 中，训练数据由一组特征表示。对于现实生活中的分类任务，这些特征很少是图像的原始像素值，因为它们往往无法很好地表示数据。一般来说，查找最能描述数据的特征的过程是整个学习任务的重要组成部分，它也称为特征选择（Feature Selection）或特征工程（Feature Engineering）。

这就是在建立分类器之前需要深入研究正在使用的训练集的统计数据和外观的原因。

你可能已经意识到，在机器学习过程中，需要有学习者（Learner）、损失函数（Cost Function）和学习算法（Learning Algorithm）的参与。这些元素构成了学习过程的核心。学习者（如线性分类器或 SVM）定义如何将输入特征转换为评分函数（如均方误差），而学习算法（如梯度下降算法）则定义学习者的参数如何随着时间的推移而发生改变。

分类任务中的训练过程也可以认为是要找到合适的决策边界（Decision Boundary），这是一条将训练集分为两个子集的线，每个分类一个子集。例如，训练样本可以仅具有两个特征（x 和 y 值）和相应的分类标签正（+）和负（-）。

在训练过程开始时，分类器会尝试画一条线以将所有肯定词与所有否定词分开。随着训练的进行，分类器会看到越来越多的数据样本。这些都可用于更新决策边界，如图 7-2 所示。

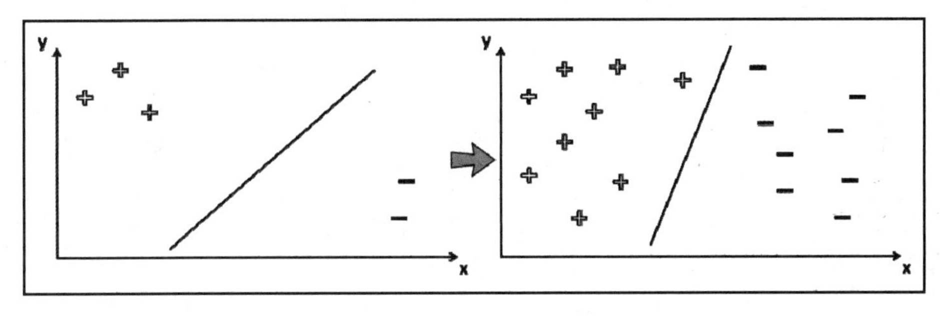

图 7-2　分类任务中的训练过程其实就是要找到合适的决策边界

与此简单图示相比，SVM 试图在高维空间中找到最佳决策边界，因此其决策边界可能比直线更复杂。

接下来，我们将介绍测试过程。

7.3.2　测试过程

为了使训练之后的分类器具有任何实用价值，我们需要知道将其应用到从未见过的数据样本时的表现。分类器依据训练时采用的数据，针对以前未见过的新数据做出正确预测的能力称为泛化（Generalization）。

仍以前面提到的任务为例，测试过程就是我们给分类器提供它先前未曾见过的猫狗图片，然后由它对图片进行分类。

如图 7-3 所示，测试过程就是基于模型在训练阶段中学习到的决策边界，预测问号（?）属于哪个分类。

从图 7-3 中，你应该理解为什么这是一个棘手的问题。如果问号（?）的位置在左侧，则基本上可以确定相应的类标签为正（+）。

但是，在目前这种情况下，有若干种绘制决策边界的方式，都可以使所有正（+）号都位于左侧，而所有负（-）号都位于右侧，如图 7-4 所示。

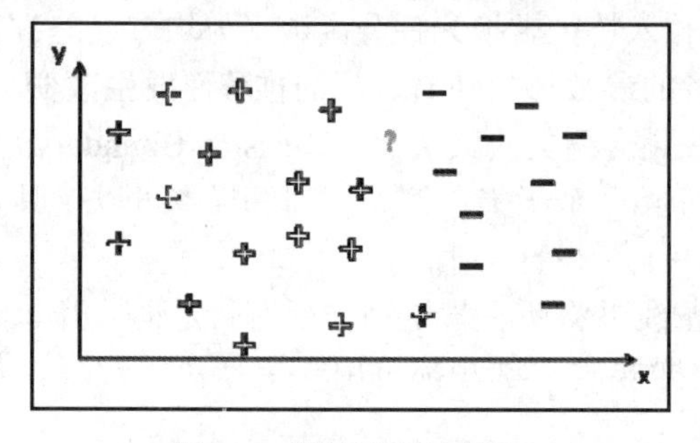

图 7-3　测试过程示意图

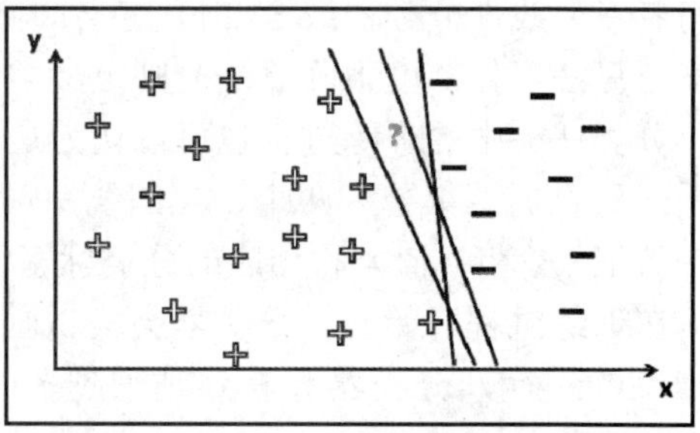

图 7-4　不同的决策边界

因此，问号（?）的标签取决于训练过程中得出的确切决策边界。如果图 7-4 中的问号（?）实际上是一个负（-）号，那么只有一个决策边界是正确的（也就是最左侧那根直线）。一个普遍的问题是，训练出来的决策边界在训练集上表现很好，但是在测试集上会出现很多错误，这种现象称为过拟合（Overfitting）。

这种情况很可能是由于学习模型所获得的决策边界铭记了特定于训练集的细节，而没有揭示数据的一般属性，所以在预测未见数据时表现不佳。

注意：

减少过拟合影响的常用技术称为正则化（Regularization）。

简而言之，训练的关键就是要找到最佳的决策边界，我们要求该决策边界不仅可以很好地在训练集上进行分类，也可以很好地在测试集上分类。这就是为什么说分类器最重要的度量标准是其泛化性能（也就是说，如何对训练阶段未看到的数据进行分类）。

为了将分类器应用于交通标志识别，我们还需要一个合适的数据集。本章选择的是德国交通标志识别基准（GTSRB）数据集，这是一个很不错的数据集。接下来就让我们先了解一下它。

7.4　探索 GTSRB 数据集

GTSRB 数据集包含超过 50000 个属于 43 个类别的交通标志图像。

在 2011 年国际神经网络联合会议（International Joint Conference on Neural Networks，IJCNN）上，专业人士在分类挑战中使用了此数据集。GTSRB 数据集庞大、组织有序、开源且带有注释，对于我们的目的而言是完美的。

尽管实际的交通标志不一定是正方形或在每个图像的中心，但是该数据集带有一个注释文件，该文件指定了每个标志的边界框。

在进行任何形式的机器学习之前，最好能够对数据集的质量和问题有所了解。比较好的做法是手动浏览数据并了解数据的某些特征，阅读数据说明（如果页面上有相关数据说明），以了解哪种学习模型可能效果最好。

以下显示了 data/gtsrb.py 文件中的一个片段，它可以加载并绘制训练数据集的随机 15 个样本，并执行 100 次，因此可以对数据进行分页：

```
if __name__== '__main__':
    train_data, train_labels = load_training_data(labels=None)
    np.random.seed(75)
    for _ in range(100):
        indices = np.arange(len(train_data))
        np.random.shuffle(indices)
        for r in range(3):
            for c in range(5):
                i = 5 * r + c
                ax = plt.subplot(3, 5, 1 + i)
                sample = train_data[indices[i]]
                ax.imshow(cv2.resize(sample, (32, 32)), cmap=cm.Greys_r)
                ax.axis('off')
        plt.tight_layout()
        plt.show()
        np.random.seed(np.random.randint(len(indices)))
```

另一个很好的策略是对 43 个分类的每一个分类绘制 15 个样本，并查看给定分类的图像变化。图 7-5 显示了此数据集的一些示例。

图 7-5　数据集示例

即使从这个很小的数据样本也可以看出，对于任何种类的分类器而言，这都是一个具有挑战性的数据集。交通标志的外观会根据视角（方向）、观看距离（模糊程度）和照明条件（阴影和亮点）而发生巨大变化。

可以看到，其中一些标志（例如第三行的第二个标志），即使对于人类而言，也很难立即说出正确的分类标签。对于机器学习专家来说，这是一项挑战，也是一件好事。

接下来让我们了解一下如何解析数据集，以便转换为适合支持向量机（Support Vector Machine，SVM）进行训练的格式。

7.5　解析数据集

德国交通标志识别基准（GTSRB）数据集包含 21 个可以免费下载的文件。我们将选择使用原始数据并下载官方训练数据。

- 用于训练的图像和注解（GTSRB_Final_Training_Images.zip）。
- 在 IJCNN 2011 竞赛中使用的官方训练数据集——用于评分的图像和注解（GTSRB -Training_fixed.zip）

图 7-6 显示了 GTSRB 数据集中的文件。

我们选择分别下载训练和测试数据，而不是从其中一个数据集构建我们自己的训练/测试数据，因为在探索数据之后，我们发现通常有 30 幅相同交通标志的图像（只是距离不同）看起来非常相似。因此，即使模型的通用性不够好，将这 30 幅图像放在不同的数据集中也可以解决问题，并能取得很好的结果。

以下代码是从哥本哈根大学数据档案库下载数据的函数：

```
ARCHIVE_PATH =
'https://sid.erda.dk/public/archives/daaeac0d7ce1152aea9b61d9f1e19370/'

def _download(filename, *, md5sum=None):
    write_path = Path(__file__).parent / filename
    if write_path.exists() and _md5sum_matches(write_path, md5sum):
        return write_path
    response = requests.get(f'{ARCHIVE_PATH}/{filename}')
    response.raise_for_status()
    with open(write_path, 'wb') as outfile:
        outfile.write(response.content)
    return write_path
```

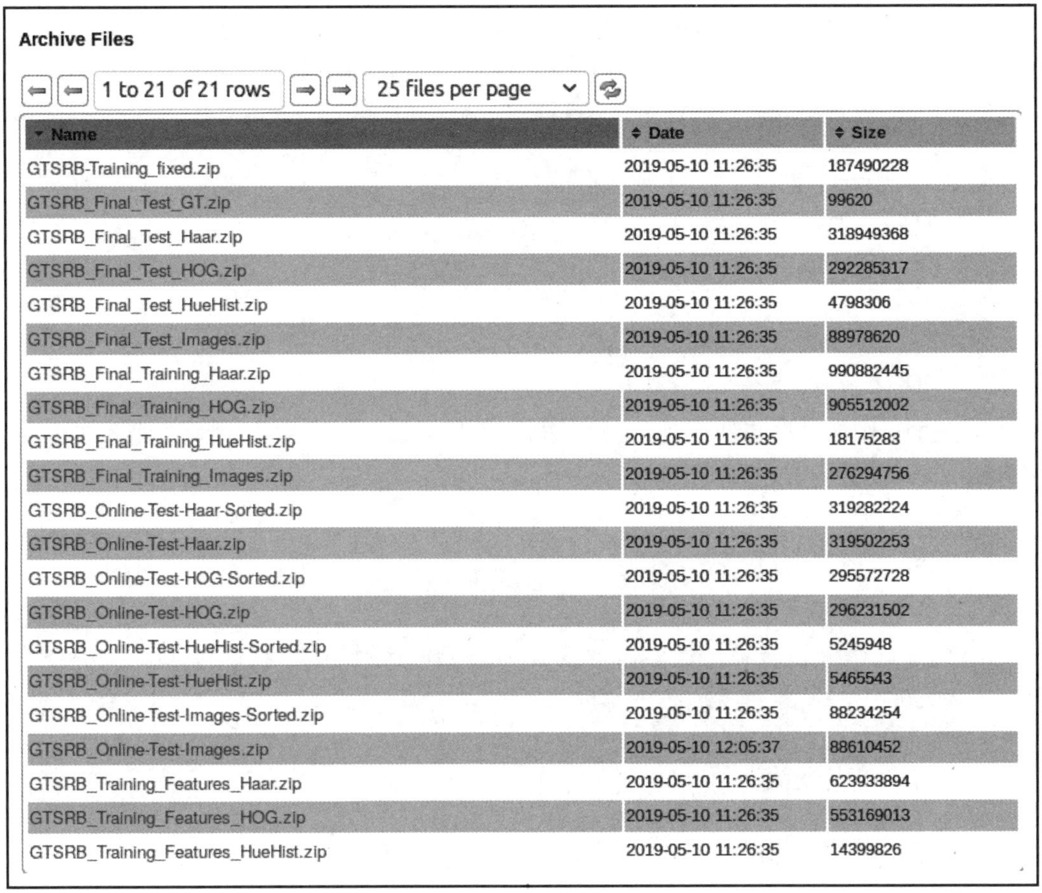

Archive Files

1 to 21 of 21 rows　25 files per page

Name	Date	Size
GTSRB-Training_fixed.zip	2019-05-10 11:26:35	187490228
GTSRB_Final_Test_GT.zip	2019-05-10 11:26:35	99620
GTSRB_Final_Test_Haar.zip	2019-05-10 11:26:35	318949368
GTSRB_Final_Test_HOG.zip	2019-05-10 11:26:35	292285317
GTSRB_Final_Test_HueHist.zip	2019-05-10 11:26:35	4798306
GTSRB_Final_Test_Images.zip	2019-05-10 11:26:35	88978620
GTSRB_Final_Training_Haar.zip	2019-05-10 11:26:35	990882445
GTSRB_Final_Training_HOG.zip	2019-05-10 11:26:35	905512002
GTSRB_Final_Training_HueHist.zip	2019-05-10 11:26:35	18175283
GTSRB_Final_Training_Images.zip	2019-05-10 11:26:35	276294756
GTSRB_Online-Test-Haar-Sorted.zip	2019-05-10 11:26:35	319282224
GTSRB_Online-Test-Haar.zip	2019-05-10 11:26:35	319502253
GTSRB_Online-Test-HOG-Sorted.zip	2019-05-10 11:26:35	295572728
GTSRB_Online-Test-HOG.zip	2019-05-10 11:26:35	296231502
GTSRB_Online-Test-HueHist-Sorted.zip	2019-05-10 11:26:35	5245948
GTSRB_Online-Test-HueHist.zip	2019-05-10 11:26:35	5465543
GTSRB_Online-Test-Images-Sorted.zip	2019-05-10 11:26:35	88234254
GTSRB_Online-Test-Images.zip	2019-05-10 12:05:37	88610452
GTSRB_Training_Features_Haar.zip	2019-05-10 11:26:35	623933894
GTSRB_Training_Features_HOG.zip	2019-05-10 11:26:35	553169013
GTSRB_Training_Features_HueHist.zip	2019-05-10 11:26:35	14399826

图 7-6　数据集探索

上述代码使用了具体文件名（你可以从图 7-6 中查看文件及其名称），并检查文件是否已存在，检查 md5sum 是否匹配（如果提供了的话）。

由于不必一次又一次下载文件，因此这节省了大量带宽和时间。下载的文件将存储在与包含代码的文件相同的目录中。

说明：

注解格式可以在以下页面中查看：

http://benchmark.ini.rub.de/?section=gtsrbsubsection=dataset#Annotationformat。

在下载文件之后，我们可以编写一个函数，使用数据提供的注解格式解压缩并提取数据，具体如下所示：

（1）打开已下载的.zip 文件（可以是训练数据或测试数据），然后迭代所有文件，仅打开.csv 文件，这些 csv 文件包含相应类中每幅图像的目标信息。具体代码如下所示：

```
def _load_data(filepath, labels):
    data, targets = [], []

    with ZipFile(filepath) as data_zip:
        for path in data_zip.namelist():
            if not path.endswith('.csv'):
                continue
            # 仅迭代注解文件
            ...
```

（2）检查图像的标签是否在我们感兴趣的 labels 数组中。然后，创建一个 csv.reader，它将遍历.csv 文件内容，如下所示：

```
        ...
        # 仅迭代注释文件
        *dir_path, csv_filename = path.split('/')
        label_str = dir_path[-1]
        if labels is not None and int(label_str) not in labels:
            continue
        with data_zip.open(path, 'r') as csvfile:
            reader = csv.DictReader(TextIOWrapper(csvfile),
delimiter=';')
            for img_info in reader:
                ...
```

（3）文件的每一行都包含一个数据样本的注解。因此，我们将提取图像路径、读取数据，并将其转换为 NumPy 数组。一般来说，这些样本中的交通标志并不是完美裁剪的，而是嵌入其周边环境中。我们可使用档案中提供的边界框信息裁剪图像，每个标签都有一个.csv 文件。在以下代码中，我们将交通标志添加到 data，将标签添加到 targets：

```
img_path = '/'.join([*dir_path, img_info['Filename']])
raw_data = data_zip.read(img_path)
img = cv2.imdecode(np.frombuffer(raw_data, np.uint8), 1)

x1, y1 = np.int(img_info['Roi.X1']),
np.int(img_info['Roi.Y1'])
x2, y2 = np.int(img_info['Roi.X2']),
np.int(img_info['Roi.Y2'])
```

```
data.append(img[y1: y2, x1: x2])
targets.append(np.int(img_info['ClassId']))
```

一般来说，最好能执行某种形式的特征提取，因为原始图像数据很少是对数据的最佳描述。这项工作可由另一个函数执行，下文将详细讨论。

如前文所述，用于训练分类器的样本和用于测试分类器的样本必须分开。以下代码段即显示了两个不同的函数，它们可以下载训练和测试数据并将其加载到内存中：

```
def load_training_data(labels):
    filepath = _download('GTSRB-Training_fixed.zip',
                         md5sum='513f3c79a4c5141765e10e952eaa2478')
    return _load_data(filepath, labels)

def load_test_data(labels):
    filepath = _download('GTSRB_Online-Test-Images-Sorted.zip',
                         md5sum='b7bba7dad2a4dc4bc54d6ba2716d163b')
    return _load_data(filepath, labels)
```

现在我们已经知道了如何将图像转换为 NumPy 矩阵，可以继续进行更有趣的部分，即将数据输入 SVM 并对其进行训练以进行预测。

接下来，我们将讨论特征提取。

7.6　了解数据集特征提取

正如我们在本书第 3 章“通过特征匹配和透视变换查找对象”中已经认识到的那样，原始像素值可能并不是表示数据的信息最丰富的方式。相反，我们需要导出数据的可测量属性，以便为分类提供更多信息。

当然，一般来说，我们并不清楚哪项特征包含的信息最丰富。因此，有必要尝试各种不同的特征，直至找到合适的特征。毕竟，特征的选择可能在很大程度上取决于要分析的特定数据集或要执行的特定分类任务。

例如，如果必须区分禁令标志（Stop Sign）和警告标志（Warning Sign），则最鲜明的特征可能是标志的形状或配色方案（禁令标志颜色为白底、红圈、红杠、黑图案、图案压杠，形状为圆形、八角形、顶角朝下的等边三角形；警告标志颜色为黄底、黑边、黑图案，形状为顶角朝上的等边三角形）。但是，如果你必须区分两个警告标志，那么颜色和形状可能无法为你提供帮助，这时你需要提供更复杂的特征。

为了演示特征的选择如何影响分类性能，我们将重点关注以下方面。

- 一些简单的颜色转换。例如灰度图（Grayscale）模式、RGB 模式、HSV 模式（H 表示 Hue 色相，S 表示 Saturation 饱和度，V 表示 Value 值）。基于灰度图像的分类将为分类器提供一些基准性能，而 RGB 模式则要好一些，因为某些交通标志的配色方案对于准确识别有很大作用，使用灰度图会导致性能下降。

  HSV 模式则有望提供更好的性能。这是因为它代表的颜色比 RGB 更可靠。交通标志往往具有非常明亮而饱和的颜色（理想情况下），与周围环境完全不同。
- 加速稳健特征（Speeded-Up Robust Features，SURF）：现在你应该对该算法非常熟悉。在前面的章节中已经介绍过，SURF 是一种从图像中提取有意义特征的强大而有效的方法。因此，在分类任务中可以利用这项技术。
- 方向梯度直方图（Histogram of Oriented Gradients，HOG）：到目前为止，这是本章要考虑的最高级的特征描述子。该技术可计算沿图像上排列的密集网格出现的梯度方向，非常适合与 SVM 一起使用。

特征提取由 data/process.py 文件中的函数执行，我们将从该文件中调用不同的函数来构造和比较不同的特征。

这是一个不错的计划，如果你遵循它，那么它将使你能够轻松编写自己的特征标准化函数并与我们的代码一起使用，并比较 your_featurize 函数是否会产生更好的结果：

```
def your_featurize(data: List[np.ndarry], **kwargs) -> np.ndarray:
    ...
```

*_featurize 函数可获取图像列表并返回一个矩阵（作为二维 np.ndarray），其中每一行是一个新样本，而每一列则代表一个特征。

注意：

对于以下大多数特征，我们将在 OpenCV 中使用（已经很合适的）默认参数。当然，这些值并不是一成不变的，即使在现实世界的分类任务中，一般来说也有必要在所谓的超参数探索（Hyperparameter Exploration）过程中搜索可能的值范围，以获得更好的特征提取和特征学习参数。

现在我们已经知道了需要做什么，接下来不妨了解一下特征化标准函数（Featurization Function）以及一些新概念。

7.6.1　理解常见的预处理

在讨论新内容之前，让我们花些时间研究一下两种最常见的预处理形式，它们几乎总是应用于机器学习任务之前的任何数据，这两种预处理即均值减法（Mean Subtraction）和归一化（Normalization）。

均值减法是最常见的预处理形式，有时也称为零中心化（Zero Centering）或去均值化（De-meaning）。在实际应用中，其具体做法是：首先计算每一个维度（特征）上数据的均值（使用全体数据计算），然后在每一个维度上都减去该均值。

这实际上是特征标准化（Featurization）的第一个步骤。特征标准化可使数据的每一个维度具有零均值和单位方差（自然图像一般仅需执行图像零均值化，而不需要估计样本的方差）。在使用支持向量机（SVM）时，特征标准化常被建议用作预处理的一部分。

特征标准化的第二个步骤是归一化。归一化的具体方式是在数据的每一个维度上除以该维度上数据的标准差，或者也可以将每个维度缩放到[-1, 1]的范围。

仅当你有理由相信不同的输入特征具有不同的比例或单位时，才需要应用此步骤。对于图像来说，像素的相对比例已经大约相等（并且在[0, 255]的范围），因此不一定要严格执行此附加预处理步骤。

理解了这两个概念，接下来让我们看一下特征提取器。

7.6.2　了解灰度特征

最容易提取的特征可能是每个像素的灰度值。通常而言，灰度值不能很好地指示它们所描述的数据，但是为演示起见，我们还是有必要了解一下它。

对于输入数据集中的每幅图像，可执行以下步骤。

（1）调整所有图像的大小以使它们具有相同的尺寸（一般来说要设置得小一些）。可使用 scale_size = (32, 32)来确保图像不会变得太小。同时，我们也希望数据足够小，以便能在 PC 机上处理。可以使用以下代码来做到这一点：

```
resized_images = (cv2.resize(x, scale_size) for x in data)
```

（2）将图像转换为灰度图（值仍在 0～255 的范围），如下所示：

```
gray_data = (cv2.cvtColor(x, cv2.COLOR_BGR2GRAY) for x in
resized_images)
```

（3）将图像的每个像素值转换到(0, 1)的范围并展平，因此，现在我们获得的不是一个(32, 32)大小的矩阵，而是一个大小为 1024 的向量，如下所示：

```
scaled_data = (np.array(x).astype(np.float32).flatten() / 255 for x
in gray_data)
```

（4）减去展平后矢量的平均像素值，如下所示：

```
return np.vstack([x - x.mean() for x in scaled_data])
```

我们将使用返回的矩阵作为机器学习算法的训练数据。

现在让我们来看看，如果使用信息更丰富的颜色，结果会如何？

7.6.3　理解色彩空间

在色彩空间中，你可能会发现一些原始灰度值无法捕获的信息。交通标志通常具有不同的配色方案，并且可能指示其试图传达的信息（例如，红色表示禁令标志，黄色表示警告标志，蓝色表示指示标志，绿色表示指路标志等）。我们可以选择使用 RGB 图像作为输入。在本示例中，由于数据集已经是 RGB 模式，因此无须执行任何操作。

当然，即使 RGB 可能也无法提供足够的信息。例如，在明媚阳光之下的停车牌可能看起来非常明亮和清晰，但是在下雨或有大雾的日子里，它的颜色就可能显得不那么鲜明。因此，更好的选择可能是 HSV 颜色空间，如前文所述，该颜色空间使用色相、饱和度和值（或亮度）表示颜色。

在 HSV 颜色空间中，交通标志的最明显特征可能是色相（从感知上来说，色相与颜色或色度的关系更密切），它提供了更好的区分不同标志类型配色方案的能力。当然，饱和度和亮度值可能同样重要，因为交通标志倾向于使用相对明亮和饱和的颜色，这些颜色通常不会出现在自然场景（即周边环境）中。

在 OpenCV 中，要使用 HSV 颜色空间，仅需调用一次 cv2.cvtColor 即可，其示例代码如下：

```
hsv_data = (cv2.cvtColor(x, cv2.COLOR_BGR2HSV) for x in resized_images)
```

总之，特征标准化与灰度特征几乎相同。对于每幅图像，都可以执行以下 4 个步骤。

（1）调整所有图像的大小以使其具有相同的尺寸（一般来说要设置得小一些）。

（2）将图像转换为 HSV 模式（值在 0～255 的范围）。

（3）将图像的每个像素值转换到(0, 1)的范围并展平。

（4）减去已展平向量的像素平均值。

接下来，让我们看一个使用 SURF 算法的特征提取器示例。

7.6.4　使用 SURF 描述子

在第 3 章“通过特征匹配和透视变换查找对象”中已经介绍过，SURF 描述子是描述尺度不变（Scale Invariant）和旋转度不变（Rotation Invariant）图像的最佳方法之一。那么，在分类任务中可以利用该技术吗？

很高兴你能提出这样的问题（说明你认真思考过）。要使用 SURF 算法，可进行一些调整，以使它能为每幅图像返回固定数量的特征。默认情况下，SURF 描述子仅应用于图像中一小部分感兴趣的关键点，每个关键点的数量可能会有所不同。这不适用于当前目的，因为我们要为每个数据样本找到固定数量的特征值。

在本示例中，我们需要将 SURF 应用于图像上固定密度的网格，为此可以创建一个包含所有像素的关键点数组，如以下代码块所示：

```
def surf_featurize(data, *, scale_size=(16, 16)):
    all_kp = [cv2.KeyPoint(float(x), float(y), 1)
              for x, y in itertools.product(range(scale_size[0]),
                                            range(scale_size[1]))]
```

然后，可以为网格上的每个点获取 SURF 描述子，并将该数据样本附加到我们的特征矩阵中。像以前一样，可以用 hessianThreshold = 400 初始化 SURF，示例如下：

```
surf = cv2.xfeatures2d_SURF.create(hessianThreshold=400)
```

通过以下代码获取关键点和描述子：

```
kp_des = (surf.compute(x, kp) for x in data)
```

由于 surf.compute 具有两个输出参数，因此 kp_des 实际上将是关键点和描述子连接在一起。kp_des 数组中的第二个元素就是我们关心的描述子。

从每个数据样本中选择第一个 num_surf_features，并将其作为图像的特征返回，具体如下所示：

```
return np.array([d.flatten()[:num_surf_features]
                 for _, d in kp_des]).astype(np.float32)
```

接下来，让我们看一下在社区中非常流行的新概念——方向梯度直方图（HOG）。

7.6.5　映射 HOG 描述子

最后要考虑的特征描述子是方向梯度直方图（HOG）。HOG 特征与 SVM 结合使用时效果特别好，特别是在应用于行人识别等任务时。

HOG 特征背后的基本思想是，图像中对象的局部形状和外观可以通过边缘方向的分布来描述。图像被划分为较小的连接区域，在这些区域中，将编译梯度方向（或边缘方向）的直方图。

图 7-7 显示了图片中某个区域的这种直方图。这里的角度是没有方向的，因此其范围为(−180, 180)。

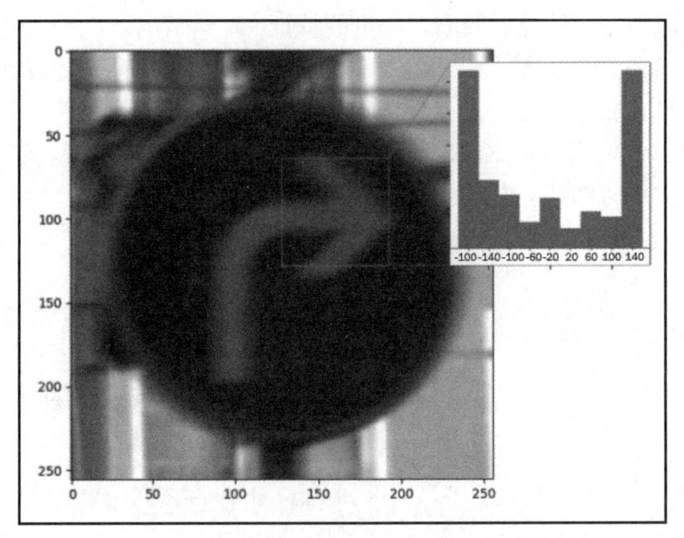

图 7-7　图片中某个区域的方向梯度直方图

可以看到，它在水平方向上有很多边缘方向（角度范围约为+180 度和−180 度），因此这似乎是一个不错的特征，尤其是当我们使用箭头和线条时。

然后，通过连接不同的直方图来组装描述子。为了提高性能，可以对局部直方图进行对比度归一化，从而更好地保持照明和阴影变化的不变性。你会看到为什么这种预处理可能恰好适用于在不同视角和光照条件下识别交通标志。

在 OpenCV 中，可以通过 cv2.HOGDescriptor 轻松访问 HOG 描述子。HOG 将 8×8 的区域作为一个单元格（Cell），再以 2×2 个单元格作为一组，称为块（Block）。HOG 通过滑动窗口的方式来得到 Block 块。

cv2.HOGDescriptor 采用的输入参数包括：检测窗口大小为（32×32），块大小为（16×16），单元格大小为（8×8），单元格步幅（Stride）为（8×8）。

然后，对于这些单元格中的每个单元格，HOG 描述子使用 9 个分箱计算 HOG，具体如下所示：

```
def hog_featurize(data, *, scale_size=(32, 32)):
    block_size = (scale_size[0] // 2, scale_size[1] // 2)
    block_stride = (scale_size[0] // 4, scale_size[1] // 4)
    cell_size = block_stride
    hog = cv2.HOGDescriptor(scale_size, block_size, block_stride,
```

```
                                   cell_size, 9)
    resized_images = (cv2.resize(x, scale_size) for x in data)
    return np.array([hog.compute(x).flatten() for x in resized_images])
```

可以看到，将 HOG 描述子应用于每个数据样本就和调用 hog.compute 一样容易。

提取完所需的所有特征后，我们将为每幅图像返回一个展平的列表。

现在，我们终于准备好在预处理的数据集上训练分类器了。接下来，我们将详细介绍支持向量机（SVM）。

7.7　关于 SVM

支持向量机（SVM）是二元分类（和回归）的算法，它试图通过决策边界将示例划分为两个不同的类标签，以使两个类之间的边距最大化。

让我们回到正负数据样本的示例，每个样本都恰好具有两个特征（x 和 y）以及两个可能的决策边界，如图 7-8 所示。

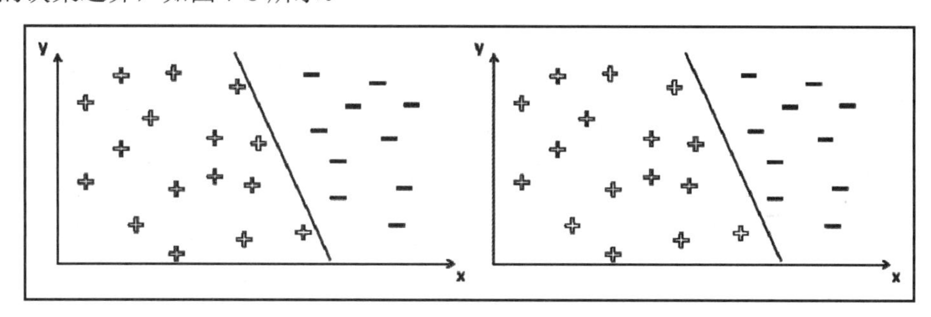

图 7-8　样本示例和决策边界

这两个决策边界都可以正常工作，它们在对所有正样本和负样本进行划分时都没有任何错误。但是，从直觉上看，似乎其中有一条决策边界更好。那么我们如何量化这种“更好”，从而学习最佳的参数设置？

这就是 SVM 可以派上用场的地方。SVM 也被称为最大间隔分类器（Maximal Margin Classifier），因为它们可以用来精确地定义决策边界，以使正（+）和负（−）这两个聚类尽可能地分开，即尽可能远离决策边界。

对于图 7-8 中的示例，SVM 算法将找到两条平行线，这些平行线穿过类边距上的数据点（见图 7-9 中的虚线），然后将这条线（穿过边距的中心）作为决策边界（见图 7-9 中的黑色粗线）。

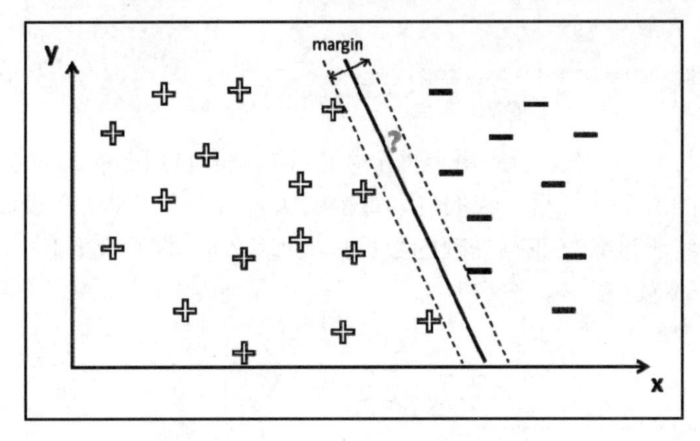

图 7-9　SVM 被称为最大间隔分类器

原　　文	译　　文
margin	间隔

事实证明，要找到最大间隔，仅需考虑位于分类边界上的数据点。这些点有时也称为支持向量（Support Vector）。

注意：

除了执行线性分类（即决策边界为直线时）之外，SVM 还可以使用所谓的核技巧（Kernel Trick）来执行非线性分类，将其输入隐式映射到高维特征空间。

现在，让我们看一下如何将这个二元分类器转换为更适合我们要解决的 43 类分类问题的多类分类器。

7.7.1　使用 SVM 进行多类分类

尽管某些分类算法（如神经网络）可以很自然地使用两个以上的类，但 SVM 本质上是二元分类器。不过，它们也可以变成多类分类器。

我们将考虑以下两种不同的策略。

- 一对多（One-versus-All）：该策略在训练时会将某个类别的样本归为一类，其余样本归为另一类，这样 k 个类别的样本就构造出了 k 个 SVM。分类时则将未知样本分类为具有最大分类函数值的那类。

举例来说，假如有 4 类要划分，分别是猫（C）、狗（D）、鼠（M）、兔（R）。于是在抽取训练集时，按以下方式分别选取 4 个训练集：

① C 所对应的向量作为正集，D、M、R 所对应的向量作为负集。

② D 所对应的向量作为正集，C、M、R 所对应的向量作为负集。

③ M 所对应的向量作为正集，C、D、R 所对应的向量作为负集。

④ R 所对应的向量作为正集，C、D、M 所对应的向量作为负集。

实际上就是自己一类为正集，其余类为负集，k 个类就有 k 个训练集。

使用这 4 个训练集分别进行训练，得到 4 个训练结果文件。测试时将这 4 个训练结果文件应用于对应的测试向量。最后每个测试都有一个结果，最终的结果就是将这 4 个值中最大的一个作为分类结果。

一般来说，此策略与置信度分数结合使用，而不是与预测标签结合使用，以便最终可以选择具有最高置信度分数的类别。

- 一对一（One-versus-One）：该策略在训练时会对每个类别对训练一个分类器，其中第一类的样本为正样本，第二类的样本为负样本。因此对于 k 个类别，此策略需要训练 k * (k−1)/2 个分类器。

仍以上述猫（C）、狗（D）、鼠（M）、兔（R）为例，在训练时可选择 C,D; C,M; C,R; D,M; D,R;M,R 所对应的向量作为训练集（4×3/2=6），得到 6 个训练结果，测试时将这 6 个训练结果文件应用于对应的测试向量，采取投票形式，得到一组结果。

投票过程如下：

```
C=D=M=R=0;
 (C,D)-classifier if C win, then C=C+1; otherwise, D=D+1;
 (C,M)-classifier if C win, then C=C+1; otherwise, M=M+1;
...
 (M,R)-classifier if M win, then M=M+1; otherwise, R=R+1;
The decision is the Max(C,D,M,R)
```

也就是说，最后是通过投票的分数来看分类情况。

一般来说，除非你真的想通过深入研究算法而从模型中榨出最后一点性能，否则就不必编写自己的分类算法。幸运的是，OpenCV 已经提供了一个很好的机器学习工具包，我们将在本章中使用它。OpenCV 使用的是“一对多”的方法，我们将主要讨论该方法。

接下来，让我们看看如何使用 OpenCV 编写代码并获得一些实际结果。

7.7.2　训练 SVM

我们将在单独的函数中编写训练方法；如果以后想要修改训练方法，那么这是一个很好的做法。首先需要定义函数的签名，如下所示：

```
def train(training_features: np.ndarray, training_labels: np.ndarray):
```

该函数带有两个参数（training_features 和 training_labels）以及与每个特征相对应的正确数据类型。在本示例中，第一个参数将是二维 NumPy 数组形式的矩阵，第二个参数将是一维 NumPy 数组。

然后，该函数将返回一个对象，该对象应具有一个 predict 方法，该方法将获取新的未见数据并对其进行标记。因此，让我们看看如何使用 OpenCV 训练 SVM。

将函数命名为 train_one_vs_all_SVM，然后执行以下操作。

（1）使用"一对多"策略创建多类 SVM，使用 cv2.ml.SVM_create 实例化 SVM 类实例，如下所示：

```
def train_one_vs_all_SVM(X_train, y_train):
    svm = cv2.ml.SVM_create()
```

（2）设置模型的超参数。之所以称它们为超参数（Hyperparameters），是因为这些参数不受模型的控制（与模型在学习过程中更改的参数相比）。

使用以下代码完成此操作：

```
svm.setKernel(cv2.ml.SVM_LINEAR)
svm.setType(cv2.ml.SVM_C_SVC)
svm.setC(2.67)
svm.setGamma(5.383)
```

（3）在 SVM 实例上调用 train 方法，OpenCV 负责训练（在使用 GTSRB 数据集的情况下，使用普通笔记本电脑需要花费几分钟的时间），如下所示：

```
svm.train(X_train, cv2.ml.ROW_SAMPLE, y_train)
return svm
```

OpenCV 将负责其余的工作。实际情况是，SVM 训练使用拉格朗日乘数（Lagrange Multipliers）来优化一些约束，这些约束会导致最大间隔的决策边界。

优化过程通常会一直执行，直到满足某些终止条件为止，这些条件可以通过 SVM 的可选参数指定。

在研究了 SVM 的训练之后，接下来让我们看一下它的测试。

7.7.3　测试 SVM

评估分类器的方法有很多，但是最常见的是，我们只对准确率指标感兴趣，即对测试集中的数据样本进行了正确分类。

为了达到这一指标，需要从 SVM 中获取预测结果。OpenCV 提供了 predict 方法，它可以采用特征矩阵作为参数，并返回一个预测标签的数组。

具体操作如下。

（1）对测试数据进行特征标准化：

```
x_train = featurize(train_data)
```

（2）将特征标准化之后的数据发送到分类器，并获得预测的标签，如下所示：

```
y_predict = model.predict(x_test)
```

（3）通过运行以下代码来尝试查看分类器获取了多少个正确标签：

```
num_correct = sum(y_predict == y_test)
```

现在我们已经可以计算模型的性能指标了，下文将详细介绍这些指标。就本章而言，我们选择计算准确率、精确率和召回率。

scikit-learn 机器学习包支持准确率、精确率和召回率这 3 个指标（也支持其他指标），还附带了其他有用的工具。其网址如下：

http://scikit-learn.org

出于本书写作目的（并最大限度地减少软件依赖性），我们将自己推导出这 3 项指标。

7.7.4　准确率

最常见的指标可能就是准确率（Accuracy）。该指标将对已经正确预测的测试样本进行计数，然后将它除以测试样本总数，返回一个百分比值或小数。

举例来说，假设测试集中总共有 100 幅图片，其中 60 幅图片包含猫咪，分类器认为 50 幅图片中包含猫咪，但是认对的只有 40 幅图片（还有 10 幅图片是假阳性），则意味着分类器正确识别了 70 幅图片（40 幅真正包含猫咪的图片和 30 幅真正不包含猫咪的图片），因此其准确率就是 70/100 = 0.7。

准确率代码示例如下：

```
def accuracy(y_predicted, y_true):
    return sum(y_predicted == y_true) / len(y_true)
```

上述代码显示我们通过调用 model.predict(x_test)提取了 y_predicted。这很简单，但是，为了使代码可重用，我们将其放入了采用 predicted 和 true 标签作为参数的函数中。

接下来，我们将实现稍微复杂一些的指标，以更好地评估分类器的性能。

7.7.5 混淆矩阵

混淆矩阵（Confusion Matrix，CM）是大小等于 (num_classes, num_classes) 的 2D 矩阵，其中的行对应于预测的类标签，而列则对应于实际的类标签。然后，[r, c]矩阵元素包含预测为具有标签 r 但实际上具有标签 c 的样本数。

使用混淆矩阵将使我们能够计算精确度和召回率。

现在，让我们实现一种非常简单的方法来计算混淆矩阵。和准确率指标一样，我们也可以创建一个使用相同参数的函数，以方便代码重用。请执行以下操作。

（1）假设我们的标签是非负整数，要计算 num_classes，可以采用最高整数和加 1 来表示零，如下所示：

```
def confusion_matrix(y_predicted, y_true):
    num_classes = max(max(y_predicted), max(y_true)) + 1
    ...
```

（2）实例化一个空矩阵，在其中填充计数，如下所示：

```
conf_matrix = np.zeros((num_classes, num_classes))
```

（3）迭代所有数据，对于每个数据集采用预测值 r 和实际值 c，并在矩阵中递增适当的值。有许多方法可以更快地实现这一目标，但是最简单的方法仍然是逐个计数。因此可使用以下代码执行此操作：

```
for r, c in zip(y_predicted, y_true):
    conf_matrix[r, c] += 1
```

（4）在对训练集中的所有数据进行计数之后，即可返回混淆矩阵，如下所示：

```
return conf_matrix
```

（5）图 7-10 是 GTSRB 数据集测试数据的混淆矩阵。

可以看到，大多数值都在对角线上。这意味着分类器执行的结果很好。

（6）通过混淆矩阵计算准确率也很容易。只要取对角线上的元素数量，然后除以元素总数即可，如下所示：

```
cm = confusion_matrix(y_predicted, y_true)
accuracy = cm.trace() / cm.sum()    # 本示例中的准确率为 0.95
```

请注意，每个类中的元素数量都不同。每个类对准确率的贡献也不同，接下来的指标将重点关注每个分类的性能。

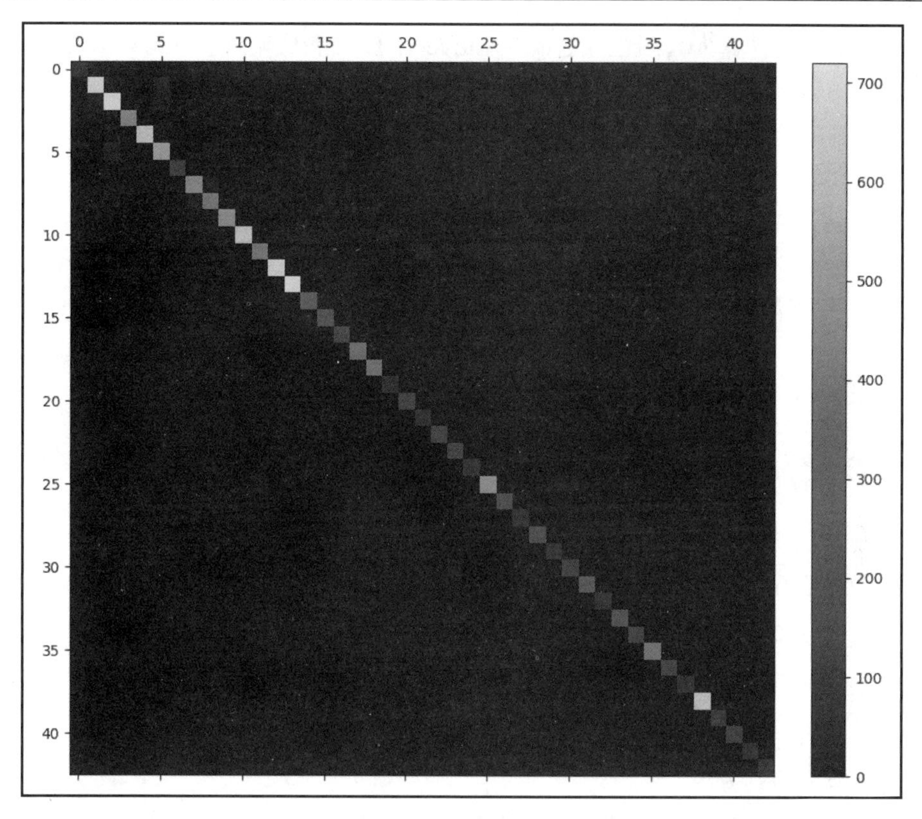

图 7-10　GTSRB 数据集测试数据的混淆矩阵

7.7.6　精确率

二元分类的精确率是一种很有用的指标，用于衡量相关的已检索实例（也称为阳性预测值）的比例。在分类任务中，真阳性（True Positives）的数量定义为正确标记为属于阳性类别的项目的数量。

精确率定义为真阳性的数量除以阳性总数。举例来说，假设测试集中总共有 100 幅图片，其中 60 幅图片包含猫咪，分类器认为 50 幅图片中包含猫咪，但是认对的只有 40 幅图片（还有 10 幅图片是假阳性），则精确率可计算为 40（真阳性）/50（真阳性和假阳性的总和）= 0.8。

注意：

这里指的是阳性标签，因此，精确度是对应每个类别的值。我们谈论精确率时，通常都是指某个类别（如猫）的精确率。

阳性总数可以计算为真阳性（True Positives，TP）和假阳性（False Positives，FP）的总和，所谓假阳性就是被错误地标记为属于特定类别的样本数量。这是混淆矩阵派上用场的地方，因为它将使我们能够按照以下步骤快速计算出假阳性和真阳性的数量。

（1）更改函数参数，并添加阳性类别标签，如下所示：

```
def precision(y_predicted, y_true, positive_label):
    ...
```

（2）使用混淆矩阵计算真阳性的数量，它将是[positive_label, positive_label]的元素，如下所示：

```
cm = confusion_matrix(y_predicted, y_true)
true_positives = cm[positive_label, positive_label]
```

（3）计算真阳性和假阳性的数目，这是 positive_label 行中所有元素的总和，因为行指示的是预测的类别标签，如下所示：

```
total_positives = sum(cm[positive_label])
```

（4）返回真阳性与所有阳性的比值，如下所示：

```
return true_positives / total_positives
```

对于不同的类别，得到的精确率值可能会有很大的不同。图 7-11 显示了所有 43 个类别的精确率得分的直方图。

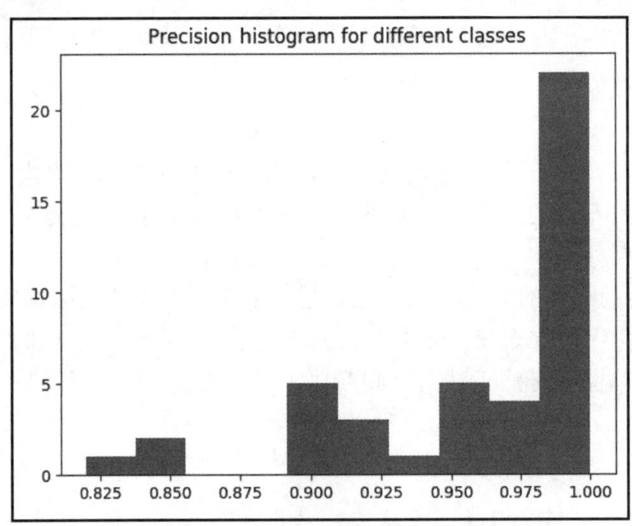

图 7-11　不同类别的精确度直方图

精确率分数较低的类别是 30，这意味着有很多其他符号被误认为是该类别。类别 30 交通标志如图 7-12 所示。

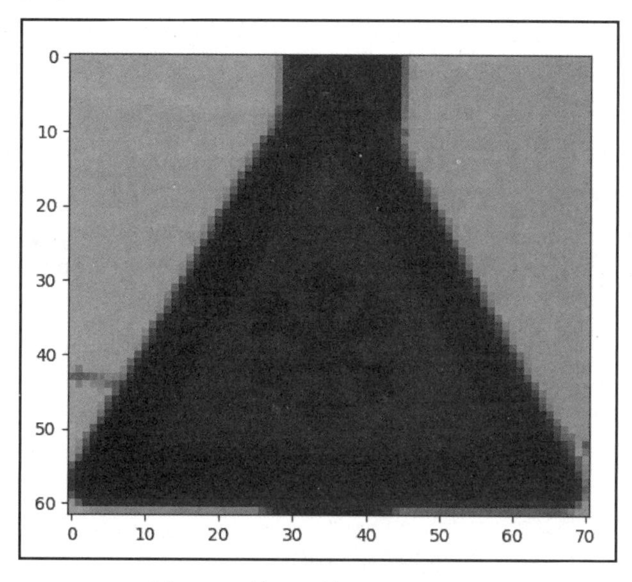

图 7-12　被误认最多的交通标志

这个交通标志上有一个雪花图案，警示司机雪天路滑，容易结冰，谨慎驾驶。由于图片亮度较低，因此很多重要细节丢失，这可能是它被误认的主要原因。

接下来让我们看一下不同类的召回率。

7.7.7　召回率

召回率（Recall）与精确率类似，因为它衡量的也是真阳性的比例，只不过召回率的分母不再是真阳性和假阳性的总和，而是真阳性和假阴性的总和。

什么是阴性？阴性就是不属于某个类别的样本。仍以猫咪图片识别为例，假设测试集中总共有 100 幅图片，其中 60 幅图片包含猫咪，那么这 60 幅图片就是阳性样本；另外 40 幅图片不包含猫咪，那么对于猫咪类别来说，它们就是阴性样本。

分类器认为 50 幅图片中包含猫咪，但是认对的只有 40 幅图片，则真阳性（TP）值为 40，假阳性（FP）值为 50−40=10。

分类器认为另外 50 幅图片中不包含猫咪，但是实际上只有 40 幅图片不包含猫咪，而且分类器识别的阴性样本中还不包括假阳性样本，所以其真阴性（True Negatives，TN）值为 40−10 = 30，假阴性（False Negatives，FN）值则为 50−30=20。

因此，召回率= TP/(TP+FN) = 40/(40+20) = 0.667。

在分类任务中，假阴性的数量是本应标记为阳性类别但是却被标记为阴性的样本数量。

召回率是真阳性的数量除以真阳性和假阴性数量的总和。换句话说，就是所有猫咪图片被正确识别的比例，这就是“召回”的含义。

要使用真实标签和预测标签计算真阳性召回率，可执行以下操作。

（1）使用与精确率相同的函数签名，并且以相同的方式检索真阳性值，如下所示：

```
def recall(y_predicted, y_true, positive_label):
    cm = confusion_matrix(y_predicted, y_true)
    true_positives = cm[positive_label, positive_label]
```

请注意，这里要计算的是真阳性和假阴性的总数。

（2）计算类别中的元素数量，这意味着可以对混淆矩阵的 positive_label 列求和，具体如下所示：

```
class_members = sum(cm[:, positive_label])
```

（3）返回召回率值，如下所示：

```
return true_positives / class_members
```

现在来看一下所有 43 类交通标志的召回率值分布，如图 7-13 所示。

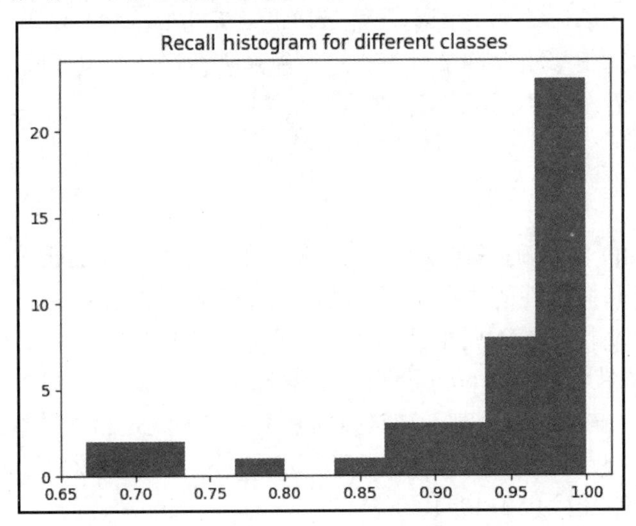

图 7-13　召回率值直方图

召回率值的分布得更分散，其中类别 21 的值为 0.66。该类别的交通标志如图 7-14 所示。

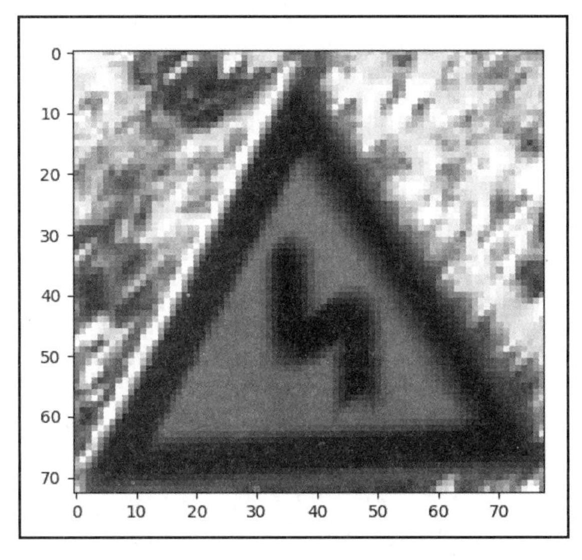

图 7-14　召回率较低的交通标志

这个交通标志指示有反向弯路，误认此标志可能会造成严重后果。

接下来我们将演示运行应用程序所需的 main()函数例程。

7.8　综 合 演 练

要运行本示例应用程序，我们需要执行 main 函数例程（在 Chapter6.py 中）。这将加载数据，训练分类器，评估其性能，并可视化结果：

（1）导入所有相关模块并设置 main 函数，如下所示：

```
import cv2
import numpy as np
import matplotlib.pyplot as plt

from data.gtsrb import load_training_data
from data.gtsrb import load_test_data
from data.process import grayscale_featurize, hog_featurize
```

（2）我们的目标是比较各种特征提取方法之间的分类性能。这包括使用一系列不同的特征提取方法来运行任务。因此，我们可以首先加载数据，并对每个特征标准化函数重复该过程，如下所示：

```
def main(labels):
    train_data, train_labels = load_training_data(labels)
    test_data, test_labels = load_test_data(labels)
    y_train, y_test = np.array(train_labels), np.array(test_labels)
    accuracies = {}
    for featurize in [hog_featurize, grayscale_featurize,
hsv_featurize,
    surf_featurize]:
        ...
```

对于每个特征标准化函数，可执行以下步骤。

① 对数据进行特征标准化处理，以获得一个特征矩阵，如下所示：

```
x_train = featurize(train_data)
```

② 使用 train_one_vs_all_SVM 方法训练模型，如下所示：

```
model = train_one_vs_all_SVM(x_train, y_train)
```

③ 将测试数据进行特征标准化处理，并传递给 predict 方法，以此来预测训练数据的测试标签（必须分别对测试数据进行特征标准化处理以确保没有信息泄漏），如下所示：

```
x_test = featurize(test_data)
res = model.predict(x_test)
y_predict = res[1].flatten()
```

④ 根据真实标签对预测的标签进行评分。使用 accuracy 函数，将分数存储在字典中，以便在获得所有特征标准化函数的结果后进行绘图，如下所示：

```
accuracies[featurize.__name__] = accuracy(y_predict, y_test)
```

（3）现在可以绘制结果了。为此，我们可选择 matplotlib 的 bar 绘图功能。我们还将确保相应地缩放条形图，以直观地理解差异的比例。由于准确率是 0～1 的数字，因此可以将 y 轴限制为[0, 1]，如下所示：

```
plt.bar(accuracies.keys(), accuracies.values())
plt.ylim([0, 1])
```

（4）通过在水平轴上旋转标签，为绘制的图形添加 grid 和 title，可以为绘图添加一些不错的格式，如下所示：

```
plt.axes().xaxis.set_tick_params(rotation=20)
plt.grid()
plt.title('Test accuracy for different featurize functions')
plt.show()
```

（5）在执行 plt.show()之后，即可在单独的窗口中弹出图 7-15。

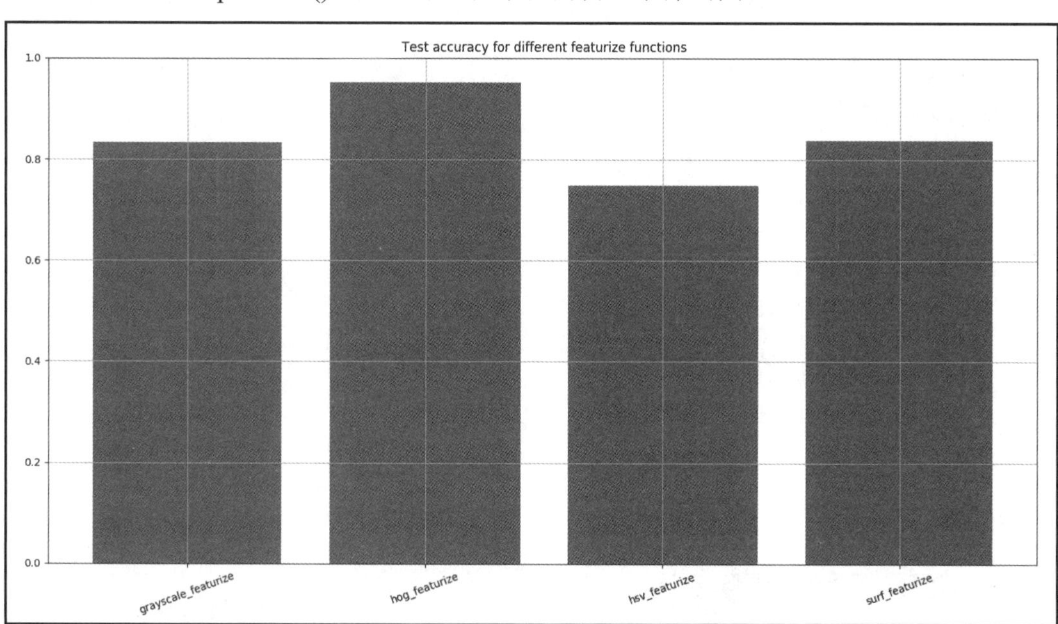

图 7-15　不同特征标准化函数的测试准确率

在图 7-15 中可以看到，在该数据集上，hog_featurize 函数的效果最好，但也远没有达到完美的结果，仅略高于 95%。要了解在此数据集上可以获得的最好结果，可以进行一次快速的网络搜索，你会发现许多论文的准确率都达到了 99%以上。当然，即使我们没有获得最领先的结果，但就现成分类器和简单的特征标准化函数而言，这已经做得足够好了。

还有一个有趣的事实是，虽然我们认为由于交通标志的配色方案很重要，因此 hsv_featurize 的效果会更好（比灰度特征标准化的效果更好），但是事实并非如此。

因此，我们的心得是，你应该对数据进行试验，以更好地了解哪些特征对你的数据有效，哪些特征则不起作用。

接下来，让我们使用神经网络来提高获得结果的效率。

7.9　使用神经网络改善结果

这里不妨快速了解一下，如果我们使用一些花哨的深度神经网络（Deep Neural Networks，DNN）可以得到什么好处，并简要了解一下后续各章的内容。

如果使用“不太深”的神经网络，则在普通笔记本电脑上训练大约需要 2 分钟（其中训练 SVM 需要 1 分钟），而准确率则可以达到 0.964 左右。

以下是训练方法的代码段（你应该可以将其插入前面的代码中，并实验一些参数来看看是否以后可以使用它）：

```
def train_tf_model(X_train, y_train):
    model = tf.keras.models.Sequential([
        tf.keras.layers.Conv2D(20, (8, 8),
                               input_shape=list(UNIFORM_SIZE) + [3],
                               activation='relu'),
        tf.keras.layers.MaxPooling2D(pool_size=(4, 4), strides=4),
        tf.keras.layers.Dropout(0.15),
        tf.keras.layers.Flatten(),
        tf.keras.layers.Dense(64, activation='relu'),
        tf.keras.layers.Dropout(0.15),
        tf.keras.layers.Dense(43, activation='softmax')
    ])

    model.compile(optimizer='adam',
                  loss='sparse_categorical_crossentropy',
                  metrics=['accuracy'])
    model.fit(x_train, np.array(train_labels), epochs=10)
    return model
```

该代码使用了 TensorFlow 的高级 Keras API（在后续章节中将看到更多内容），并创建具有以下内容的神经网络。

- 卷积层（Convolutional Layer）：使用最大池化技术，后跟一个 Dropout 算法（该算法仅在训练期间存在）。
- 隐藏密集层（Hidden Dense Layer）：后跟一个 Dropout 算法（该算法仅在训练期间存在）。
- 最终密集层（Final Dense Layer）：输出最终结果，它应该标识输入数据属于（43 个类别中的）哪个类别。

请注意，我们只有一个卷积层，这与 HOG 特征标准化非常相似。如果添加更多的卷积层，性能将会提高很多，第 8 章将对此展开探讨。

7.10　小　　结

本章训练了一个多类分类器识别来自 GTSRB 数据库的交通标志。我们讨论了监督学习的基础知识，探索了特征提取的复杂性，并简要介绍了深度神经网络（DNN）。

使用本章提供的方法，你应该能够将现实问题表示为机器学习模型，可以使用 Python 技巧从互联网上下载包含标签的样本数据集，编写将图像转换为特征向量的特征标准化函数，使用 OpenCV 训练现成的机器学习模型，以帮助解决现实生活中的问题。

需要指出的是，我们在此过程中遗漏了一些细节，例如尝试微调学习算法的超参数（因为它们超出了本书的范围）。我们仅查看准确率得分，并没有通过尝试组合所有不同特征集来进行太多特征工程设计。

在充分理解本章介绍的基本方法之后，你现在应该可以对整个 GTSRB 数据集进行分类，并得到高于 0.97 的准确率分数。如果有人能获得 0.99 以上的准确率分数，那么你绝对值得去看一看他们的网站，在那里也许你可以找到各种分类器的分类结果。当然，也许你自己的方法也会列入其中。

第 8 章将更深入讨论机器学习。具体来说，我们将重点研究使用卷积神经网络（CNN）识别人脸的情感。这次，我们将分类器与对象检测框架相结合，这将使我们能够在图像中找到人脸，然后专注于识别人脸中包含的情感。

7.11　数据集许可

J. Stallkamp, M. Schlipsing, J. Salmen, and C. Igel, The German Traffic Sign Recognition Benchmark-A multiclass classification competition, in *Proceedings of the IEEE International Joint Conference on Neural Networks*（IEEE 国际神经网络联合会议论文集）, 2011, pages 1453-1460.

第 8 章　识别面部表情

本书前面已经介绍过对象检测和对象识别的概念，本章将开发一个将这两者结合在一起的应用程序。该应用程序能够在网络摄像头实时流的每个捕获帧中检测到你自己的脸，识别你的面部表情并在图形用户界面（GUI）上进行标记。

本章的目的是开发一种结合面部检测（Face Detection）和面部识别（Face Recognition）功能的应用程序，重点是识别检测到的面部表情。学习完本章之后，你将可以在自己的不同应用程序中同时使用面部检测和识别功能。

本章涵盖以下主题。

- 规划应用程序。
- 了解人脸检测。
- 收集用于机器学习任务的数据。
- 理解面部表情识别。
- 综合演练。

我们将介绍与 OpenCV 捆绑在一起的两种经典算法——Haar 级联分类器（Haar Cascade Classifiers）和多层感知器（MultiLayer Perceptron，MLP）神经网络。前者可用于快速检测并回答图像中各种大小和方向的对象“在哪里”的问题，后者则可用于识别它们并回答它们“是什么”的问题。

学习 MLP 是了解当今最流行的算法之一——深度神经网络（Deep Neural Networks，DNN）的第一步。如果数据量不算太多的话，可以使用主成分分析（Principal Component Analysis，PCA）来加快速度并提高算法的准确率，以提高模型的准确率。

我们将自己收集训练数据，以向你展示该过程的完成方式，使你自己也能够为没有可用数据的任务训练机器学习模型。遗憾的是，就目前而言缺乏合适的数据仍然是广泛采用机器学习的最大障碍之一。

在深入学习之前，需要先做一些准备工作。

8.1　准 备 工 作

你可以在以下 GitHub 存储库中找到本章介绍的代码：

https://github.com/PacktPublishing/OpenCV-4-with-Python-Blueprints-Second-Edition/tree/master/chapter8

除此之外，你还应该从 OpenCV 官方存储库中下载有关 Haar 级联分类器算法的文件，其网址如下：

https://github.com/opencv/opencv/blob/master/data/haarcascades/

如果你已经安装了该文件，则可以将其从计算机的安装目录复制到项目存储库。

8.2　规划应用程序

人脸和面部表情的可靠识别对于人工智能（Artificial Intelligence，AI）来说是一项艰巨的任务，而人类却能够轻松地执行这些任务。为了使任务更加容易执行，可以将情感表达限于以下 6 种。

- ❑ 中立（Neutral）。
- ❑ 高兴（Happy）。
- ❑ 悲伤（Sad）。
- ❑ 惊讶（Surprised）。
- ❑ 愤怒（Angry）。
- ❑ 厌恶（Disgusted）。

当今最先进的模型范围很广，适用于从卷积神经网络（Convolutional Neural Networks，CNN）的 3D 可变面部模型（Deformable Face Model）到深度学习算法。当然，这些方法要比本章使用的方法复杂得多。

但是，多层感知器（MLP）仍然是有助于改革机器学习领域的经典算法，因此，出于本书写作目的，我们将坚持使用与 OpenCV 捆绑在一起的算法。

为了实现这样一个应用程序，我们需要解决以下两个挑战。

- ❑ 人脸检测（Face Detection）：我们将使用 Viola 和 Jones 提出的流行的 Haar 级联分类器，为此 OpenCV 提供了一系列预训练的样本。我们将利用脸部级联和眼睛级联来可靠地检测面部区域并逐帧对齐。
- ❑ 面部表情识别（Facial Expression Recognition）：我们将训练 MLP 识别出每张检测到的面孔中的 6 种不同的情绪表情。这种方法的成功将取决于我们使用的训练集，以及对集合中每个样本应用的预处理方式。

为了提高自我录制的训练集的质量，我们将确保使用仿射变换（Affine Transformation）

对齐所有数据样本，并通过应用主成分分析（PCA）算法减少特征空间的维数。其结果表示有时也称为特征脸（Eigenfaces）。

我们将在单个端到端应用程序中结合前面提到的算法，该应用程序在视频直播流的每个捕获帧中可为检测到的人脸和相应的面部表情标签添加注解。最终结果可能类似于图 8-1，它捕获了我的示例在第一次运行代码时的结果。

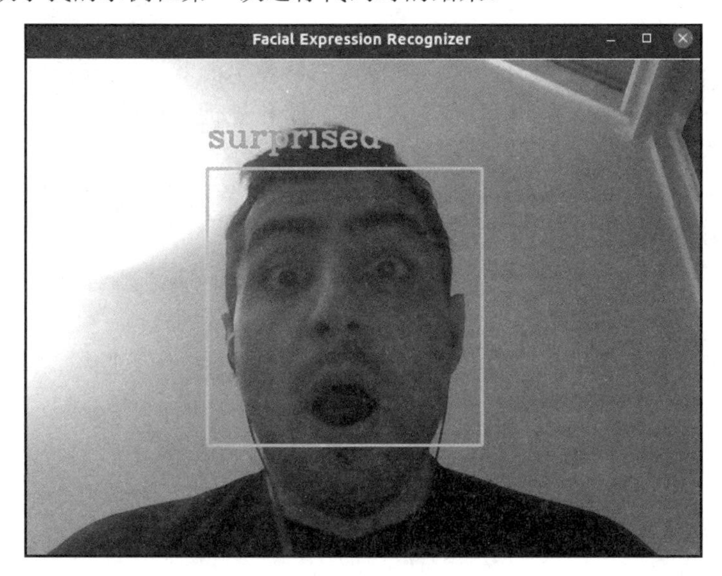

图 8-1　人脸检测和面部表情标签

最终的应用程序将包含集成了处理流程的端到端的主脚本（即从人脸检测到面部表情识别），以及一些实用函数，以在整个过程中提供帮助。

因此，最终产品将需要位于本书 GitHub 存储库的 Chapter8/目录中的若干个组件，具体如下所示。

- chapter8.py：这是本章的主要脚本和入口点，我们将在数据收集和演示中使用它。它将具有以下布局。
  - chapter8.FacialExpressionRecognizerLayout：这是基于 wx_gui.BaseLayout 的自定义布局，它将检测每个视频帧中的人脸并通过使用预先训练的模型来预测相应的类标签。
  - chapter8.DataCollectorLayout：这是基于 wx_gui.BaseLayout 的自定义布局，它将收集图像帧，在其中检测人脸，使用用户选择的面部表情标签分配标签，并将这些帧保存到 data/目录中。
- wx_gui.py：这是我们在第 1 章“滤镜”中开发的 wxpython GUI 文件的链接。

- detections.FaceDetector：这是一个类，它将包含基于 Haar 级联的用于人脸检测的所有代码。它将具有以下两种方法。
  - detect_face：此方法可检测灰度图像中的人脸。你可以将图像缩小以提高可靠性。成功检测后，该方法将返回提取的头部区域。
  - align_head：此方法将使用仿射变换预处理提取的头部区域，使生成的脸部居中并直立。
- params/：这是一个目录，其中包含本书所使用的默认 Haar 级联。
- data/：我们将在此处编写所有代码来存储和处理我们的自定义数据。该代码分为以下文件。
  - store.py：这是一个文件，我们在其中放置了所有辅助函数，以将数据写入磁盘并将数据从磁盘加载到计算机内存中。
  - process.py：这是一个文件，其中包含用于保存之前对数据进行预处理的所有代码。它还包含用于从原始数据构造要素的代码。

在以下各节中，我们将详细讨论这些组件。首先来看一下人脸检测算法。

8.3　了解人脸检测

OpenCV 预先安装了一系列复杂的分类器，用于通用对象检测。一旦知道了所要查找的内容，它们都具有非常相似的 API，并且易于使用。也许最广为人知的检测器是用于面部检测的基于 Haar 的特征检测器的级联（Cascade of Haar-based Feature Detectors），它由 Paul Viola 和 Michael Jones 在 2001 年的论文 *Rapid Object Detection using a Boosted Cascade of Simple Features*（使用简单特征的增强级联进行快速对象检测）中首次引入。

基于 Haar 的特征检测器是一种机器学习算法，可对许多正负标签样本进行训练。我们将在应用程序中执行 OpenCV 附带的经过预先训练的分类器（你可以在第 8.1 节“准备工作”中找到其链接）。

接下来，让我们仔细看看该分类器是如何工作的。

8.3.1　了解基于 Haar 的级联分类器

每本有关 OpenCV 的书籍都应至少提及 Viola-Jones 人脸检测器。该级联分类器于 2001 年发明，它最终实现了实时人脸检测和面部识别，从而掀起了计算机视觉领域的发展热潮。

该分类器基于 Haar 式特征（类似于 Haar 基函数），该特征可汇总图像小区域中的像素强度，并捕获相邻图像区域之间的差异。

图 8-2 显示了 4 个矩形特征。可视化用于计算在某个位置应用的特征的值。你应该将深灰色矩形中的所有像素值相加，然后从白色矩形中的所有像素值之和中减去该值。

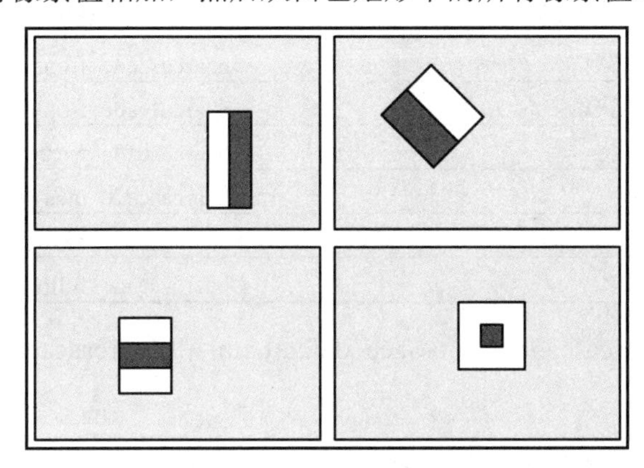

图 8-2　Haar 式特征示例

在图 8-2 中，第一行显示了边缘特征（Edge Feature）的两个示例（所谓“边缘特征”，就是指你可以使用它们检测边缘），它可以是垂直方向（见左上角）或 45° 方向（见右上角）的。第二行显示的是线性特征（Line Feature）（见左下角）和中心环绕特征（Center-Surround Feature）（见右下角）。

在所有可能的位置应用这些滤镜可以使算法捕获面部的某些细节，如眼睛区域通常比脸颊周围的区域更暗这一事实。

因此，常见的 Haar 特征是在明亮的矩形（代表脸颊区域）的上方具有黑色的矩形（代表眼睛区域）。Viola 和 Jones 将这一特征与一组旋转的且稍微复杂一些的小波（Wavelets）相结合，得出了一个强大的面部特征描述子。另外，他们还想出了一种有效的方法来计算这些特征，从而首次实现了实时检测人脸的功能。

最终分类器是小型弱分类器（Weaker Classifier）的加权和（Weighted Sum），每个弱二元分类器均基于前面描述的单个特征（即边缘特征、线性特征和中心环绕特征）。最难的部分是弄清楚哪些特征组合有助于检测不同类型的对象。

幸运的是，OpenCV 包含此类分类器的集合。接下来，就让我们看一下其中一些分类器。

8.3.2　理解预训练的级联分类器

预训练的级联分类器不仅适用于脸部，而且还适用于眼睛、嘴巴、鼻子和全身等。

表 8-1 显示了许多经过预先训练的分类器，这些分类器可以在 data 文件夹的 OpenCV 安装路径下找到。

表 8-1　预训练的级联分类器

级联分类器类型	XML 文件名
脸部检测器（默认）	haarcascade_frontalface_default.xml
脸部检测器（快速 Haar）	haarcascade_frontalface_alt2.xml
眼部检测器	haarcascade_eye.xml
口腔探测器	haarcascade_mcs_mouth.xml
鼻子探测器	haarcascade_mcs_nose.xml
全身探测器	haarcascade_fullbody.xml

本章将仅使用 haarcascade_frontalface_default.xml 和 haarcascade_eye.xml。

说明：

如果你戴着眼镜，请确保使用 haarcascade_eye_tree_eyeglasses.xml 进行眼睛部位的检测。

接下来，让我们看一下如何使用级联分类器。

8.3.3　使用预先训练的级联分类器

可以使用以下代码加载级联分类器并将其应用于图像（灰度）。我们首先读取图像，然后将其转换为灰度，最后使用级联分类器检测所有面部：

```
import cv2

gray_img = cv2.cvtColor(cv2.imread('example.png'), cv2.COLOR_RGB2GRAY)

cascade_clf = cv2.CascadeClassifier('haarcascade_frontalface_default. xml')
faces = cascade_clf.detectMultiScale(gray_img,
                                     scaleFactor=1.1,
                                     minNeighbors=3,
                                     flags=cv2.CASCADE_SCALE_IMAGE)
```

在上述代码中，detectMultiScale 函数带有以下选项。

- minFeatureSize：是要考虑的最小脸部尺寸，如 20×20 像素。
- searchScaleFactor：是重新缩放图像（使用缩放金字塔）的量。例如，值 1.1 会逐渐将输入图像的尺寸减小 10%，从而更有可能找到具有较大值的脸部（图像）。

- minNeighbors：是每个候选矩形必须保留的邻居数。通常选择 3 或 5。
- flags：是用于调整算法的可选对象，例如，查找所有面孔还是仅查找最大面孔（cv2.cv.CASCADE_FIND_BIGGEST_OBJECT）。

如果检测成功，则该函数将返回包含检测到的面部区域坐标的边界框列表（faces），如下所示：

```
for (x, y, w, h) in faces:
    # 在帧上绘制边界框
    cv2.rectangle(frame, (x, y), (x + w, y + h), (100, 255, 0),
                  thickness=2)
```

在上述代码中，遍历了返回的脸部，并向每个脸部添加了一个厚度（Thickness）为 2 像素的矩形轮廓。

注意：

如果使用预训练的级联分类器在脸部检测中没有检测到任何东西，则通常是因为找不到预训练的级联分类器的路径。在这种情况下，CascadeClassifier 将静默失败。因此，始终最好通过 casc.empty()来检查返回的分类器 casc = cv2.CascadeClassifier(filename)是否为空。

如果在 Lenna.png 图片上运行上述代码，则结果应该如图 8-3 所示。

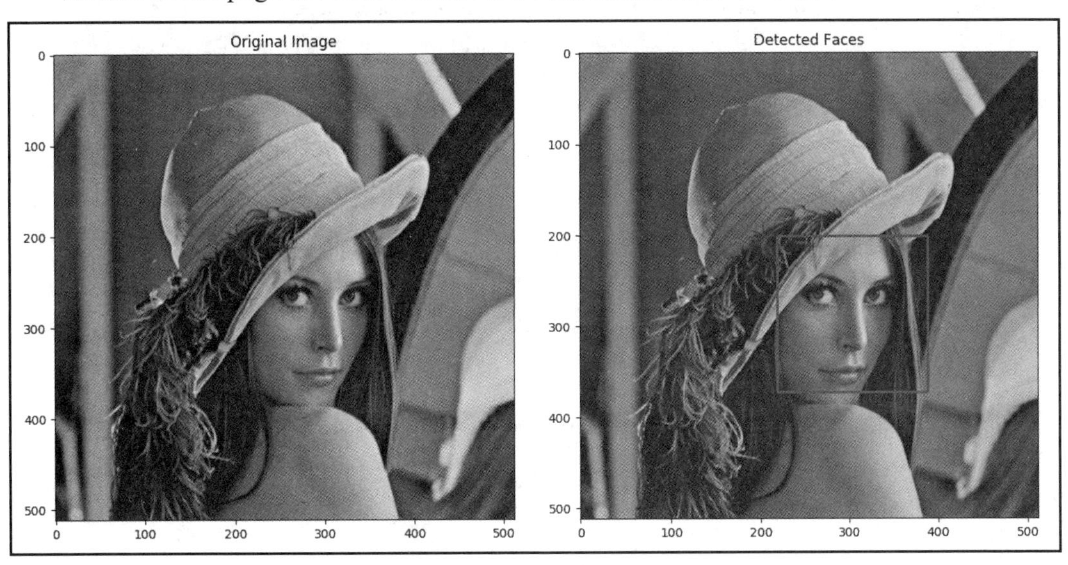

图 8-3　图片版权——作品名称：Lenna，作者：Conor Lawless，以 CC BY 2.0 许可

原　文	译　文
Original Image	源图像
Detected Faces	检测到脸部

在图 8-3 的左侧显示的是源图像，右侧则是传递到 OpenCV 的图像，并且显示了检测到的脸部的矩形轮廓。

接下来，让我们尝试将此检测器包装到一个类中，以使其可用于我们的应用程序。

8.3.4　理解 FaceDetector 类

本章中所有相关的面部检测代码都可以在 detectors 模块中的 FaceDetector 类中找到。实例化后，此类将加载预处理所需的两个不同的级联分类器，即 face_cascade 分类器和 eye_cascade 分类器，如下所示：

```
import cv2
import numpy as np


class FaceDetector:

    def __init__(self, *,
                 face_cascade='params/haarcascade_frontalface_default.
xml',
                 eye_cascade='params/haarcascade_lefteye_2splits.xml',
                 scale_factor=4):
```

因为预处理需要一个有效的面部级联，因此需要确保可以加载该文件。如果无法加载，则将抛出 ValueError 异常，程序将终止并通知用户出现了问题，如以下代码块所示：

```
# 加载预训练的级联
self.face_clf = cv2.CascadeClassifier(face_cascade)
if self.face_clf.empty():
    raise ValueError(f'Could not load face cascade
    "{face_cascade}"')
```

对于眼睛部位的分类器也要执行相同的操作，如下所示：

```
self.eye_clf = cv2.CascadeClassifier(eye_cascade)
if self.eye_clf.empty():
    raise ValueError(
        f'Could not load eye cascade "{eye_cascade}"')
```

人脸检测在低分辨率的灰度图像上效果最好。这就是要存储缩放因子（scale_factor）的原因，这样在必要时可以对输入图像的缩小版本进行操作，如下所示：

```
self.scale_factor = scale_factor
```

现在我们已经设置了类初始化，接下来可以看一下检测脸部的算法。

8.3.5　在灰度图像中检测脸部

现在可以将前面章节中了解到的技巧放到一种方法中，接受输入的图像并返回图像中最大的脸部。为简化操作，本示例将仅返回最大的面孔，因为我们知道在应用程序中只有一个用户坐在网络摄像头前。作为一项挑战，你也可以尝试扩展此功能以处理多张面孔。

调用检测最大脸部的方法（detect_face）。其操作步骤如下。

（1）将参数中的 RGB 图像转换为灰度图，并使用 scale_factor 对其进行缩放。具体如下所示：

```
def detect_face(self, rgb_img, *, outline=True):
    frameCasc = cv2.cvtColor(cv2.resize(rgb_img, (0, 0),
                                        fx=1.0 /
                                        self.scale_factor,
                                        fy=1.0 /
                                        self.scale_factor),
                             cv2.COLOR_RGB2GRAY)
```

（2）检测灰度图像中的面部，如下所示：

```
faces = self.face_clf.detectMultiScale(
        frameCasc,
        scaleFactor=1.1,
        minNeighbors=3,
        flags=cv2.CASCADE_SCALE_IMAGE) * self.scale_factor
```

（3）如果将 outline = True 关键字参数传递给 detect_face，则将遍历检测到的面部并绘制矩形边界框。OpenCV 可返回左上角位置的 x、y 坐标以及头部的 w、h（对应宽度和高度）。因此，要绘制脸部的矩形边界框，只需计算边界框底部和右侧坐标，然后调用 cv2.rectangle 函数，代码如下所示：

```
for (x, y, w, h) in faces:
    if outline:
        cv2.rectangle(rgb_img, (x, y), (x + w, y + h),
                      (100, 255, 0), thickness=2)
```

（4）从原始 RGB 图像中裁剪出面部。如果要对面部进行更多处理（例如，识别面部表情），那么这将很方便。运行以下代码：

```
head = cv2.cvtColor(rgb_img[y:y + h, x:x + w], cv2.COLOR_RGB2GRAY)
```

（5）返回以下 4 元组。

- 一个布尔值，用于检查脸部检测是否成功。
- 添加了面部边界框的原始图像（如果需要添加的话）。
- 根据需要裁剪的面部图像。
- 原始图像中头部位置的坐标。

（6）如果成功，将返回以下内容：

```
return True, rgb_img, head, (x, y)
```

如果失败，则提示未找到头部，对于 4 元组中其他未确定的项，均返回 None，如下所示：

```
return False, rgb_img, None, (None, None)
```

在检测到人脸后，看看应该如何做才能使其用于机器学习算法。

8.3.6　预处理检测到的脸部

在检测到人脸后，可能需要对提取的面部区域进行预处理，然后再对其进行分类。尽管脸部级联相当准确，但是对于面部表情识别而言，重要的是所有脸部都必须直立并居中放置在图像上。

图 8-4 显示了我们要完成的任务。

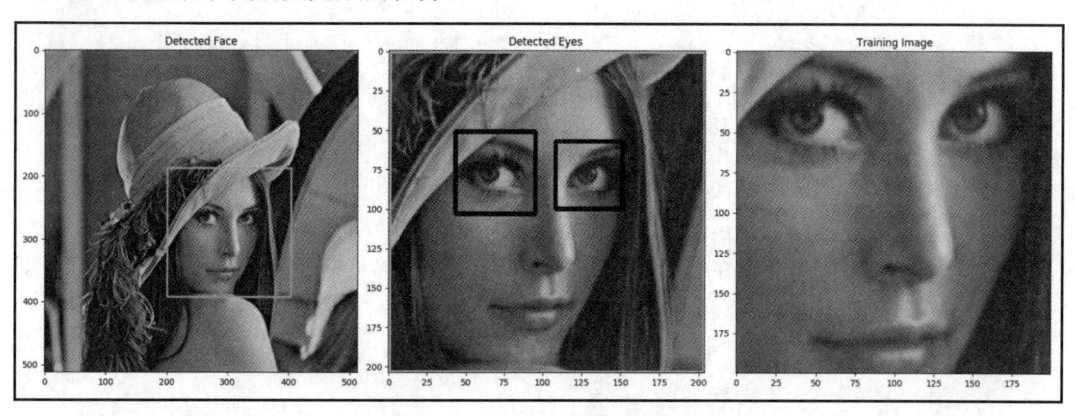

图 8-4　图片版权——作品名称：Lenna，作者：Conor Lawless，以 CC BY 2.0 许可

原　　文	译　　文
Detected Faces	检测到脸部
Detected Eyes	检测到眼睛
Training Image	训练图像

从图 8-4 中可以看到，由于这不是护照或身份证照片，因此模型的头部在转向右肩时稍微偏向侧面。通过脸部级联提取的脸部区域显示在图 8-4 中间的缩略图中。

为了补偿检测到的矩形边界框中的头部方向和位置，我们要旋转、移动和缩放面部，以使所有数据样本完美对齐。这是 FaceDetector 类中 align_head 方法的工作任务，如以下代码块所示：

```
def align_head(self, head):
    desired_eye_x = 0.25
    desired_eye_y = 0.2
    desired_img_width = desired_img_height = 200
```

在上述代码中，我们已经硬编码了一些用于对齐面部的参数。我们希望所有的眼睛都比最终图像的顶部低 25%，而与左右边缘的距离则为 20%，并且此函数将返回固定大小为 200×200 像素的经过处理的面部图像。

该处理过程的第一步是检测眼睛在图像中的位置，然后使用眼睛的位置来构造必要的变换。

8.3.7　检测眼睛部位

可喜的是，OpenCV 还提供了一些眼睛级联，可以同时检测睁眼和闭眼，例如 haarcascade_eye.xml。这使我们能够计算连接两只眼睛的中心的线与水平线之间的角度，以便我们可以相应地旋转面部。

此外，添加眼睛检测器将减少在数据集中出现误报的风险，从而使我们仅在成功检测到头部和眼睛的情况下才添加数据样本。

从 FaceDetector 构造函数中的文件加载眼睛级联之后，将其应用于输入图像（head），如下所示：

```
try:
    eye_centers = self.eye_centers(head)
except RuntimeError:
    return False, head
```

如果不成功，并且级联分类器找不到眼睛，则 OpenCV 将抛出 RuntimeError。在本示例中，将返回（False, head）元组，表明未能对齐头部。

接下来，尝试对分类器找到的眼睛的引用进行排序。我们将 left_eye 设置为第一个坐标，即左侧的坐标，如下所示：

```
if eye_centers[0][0] < eye_centers[0][1]:
    left_eye, right_eye = eye_centers
else:
    right_eye, left_eye = eye_centers
```

现在我们有了双眼的位置，想弄清楚需要进行什么样的变换，才能将双眼置于硬编码位置，即比最终图像的顶部低 25%，而与左右边缘的距离则为 5%。

8.3.8　变换脸部

变换脸部是一个标准过程，可以通过使用 cv2.warpAffine 对图像进行变形来实现。请按以下步骤实现此变换。

（1）计算连接两只眼睛的直线和水平线之间的角度（以度为单位），如下所示：

```
eye_angle_deg = 180 / np.pi * np.arctan2(right_eye[1]
                                         -left_eye[1],
                                         right_eye[0]
                                         -left_eye[0])
```

（2）我们推导出一个缩放因子，它将两只眼睛之间的距离缩放为恰好是图像宽度的 50%，如下所示：

```
eye_dist = np.linalg.norm(left_eye - right_eye)
eye_size_scale = (1.0 - desired_eye_x * 2) *
desired_img_width / eye_dist
```

（3）有了这两个参数（eye_angle_deg 和 eye_size_scale），现在可以提出一个合适的旋转矩阵来变换图像，如下所示：

```
eye_midpoint = (left_eye + right_eye) / 2
rot_mat = cv2.getRotationMatrix2D(tuple(eye_midpoint),
                                  eye_angle_deg,
                                  eye_size_scale)
```

（4）确保眼睛的中心在图像中居中，如下所示：

```
rot_mat[0, 2] += desired_img_width * 0.5 - eye_midpoint[0]
rot_mat[1, 2] += desired_eye_y * desired_img_height - eye_midpoint[1]
```

（5）我们获得了面部区域的直立缩放版本，看起来就像图 8-4 中的第三幅图像，该图像可称为训练图像（Training Image），眼睛区域仅用于演示突出显示，如下所示：

```
res = cv2.warpAffine(head, rot_mat, (desired_img_width,
                                     desired_img_width))
return True, res
```

完成此步骤之后，我们就已经知道如何从未处理的图像中提取对齐、裁剪和旋转良好的图像。接下来，该看看如何使用这些图像来识别面部表情了。

8.4 收 集 数 据

面部表情识别管道封装在 chapter8.py 中。该文件由一个交互式 GUI 组成。如前文所述，该 GUI 在两种模式（训练和测试）下运行。

针对该应用程序的操作如下。

（1）在命令行中使用以下命令以 collect 模式运行应用程序：

```
$ python chapter8.py collect
```

上述命令将在数据收集模式下弹出一个图形用户界面（GUI），以生成训练集，并通过 python train_classifier.py 在训练集上训练 MLP 分类器。由于此步骤可能需要很长时间，因此该过程将在它自己的脚本中进行。成功训练之后，将训练后的权重存储在文件中，这样在接下来的步骤中就可以加载预先训练的 MLP。

（2）以 demo 模式再次运行图形用户界面，这样就能够看到面部识别在真实数据上的表现如何，其命令如下：

```
$ python chapter8.py demo
```

在这种模式下，你将打开一个图形用户界面，可以对实时视频流上的面部表情进行分类。此步骤涉及加载若干个预训练的级联分类器以及我们自己预训练的 MLP 分类器。然后，将这些分类器应用于每个捕获的视频帧。

接下来，让我们看一下如何构建一个应用程序来收集训练数据。

8.4.1 收集训练数据集

在训练 MLP 之前，需要收集合适的训练集。这样做是因为你的脸有可能尚未出现在任何数据集中（派出所的身份证件照不算在内），因此我们必须收集自己的人脸照片。

通过前面章节介绍的图形用户界面应用程序可以轻松完成此操作，因为该应用程序可以访问网络摄像头并可以在视频流的每个帧上进行操作。

我们将继承 wx_gui.BaseLayout 的子类，并根据自己的喜好调整用户界面（UI）。对于两种不同的模式，我们将有两个类。

图形用户界面将为用户提供录制以下 6 种情感表达之一的选项，即中立（Neutral）、高兴（Happy）、悲伤（Sad）、惊讶（Surprised）、愤怒（Angry）和厌恶（Disgusted）。单击按钮后，应用程序将对检测到的面部区域拍摄快照，并将其添加到文件的数据集中。

然后，可以从文件中加载这些样本，并将其用于训练 train_classifier.py 中的机器学习分类器，这在前面步骤（2）的 demo 模式中已经介绍过了。

8.4.2 运行应用程序

和前几章使用 wxpython 图形用户界面一样，为了运行此应用程序（chapter8.py），我们需要使用 cv2.VideoCapture 设置屏幕截图，并将句柄传递给 FaceLayout 类。

可以按照以下步骤进行操作。

（1）创建一个 run_layout 函数，该函数可以与任何 BaseLayout 子类一起使用，如下所示：

```
def run_layout(layout_cls, **kwargs):
    # 打开网络摄像头
    capture = cv2.VideoCapture(0)
    # 如果无法打开，则由我们自己打开捕获通道
    if not(capture.isOpened()):
        capture.open()

    capture.set(cv2.CAP_PROP_FRAME_WIDTH, 640)
    capture.set(cv2.CAP_PROP_FRAME_HEIGHT, 480)

    # 启动图形用户界面
    app = wx.App()
    layout = layout_cls(capture, **kwargs)
    layout.Center()
    layout.Show()
    app.MainLoop()
```

可以看到，该代码与前几章使用 wxpython 的代码非常相似。我们打开摄像头、设置分辨率、初始化布局，然后启动应用程序的主循环。当你必须多次使用同一功能时，这种类型的优化非常有用。

（2）设置一个参数解析器，该解析器将确定需要运行两种布局中的哪一种，并使用适当的参数来运行它。

为了在两种模式下都使用 run_layout 函数，可使用 argparse 模块将命令行参数添加到脚本中，如下所示：

```
if __name__ == '__main__':
    parser = argparse.ArgumentParser()
    parser.add_argument('mode', choices=['collect', 'demo'])
    parser.add_argument('--classifier')
    args = parser.parse_args()
```

我们使用了 Python 随附的 argparse 模块来设置参数解析器，并使用 collect 和 demo 选项添加参数。本示例还添加了一个可选的--classifier 参数，该参数仅用于 demo 模式。

（3）使用传递的所有参数来调用 run_layout 函数，如下所示：

```
if args.mode == 'collect':
    run_layout(DataCollectorLayout, title='Collect Data')
elif args.mode == 'demo':
    assert args.svm is not None, 'you have to provide --svm'
    run_layout(FacialExpressionRecognizerLayout,
               title='Facial Expression Recognizer',
               classifier_path=args.classifier)
```

可以看到，在 demo 模式下，我们传递了额外的 classifier_path 参数。在本章后面讨论 FacialExpresssionRecognizerLayout 时，将看到如何使用它。

现在我们已经确定了如何运行应用程序，接下来不妨看看如何构建图形用户界面元素。

8.4.3　实现数据收集器的图形用户界面

与前几章类似，该应用程序的图形用户界面是通用 BaseLayout 的自定义版本，如以下代码块所示：

```
import wx
from wx_gui import BaseLayout

class DataCollectorLayout(BaseLayout):
```

可通过调用父类的构造函数来开始构建图形用户界面，以确保其正确初始化，如下所示：

```
def __init__(self, *args,
```

```
                training_data='data/cropped_faces.csv',
                **kwargs):
    super().__init__(*args, **kwargs)
```

请注意，我们在上面的代码中添加了一些额外的参数。这些是我们的类具有的所有附加属性，而父类则没有这些属性。

接下来，在继续添加 UI 组件之前，还需要初始化 FaceDetector 实例和对文件的引用以存储数据，如下所示：

```
self.face_detector = FaceDetector(
    face_cascade='params/haarcascade_frontalface_default.xml',
    eye_cascade='params/haarcascade_eye.xml')
self.training_data = training_data
```

请注意，我们使用了硬编码的级联 XML 文件。你也可以随意进行尝试。

接下来，让我们看一下如何使用 wxpython 构造用户界面。

8.4.4 扩充基本布局

布局的创建被推迟到了augment_layout方法中。本示例的布局将保持尽可能简单。我们将为获取的视频帧创建一个窗格，并在其下方添加一排单选按钮。

具体思路是，单击 6 个单选按钮之一以指示你要录制的面部表情，然后将头放在边界框内，再单击 Take Snapshot（拍摄快照）按钮。

以下代码显示了如何构建这 6 个单选按钮，并将其正确放置在 wx.Panel 对象上。

```
def augment_layout(self):
    pnl2 = wx.Panel(self, -1)
    self.neutral = wx.RadioButton(pnl2, -1, 'neutral', (10, 10),
                                  style=wx.RB_GROUP)
    self.happy = wx.RadioButton(pnl2, -1, 'happy')
    self.sad = wx.RadioButton(pnl2, -1, 'sad')
    self.surprised = wx.RadioButton(pnl2, -1, 'surprised')
    self.angry = wx.RadioButton(pnl2, -1, 'angry')
    self.disgusted = wx.RadioButton(pnl2, -1, 'disgusted')
    hbox2 = wx.BoxSizer(wx.HORIZONTAL)
    hbox2.Add(self.neutral, 1)
    hbox2.Add(self.happy, 1)
    hbox2.Add(self.sad, 1)
    hbox2.Add(self.surprised, 1)
    hbox2.Add(self.angry, 1)
```

```
    hbox2.Add(self.disgusted, 1)
    pnl2.SetSizer(hbox2)
```

可以看到，即使有很多代码，我们编写的大部分内容都是重复的。每种情感都创建了一个 RadioButton 并将该单选按钮添加到 pnl2 面板中。

Take Snapshot（拍摄快照）按钮位于单选按钮的下方，并绑定到_on_snapshot 方法，如下所示：

```
# 使用单个快照按钮创建水平布局
pnl3 = wx.Panel(self, -1)
self.snapshot = wx.Button(pnl3, -1, 'Take Snapshot')
self.Bind(wx.EVT_BUTTON, self._on_snapshot, self.snapshot)
hbox3 = wx.BoxSizer(wx.HORIZONTAL)
hbox3.Add(self.snapshot, 1)
pnl3.SetSizer(hbox3)
```

我们创建了一个新面板，并添加了带有 Take Snapshot（拍摄快照）标签的常规按钮。重要的是，我们将单击按钮绑定到 self._on_snapshot 方法，一旦单击 Take Snapshot（拍摄快照）按钮，该方法将处理每个已捕获的图像。

该布局将如图 8-5 所示。

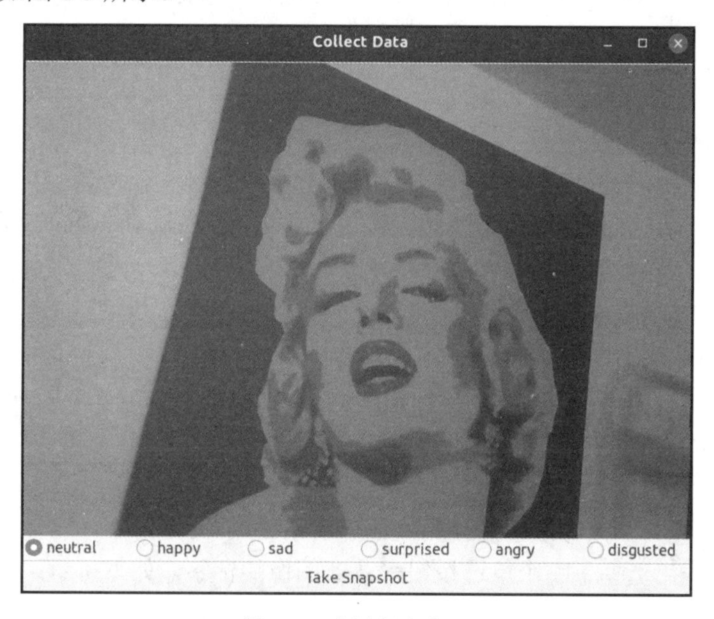

图 8-5　应用程序布局

为了使这些更改生效，需要将创建的面板添加到现有面板的列表中，如下所示：

```
# 垂直排列所有水平布局
self.panels_vertical.Add(pnl2, flag=wx.EXPAND | wx.BOTTOM, border=1)
self.panels_vertical.Add(pnl3, flag=wx.EXPAND | wx.BOTTOM, border=1)
```

可视化管道的其余部分由 BaseLayout 类处理。

接下来，让我们看一下如何使用 process_frame 方法将边界框添加到出现在视频捕获帧中的脸部上。

8.4.5 处理当前帧

在所有图像上调用 process_frame 方法，当脸部出现在视频捕获帧中时，我们希望在其周围显示一个边界框。代码示例如下：

```
def process_frame(self, frame_rgb: np.ndarray) -> np.ndarray:
    _, frame, self.head, _ = self.face_detector.detect_face(frame_rgb)
    return frame
```

可以看到，我们调用了在布局类的构造函数中创建的 self.face_detector 对象的 FaceDetector.detect_face 方法。在第 8.3.5 节“在灰度图像中检测脸部”中已经介绍过，detect_face 可使用 Haar 级联在当前帧的缩小灰度版本中检测到面部。

如果识别出面部，则会添加一个边界框。接下来，让我们看一下如何在_on_snapshot 方法中存储训练图像。

8.4.6 存储数据

用户单击 Take Snapshot（拍摄快照）按钮后，将调用_on_snapshot 事件侦听器方法，然后存储数据，如以下代码块所示：

```
def _on_snapshot(self, evt):
    """ 拍摄当前帧的快照

        该方法可拍摄当前帧的快照，预处理它并提取面部区域
        成功后将数据样本添加到训练集中
    """
```

再来仔细研究一下该方法中的代码，如下所示。

（1）通过找出选择了哪个单选按钮来获取图像的标签，如下所示：

```
if self.neutral.GetValue():
    label = 'neutral'
elif self.happy.GetValue():
```

```
    label = 'happy'
elif self.sad.GetValue():
    label = 'sad'
elif self.surprised.GetValue():
    label = 'surprised'
elif self.angry.GetValue():
    label = 'angry'
elif self.disgusted.GetValue():
    label = 'disgusted'
```

可以看到，每个单选按钮都有一个GetValue()方法，该方法仅在被选中时才返回 True，所以这非常简单。

（2）我们需要查看检测到的当前帧的面部区域（通过 detect_head 存储在 self.head 中），并将其与所有其他收集的帧对齐。也就是说，我们希望所有的脸部都直立并且对齐眼睛。

如果不对齐数据样本的话，则很可能会使分类器对眼睛与鼻子进行比较。因为此计算可能会开销很大，所以我们不会将其应用于 process_frame 方法中的每个帧，而是仅在 _on_snapshot 方法中拍摄快照时使用，如下所示：

```
if self.head is None:
    print("No face detected")
else:
    success, aligned_head =
    self.face_detector.align_head(self.head)
```

由于这是在调用 process_frame 之后发生的，因此我们已经可以访问 self.head，该文件存储了当前帧中存在的头部图像。

（3）如果成功对齐了头部（如果找到了眼睛），则存储数据样本。否则，将使用 print 命令通知用户，如下所示：

```
if success:
    save_datum(self.training_data, label, aligned_head)
    print(f"Saved {label} training datum.")
else:
    print("Could not align head (eye detection failed?)")
```

实际保存是在 save_datum 函数中完成的，由于它不是 UI 的一部分，因此我们已经对其进行了抽象。另外，如果要向文件中添加其他数据集，则这种处理方式会很方便，如以下代码块所示：

```
def save_datum(path, label, img):
```

```
    with open(path, 'a', newline='') as outfile:
        writer = csv.writer(outfile)
        writer.writerow([label, img.tolist()])
```

在上面的代码中可以看到，我们使用了.csv 文件存储数据，其中每个图像都是一个 newline。因此，如果你想返回并删除图像，则只需使用文本编辑器打开.csv 文件并删除图像对应的行即可。

接下来，让我们进入本示例更有趣的部分，了解如何使用收集到的数据来训练机器学习模型并检测面部表情。

8.5　理解面部表情识别

本节将训练 MLP 来识别图片中的面部表情。

如前文所述，找到最能描述数据的特征通常是整个学习任务的重要组成部分。我们还研究了常用的预处理方法，如均值减法和归一化。

下面将研究在脸部识别方面具有悠久传统的另一种方法，即 PCA。我们希望，即使没有收集到数千张训练图片，PCA 也将帮助我们获得良好的结果。

8.5.1　处理数据集

和第 7 章“识别交通标志”一样，我们在 data/emotions.py 中编写了一个新的数据集解析器，它将解析我们自己收集的训练集。

我们定义了一个 load_data 函数，该函数将加载训练数据并返回收集的数据及其相应标签的元组，如下所示：

```
def load_collected_data(path):
    data, targets = [], []
    with open(path, 'r', newline='') as infile:
        reader = csv.reader(infile)
        for label, sample in reader:
            targets.append(label)
            data.append(json.loads(sample))
    return data, targets
```

与所有处理代码相似，该代码也是独立的，并且位于 data/process.py 文件中。

本章中的特征标准化函数是 pca_featurize 函数，它将对所有样本执行 PCA。但是与第 7 章“识别交通标志”不同，我们的特征标准化函数考虑了整个数据集的特征，而不是分别对每幅图像进行操作。

现在，pca_featurize 函数将返回一个训练数据的元组，以及将相同函数应用于测试数据所需的所有参数，而不是像第 7 章“识别交通标志”那样仅返回特征标准化数据，如下所示：

```
def pca_featurize(data) -> (np.ndarray, List)
```

接下来，让我们弄清楚什么是 PCA，以及为什么需要它。

8.5.2　了解 PCA

PCA 是一种降维技术，每当我们需要处理高维数据时，它都会很有用。从某种意义上讲，你可以将图像视为高维空间中的一个点。如果将高度为 m 且宽度为 n 的 2D 图像展平（通过连接所有行或所有列），则可以获得长度为 $m \times n$ 的（特征）向量。该向量中的第 i 个元素的值是图像中第 i 个像素的灰度值。

为了描述具有确切维度的 2D 灰度图像，我们需要一个包含 $256^{m \times n}$ 个向量的 $m \times n$ 维向量空间。这是一个非常大的数字。

在考虑这些数字时，我们想到的一个有趣的问题是：是否存在一个较小的、更紧凑的向量空间（使用少于 $m \times n$ 个特征），可以很好地描述所有这些图像？毕竟，我们之前已经意识到灰度值不是信息最丰富的度量。

PCA 的出现正是为了解决这个问题。考虑一个数据集，我们从中准确地提取了两个特征。这两个特征可能是某些 x 和 y 位置上像素的灰度值，但也可能比这更复杂。如果我们沿着这两个特征轴绘制数据集，则数据可能会映射在某些多元高斯分布（Multivariate Gaussian Distribution）内，如图 8-6 所示。

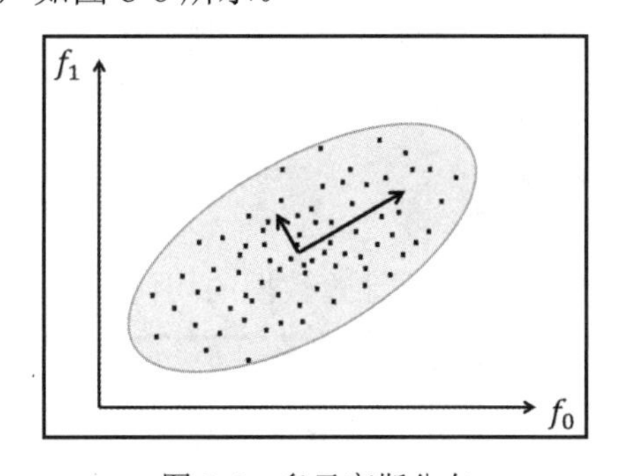

图 8-6　多元高斯分布

PCA 所做的是旋转所有数据点，直到将数据映射为与解释大部分数据散布的两个轴

（两个内插向量）对齐为止。PCA 认为这两个轴是信息最丰富的，因为如果沿着它们游走，你会看到大多数的数据点是分开的。用更专业的术语来说，PCA 旨在通过正交线性变换（Orthogonal Linear Transformation）将数据变换为新的坐标系。

选择新坐标系时，如果将数据投影到这些新轴上，则第一个坐标——称为第一个主成分（First Principal Component）会观察到最大的方差。在图 8-6 中，绘制的小向量与协方差矩阵（Covariance Matrix）的特征向量（Eigenvectors）相对应，这些向量发生了偏移，因此它们的尾部位于分布的均值处。

如果我们先前已经计算了一组基向量（top_vecs）和均值（center），则转换数据将会很简单，如前文所述，我们只需要从每个数据中减去 center，然后将这些向量乘以主成分即可，如下所示：

```
def _pca_featurize(data, center, top_vecs):
    return np.array([np.dot(top_vecs, np.array(datum).flatten() - center)
                    for datum in data]).astype(np.float32)
```

请注意，上面的代码对于任意数量的 top_vecs 都是有效的。因此，如果我们仅提供 num_components 个 top_vecs，则会将数据的维数减少到 num_components 个。

现在，让我们构造一个仅接收数据的 pca_featurize 函数，并返回转换和复制转换所需的参数列表（即 center 和 top_vecs），因此我们也可以将_pcea_featurize 函数应用于测试数据，如下所示：

```
def pca_featurize(training_data) -> (np.ndarray, List)
```

幸运的是，有人已经想出了如何在 Python 中完成所有这些工作。在 OpenCV 中，执行 PCA 非常简单，只要调用 cv2.PCACompute 即可，但是我们必须传递正确的参数，而不是重新格式化从 OpenCV 中获得的结果。具体步骤如下。

（1）将 training_data 转换为 NumPy 2D 数组，如下所示：

```
x_arr = np.array(training_data).reshape((len(training_data),
-1)).astype(np.float32)
```

（2）调用 cv2.PCACompute，它将计算数据的均值以及主成分，如下所示：

```
mean, eigvecs = cv2.PCACompute(x_arr, mean=None)
```

（3）运行以下代码，将信息最丰富的分量限制为 num_components 个：

```
# 仅采用第一个 num_components 特征向量
top_vecs = eigvecs[:num_components]
```

PCA 的优点在于，根据定义，第一个主成分解释了大多数的数据差异。换句话说，第一个主成分是信息最丰富的数据。这意味着我们不需要保留所有分量就可以很好地表示数据。

（4）我们还将转换 mean 以创建一个新的 center 变量，该变量是表示数据均值的一维向量，如下所示：

```
center = mean.flatten()
```

（5）返回由_pca_featurize 函数处理的训练数据以及传递给_pca_featurize 函数所需的参数，以复制相同的转换，以便可以与训练数据完全相同的方式对测试数据进行特征标准化，具体如下所示：

```
args = (center, top_vecs)
return _pca_featurize(training_data, *args), args
```

现在我们已经知道了如何对数据进行清洗和特征标准化，接下来将讨论用于学习识别面部表情的训练方法。

8.5.3　理解 MLP

MLP 已经存在了一段时间。MLP 是人工神经网络（Artificial Neural Networks，ANN），可用于将一组输入数据转换为一组输出数据。

MLP 的核心是感知器（Perceptron），其类似于生物神经元（但过于简化）。通过在多层中组合大量感知器，MLP 能够对其输入数据做出非线性决策。此外，可以通过反向传播（Backpropagation）对 MLP 进行训练，这使得它们对于监督学习非常有趣。

接下来，我们将先解释一下感知器的概念。

8.5.4　理解感知器

感知器是二元分类器，由 Frank Rosenblatt 于 20 世纪 50 年代发明。感知器计算其输入的加权总和，如果该总和超过阈值，则输出 1。否则，输出为 0。

从某种意义上讲，感知器正在整合信息，通过其传入信号表明某个对象实例的存在（或不存在），如果此信息足够强大，则感知器将处于活动状态（或保持沉默）。这与研究人员认为生物神经元在大脑中正在做的（或可以用来做的）松散地联系在一起，因此称为人工神经网络（ANN）。

图 8-7 描述了感知器的草图。

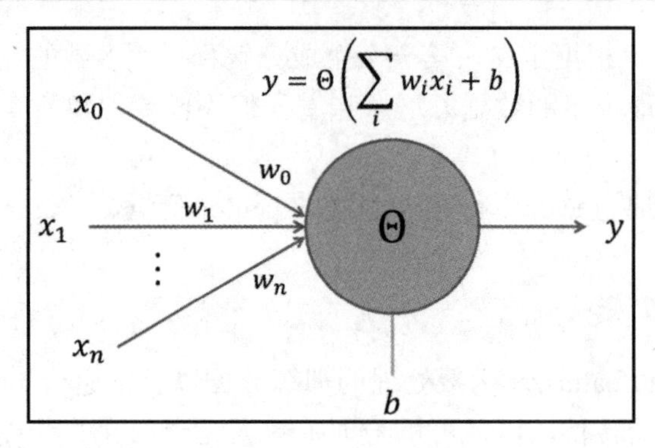

图 8-7　感知器草图

在图 8-7 中，感知器将计算其所有输入（x_i）的加权（w_i）和，并加上偏差项（b）。该输入被馈送到一个非线性激活函数（θ），该函数将确定感知器（y）的输出。在原始算法中，激活函数（Activation Function）是赫维赛德阶跃函数（Heaviside Step Function）。

在 ANN 的现代实现中，激活函数可以是从 Sigmoid 到双曲正切函数的任何函数。图 8-8 绘制了赫维赛德阶跃函数和 Sigmoid 函数。

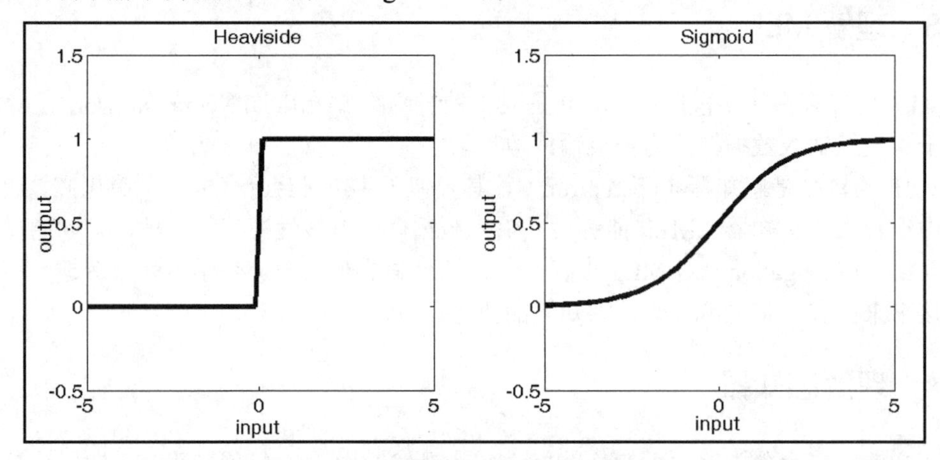

图 8-8　赫维赛德阶跃函数和 Sigmoid 函数

原　文	译　文
input	输入
output	输出

根据激活函数，这些网络也许能够执行分类或回归。一般来说，仅在节点使用赫维赛德阶跃函数时才会讨论 MLP。

8.5.5　了解深度架构

一旦确定了感知器，则可以将多个感知器组合起来以形成一个更大的网络。多层感知器（MLP）通常至少由三层组成，其中第一层为数据集的每个输入特征提供一个节点（或神经元），最后一层为每个类标签提供一个节点。

在第一层和最后一层之间的层称为隐藏层（Hidden Layer）。图 8-9 显示了此前馈神经网络（Feed Forward Neural Network）的示例。

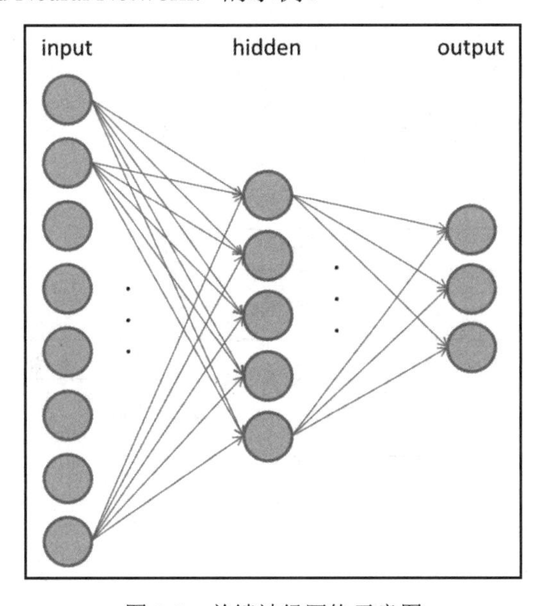

图 8-9　前馈神经网络示意图

原　　文	译　　文
input	输入层
output	输出层
hidden	隐藏层

在前馈神经网络中，输入层中的某些节点或所有节点都连接到隐藏层中的所有节点，而隐藏层中的某些节点或所有节点都连接到输出层中的某些节点或所有节点。一般来说，你将选择输入层中的节点数等于数据集中的特征数，以便每个节点代表一个特征。

类似地，输出层中的节点数通常等于数据中的类的数量，因此，当类 c 的输入样本存在时，输出层中的第 c 个节点处于活动状态，而所有其他节点均处于静默状态。

当然，网络中也可能有多个隐藏层。一般来说，事先不清楚网络的最佳规模应该是多少。

通常情况下，当你向网络中添加更多神经元时，会看到训练集上的错误率降低，如图 8-10 所示（训练错误率用更细的红色曲线表示）。

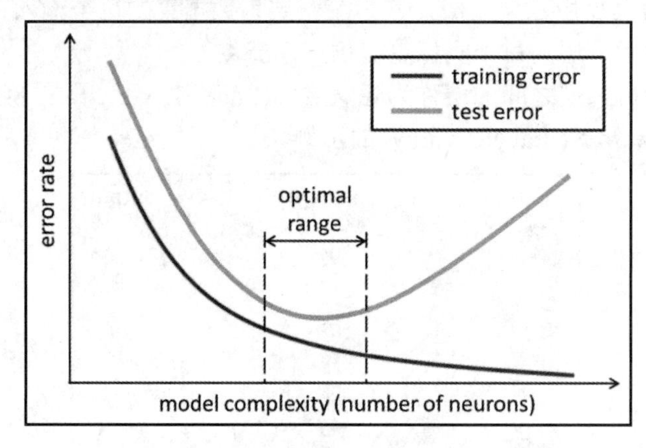

图 8-10　训练集上的错误率

原　文	译　文
error rate	错误率
training error	训练错误
test error	测试错误
optimal range	最佳范围
model complexity(number of neurons)	模块复杂度（神经元数量）

这是因为模型的表达能力或复杂度（也称为 Vapnik-Chervonenkis 或 VC 维）随着神经网络规模的增加而增加。但是，在图 8-10 中可以看到，测试集的错误率（以更粗的蓝色曲线表示）则并非如此。

相反，你会发现，随着模型复杂度的提高，测试错误会越过其最小值，将再多的神经元添加到网络也不会改善测试数据的性能。因此，你需要将神经网络的大小保持在图 8-10 中标记为最佳范围的位置，这是网络实现最佳泛化性能的地方。

你可以这样想：复杂度较弱的模型（位于图 8-10 的最左侧）可能因为太小而无法真正理解它试图学习的数据集，因此在训练和测试集中都会产生较大的错误率。这通常称为欠拟合（Underfitting）。

另外，图 8-10 最右侧的模型可能过于复杂，以至于它记住了训练数据中每个样本的细节，而没有注意使样本与其他样本产生区别的一般属性。因此，当模型必须预测以前从未见过的数据时，模型将失败，从而在测试集上产生了较大的错误率。这通常称为过拟合（Overfitting）。

对于开发人员来说，我们想要的是一个既不会欠拟合又不会过拟合的模型。一般来说，这只能通过反复试验才能实现；也就是说，根据要执行的确切任务，将网络大小视为需要调整的超参数。

MLP 通过调整其权重进行学习，以便在类 c 的输入样本时，输出层中的第 c 个节点处于活动状态，而所有其他节点处于静默状态。MLP 通过反向传播方法进行训练，该方法是一种计算损失函数（Loss Function）相对于网络中任何突触权重或神经元偏置的偏导数的算法。然后可以将这些偏导数用于更新网络中的权重和偏差（Bias），以逐步减少总体损失。

可以通过将训练样本呈现给网络并观察网络的输出来获得损失函数。通过观察哪些输出节点处于活动状态以及哪些节点处于休眠状态，我们可以计算出最后一层的输出与损失函数提供的真实标签之间的相对误差。

然后，我们对网络中的所有权重进行校正，以使误差随时间减小。事实证明，隐藏层中的错误取决于输出层，输入层中的错误取决于隐藏层和输出层中的错误。因此，从某种意义上讲，错误会通过网络反向传播。

在 OpenCV 中，通过在训练参数中指定 cv2.ANN_MLP_TRAIN_PARAMS_ BACKPROP 来使用反向传播。

注意：

梯度下降有两种常见的方式，即随机梯度下降（Stochastic Gradient Descent，SGD）和批量学习（Batch Learning）。

在随机梯度下降（SGD）算法中，将在每次给出训练示例后更新权重；而在批量学习中，将分批提供训练示例，并且仅在给出每个 Batch 之后才更新权重。在这两种情况下，我们都必须确保对每个样本仅略微调整权重——通过调整学习率（Learning Rate），以使网络随着时间的流逝逐渐收敛到稳定的解决方案。

在学习了 MLP 背后的理论之后，接下来我们将动手使用 OpenCV 进行编码。

8.5.6　制作用于面部表情识别的 MLP

和第 7 章“识别交通标志”一样，我们将使用 OpenCV 提供的机器学习类，即 ml.ANN_MLP。以下是在 OpenCV 中创建和配置 MLP 的步骤。

（1）实例化一个空的 ANN_MLP 对象，如下所示：

```
mlp = cv2.ml.ANN_MLP_create()
```

（2）设置网络体系结构，第一层等于数据的维数，最后一层等于可能的情绪数量所需的输出大小 6，如下所示：

```
mlp.setLayerSizes(np.array([20, 10, 6], dtype=np.uint8)
```

（3）将训练算法设置为反向传播，并运行以下代码，使用对称 Sigmoid 函数进行激活：

```
mlp.setTrainMethod(cv2.ml.ANN_MLP_BACKPROP, 0.1)
mlp.setActivationFunction(cv2.ml.ANN_MLP_SIGMOID_SYM)
```

（4）将训练终止标准设置为 30 次迭代之后或当损失小于 0.000001 时。如下所示，现在我们已经做好了训练 MLP 的准备：

```
mlp.setTermCriteria((cv2.TERM_CRITERIA_COUNT |
                     cv2.TERM_CRITERIA_EPS, 30, 0.000001 ))
```

为了训练 MLP，我们需要训练数据。我们还希望了解分类器的性能，因此需要将收集的数据分为训练集和测试集。

注意：

分割数据的最佳方法是确保训练集和测试集中没有几乎相同的图像，例如，用户双击 Take Snapshot（拍摄快照）按钮，这样获得了两幅相隔几毫秒的图像，因此可以说它们是几乎相同的。

遗憾的是，这是一个烦琐且手动的过程，其操作不在本书的讨论范围之内。。

我们将按以下方式定义函数的签名。我们想要获取大小为 n 的数组的索引，并且要指定训练数据与所有数据的比率：

```
def train_test_split(n, train_portion=0.8):
```

结合使用签名，让我们逐步检查一下 train_test_split 函数，如下所示。

（1）创建一个 indices 列表并使用 shuffle 对其进行随机排序，如下所示：

```
indices = np.arange(n)
np.random.shuffle(indices)
```

（2）计算需要在 N 个训练数据集中的训练点数，如下所示：

```
N = int(n * train_portion)
```

（3）为训练数据的前 N 个索引创建一个选择器，并为要用于测试数据的其余索引创建一个选择器，如下所示：

```
return indices[:N], indices[N:]
```

现在已经有了一个模型类和一个训练数据生成器，让我们看一下如何训练 MLP。

8.5.7 训练 MLP

OpenCV 提供了所有训练和预测方法，因此我们必须弄清楚如何格式化数据以符合 OpenCV 的要求。

首先，将数据分为训练集和测试集，然后将训练集数据特征化，如下所示：

```
train, test = train_test_split(len(data), 0.8)
x_train, pca_args = pca_featurize(np.array(data)[train])
```

在上述语句中，pca_args 是在特征标准化未来数据（如演示期间的实时帧）时我们需要存储的参数。

由于 cv2.ANN_MLP 模块的 train 方法不允许整数值的类标签，因此我们需要首先将 y_train 转换为仅由 0 和 1 组成的独热编码（One-Hot Encoding），然后可以将其馈送给 train 方法，如下所示：

```
encoded_targets, index_to_label = one_hot_encode(targets)
y_train = encoded_targets[train]
mlp.train(x_train, cv2.ml.ROW_SAMPLE, y_train)
```

独热编码是在 train_classifiers.py 中的 one_hot_encode 函数中进行的，方法如下。

（1）确定数据中有多少个点，如下所示：

```
def one_hot_encode(all_labels) -> (np.ndarray, Callable):
    unique_lebels = list(sorted(set(all_labels)))
```

（2）all_labels 中的每个 c 类标签都需要转换为 0 和 1 的（len(unique_labels)）长向量，其中所有项均为零。第 c 个项目除外，因为该项的值为 1。通过给向量分配 0 值可准备此操作，示例如下：

```
    y = np.zeros((len(all_labels),
len(unique_lebels))).astype(np.float32)
```

（3）创建字典，将列的索引映射到标签，或者反过来，如下所示：

```
index_to_label = dict(enumerate(unique_lebels))
label_to_index = {v: k for k, v in index_to_label.items()
```

（4）将这些索引处的向量元素设置为 1，如下所示：

```
for i, label in enumerate(all_labels):
    y[i, label_to_index[label]] = 1
```

（5）返回 index_to_label，使得我们可以从预测向量中恢复标签，如下所示：

```
return y, index_to_label
```

接下来，我们将测试刚刚训练的 MLP。

8.5.8 测试 MLP

和第 7 章“识别交通标志”一样，我们将在准确率、精确率和召回率这 3 个方面评估分类器的性能。

要重用之前的代码，可执行以下操作计算 y_hat 并将 y_true 传递给度量函数。

（1）使用 pca_args 参数（这是在对训练数据执行特征标准化时存储的）和_pca_featurize 函数来特征化测试数据，如下所示：

```
x_test = _pca_featurize(np.array(data)[test], *pca_args)
```

（2）预测新标签，如下所示：

```
_, predicted = mlp.predict(x_test)
    y_hat = np.array([index_to_label[np.argmax(y)] for y
    in predicte
```

（3）使用已存储的用于测试的索引来提取真实的测试标签，如下所示：

```
y_true = np.array(targets)[test]
```

现在剩下唯一要做的事是将 y_hat 和 y_true 传递给函数，以计算分类器的准确率。

我们拍摄了 84 张照片（每种面部表情 10～15 张图片），训练准确率达到了 0.92，这样的分类器应该说已经足够好了，完全可以和朋友们炫耀一番。当然你也可以自己试一试，看看能否取得更好的成绩。

接下来，我们将讨论如何运行训练脚本，并通过应用程序保存输出。

8.5.9 运行脚本

可以使用 train_classifier.py 脚本对 MLP 分类器进行训练和测试，该脚本执行以下操作。

（1）将--data 命令行选项设置为已保存数据的位置，并将--save 设置为要保存训练后模型的目录的位置（此参数是可选的），示例如下：

```
if __name__== '__main__':
    parser = argparse.ArgumentParser()
    parser.add_argument('--data', required=True)
    parser.add_argument('--save', type=Path)
    args = parser.parse_args()
```

（2）加载已经保存的数据，执行训练过程（具体操作可参考第 8.5.6 节“制作用于面部表情识别的 MLP”）。

```
data, targets = load_collected_data(args.data)

mlp = cv2.ml.ANN_MLP_create()
...
mlp.train(...
```

（3）运行以下代码，检查用户是否希望保存经过训练的模型：

```
if args.save:
    print('args.save')
    x_all, pca_args = pca_featurize(np.array(data))
    mlp.train(x_all, cv2.ml.ROW_SAMPLE, encoded_targets)
    mlp.save(str(args.save / 'mlp.xml'))
    pickle_dump(index_to_label, args.save / 'index_to_label')
    pickle_dump(pca_args, args.save / 'pca_args')
```

上述代码保存了训练后的模型、index_to_label 字典和 pca_args 参数。index_to_label 字典使我们可以在演示程序中显示人类可读的标签，pca_args 参数则可以帮助对实时摄像头发送的帧进行特征标准化。

上述代码保存的 mlp.xml 文件包含网络配置和学习到的权重。OpenCV 知道如何加载它。

接下来，让我们实际体验一下演示程序。

8.6　综 合 演 练

要运行本示例的应用程序，需要执行 main 函数例程（chapter8.py），该例程会加载预先训练好的级联分类器和 MLP，并将其应用于网络摄像头实时流的每个帧。

当然，这一次我们不是要收集更多的训练样本，所以可使用不同的选项来启动程序，具体如下所示：

```
$ python chapter8.py demo --classifier data/clf1
```

这将以新的 FacialExpressionRecognizerLayout 布局启动应用程序，该布局是 BasicLayout 的子类，没有任何额外的 UI 元素。

我们首先来看一下构造函数。

（1）读取并初始化训练脚本存储的所有数据，如下所示：

```
class FacialExpressionRecognizerLayout(BaseLayout):
    def __init__(self, *args,
                 clf_path=None,
                 **kwargs):
        super().__init__(*args, **kwargs)
```

（2）使用 ANN_MLP_load 加载预先训练好的分类器，如下所示：

```
self.clf = cv2.ml.ANN_MLP_load(str(clf_path / 'mlp.xml'))
```

（3）加载要传递的 Python 变量，如下所示：

```
self.index_to_label = pickle_load(clf_path
                                  / 'index_to_label')
self.pca_args = pickle_load(clf_path / 'pca_args')
```

（4）初始化 FaceDetector 类以进行面部识别，如下所示：

```
self.face_detector = FaceDetector(
    face_cascade='params/
    haarcascade_frontalface_default.xml',
    eye_cascade='params/haarcascade_lefteye_2splits.xml')
```

在将所有训练代码都放置到位之后，即可继续添加一些代码，以将标签添加到面部。在本演示程序中，我们没有使用任何额外的按钮。因此，唯一需要实现的方法是 process_frame，该方法会先尝试检测实时视频帧中的面部，然后在其上方放置一个识别出来的表情标签。具体处理步骤如下。

（1）通过运行以下代码尝试检测视频流中是否存在人脸：

```
def process_frame(self, frame_rgb: np.ndarray) -> np.ndarray:
    success, frame, self.head, (x, y) =
    self.face_detector.detect_face(frame_rgb)
```

（2）一旦检测到人脸，则尝试对齐面部（与收集训练数据时一样），如果没有检测到人脸，则什么也不做，并返回未处理的帧，如下所示：

```
success, head = self.face_detector.align_head(self.head)
```

```
if not success:
    return frame
```

（3）如果成功，则使头部特征标准化并使用 MLP 识别表情（预测标签），如下所示：

```
_, output = self.clf.predict(self.featruize_head(head))
label = self.index_to_label[np.argmax(output)]
```

（4）通过运行以下代码，将带有标签的文本放在脸部边界框的顶部，并向用户显示该文本：

```
cv2.putText(frame, label, (x, y - 20),
            cv2.FONT_HERSHEY_COMPLEX, 1, (0, 255, 0), 2)

return frame
```

在上面的方法中，使用了 featurize_head，这是调用_pca_featurize 的便捷函数，如以下代码块所示：

```
def featurize_head(self, head):
    return _pca_featurize(head[None], *self.pca_args)
```

最终结果如图 8-11 所示。

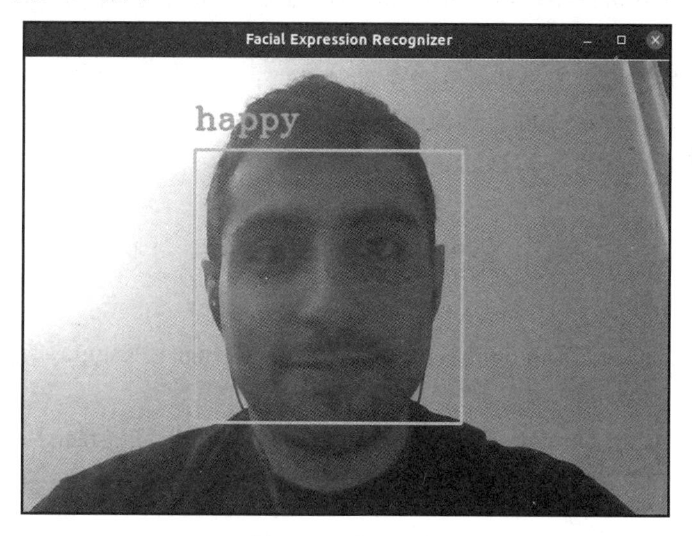

图 8-11　演示程序

尽管该分类器仅接受了大约 100 个训练样本的训练，但无论我的脸看起来有多扭曲，它都能可靠地检测到实时流每一帧中的各种面部表情。

这很好地表明，先前训练的神经网络既不会欠拟合，也不会过拟合数据，因为它能够预测正确的类别标签，即使对于新的数据样本也是如此。

8.7 小　结

本章结合了各种技能来开发一个由对象检测和对象识别组成的端到端应用程序。我们熟悉了由 OpenCV 提供的一系列预先训练的级联分类器，收集并创建了自己的训练数据集，掌握了 MLP，并训练了它们来识别面部表情（嗯，至少是我的面部表情）。

毫无疑问，本章示例程序中的分类器之所以效果很好，大概率是由于采集数据时仅包含一个人的头像，但是，根据你在本书中学习到的所有知识和经验，现在也应该可以克服这些局限了。

在学习了本章介绍的技术之后，你可以从一些较小的东西开始，在你的图像上训练分类器（包括室内和室外、白天和黑夜、夏季和冬季等不同应用场景）。或者，你也可以看一下 Kaggle's Facial Expression Recognition Challenge（Kaggle 的面部表情识别挑战赛），其中包含很多不错的数据。

如果你正在学习机器学习，则可能已经知道各种可访问的库，如 Pylearn、scikit-learn 和 PyTorch 等。

第 9 章将开始深度学习之旅，并展开对深度 CNN 的更多讨论。你将熟悉多种深度学习概念，并使用迁移学习来创建和训练自己的分类和定位网络。为此，你将使用 Keras 中可用的一种预先训练的分类 CNN。

8.8 参考资料

- Kaggle's Facial Expression Recognition Challenge（Kaggle 的面部表情识别挑战赛）：

https://www.kaggle.com/c/challenges-in-representation-learning-facial-expression-recognition-challenge

- Pylearn：

https://github.com/lisa-lab/pylearn2

- scikit-learn：

http://scikit-learn.org

- pycaffe：

http://caffe.berkeleyvision.org

- Theano：

http://deeplearning.net/software/theano

- Torch：

http://torch.ch

- UC Irvine Machine Learning Repository（加州大学尔湾分校机器学习存储库）：

http://archive.ics.uci.edu/ml

8.9　许　　可

Lenna.png 图片版权——作品名称：Lenna，作者：Conor Lawless，以 CC BY 2.0 许可。其网址如下：

http://www.flickr.com/photos/15489034@N00/3388463896

第 9 章　对象分类和定位

到目前为止，我们已经研究了各种算法和方法，通过这些算法和方法，我们了解了如何借助计算机视觉解决实际问题。近年来，由于图形处理单元（Graphical Processing Unit，GPU）之类的设备提供了相当强大的硬件计算能力，因此研究人员为了充分利用这种能力而提出了各种算法，这些算法在计算机视觉任务中取得了非常好的结果。这些算法往往基于神经网络，这使算法的创建者可以从数据中提炼出很多有意义的信息。

与传统的通过统计等方式提取的信息相反，通过神经网络训练获得的信息通常是我们人类很难想象或解释的。从这个角度来看，你可能会说我们正在接近真正的人工智能，也就是说，我们只要给计算机提供一种方法，其余的工作交给计算机就可以了。为了使所有这些看起来不那么神秘，本章将介绍深度学习模型。

你也许已经有所了解，计算机视觉中的一些经典问题包括对象检测和定位。本章就来讨论一下如何在深度学习模型的帮助下对目标对象进行分类和定位。

本章的目的是了解一些重要的深度学习概念——如迁移学习（Transfer Learning），以及如何应用它们以构建你自己的对象分类器和定位器（Localizer）。

本章将涵盖以下主题。

- 准备用于训练深度学习模型的大型数据集。
- 理解卷积神经网络（Convolutional Neural Network，CNN）。
- 使用 CNN 进行分类和定位。
- 了解迁移学习。
- 实现激活函数。
- 理解反向传播。

本章将从准备训练数据集开始。然后，继续了解如何使用预训练的模型来创建新的分类器（Classifier）。在了解了它是如何完成的之后，我们将构建更复杂的架构以执行定位（Localization）。

在这些步骤中，我们将使用 Oxford-IIIT-Pet 数据集。最后，我们将运行应用程序，使用经过训练的定位器网络进行推理。尽管仅使用了宠物头部的边界框来训练网络，但你会发现它也有助于人类头部位置的定位。后者证明了我们模型的泛化能力。

当未来你使用深度学习模型制作自己的应用程序或开始使用全新的深度学习架构时，你就会明白，了解本章介绍的深度学习概念并掌握其实际操作非常有用。

9.1　准备工作

除 OpenCV 外，本章还需要安装 TensorFlow。

Oxford-IIIT-Pet 数据集的下载网址如下：

https://www.robots.ox.ac.uk/~vgg/data/pets/

如果你使用我们的数据集准备脚本，则该脚本将自动为你下载。

可以在以下 GitHub 存储库中找到本章介绍的代码：

https://github.com/PacktPublishing/OpenCV-4-with-Python-Blueprints-Second-Edition

你也可以使用存储库中可用的 Docker 文件来运行本章中的代码。有关 Docker 文件的更多信息，请参阅附录 B“设置 Docker 容器”。

9.2　规划应用程序

最终的应用程序将包含用于准备数据集、训练模型以及使用来自摄像头的输入进行模型推断的模块。这将需要以下组件。

- main.py：这是用于实时启动应用程序和定位头部（宠物头部）的主要脚本。
- data.py：这是一个用于下载和准备数据集以进行训练的模块。
- category.py：这是一个训练分类器网络的脚本。
- localization.py：这是一个用于训练和保存定位网络的脚本。

在准备好数据集进行训练之后，可执行以下操作以完成我们的应用程序。

（1）使用迁移学习训练分类网络。

（2）再次使用迁移学习训练对象定位网络。

（3）创建并训练了定位网络之后，运行 main.py 脚本以实时对头部进行定位。

让我们从学习如何准备推理脚本开始。该脚本将运行应用程序，连接到你的摄像头，使用定位模型在视频流的每一帧中找到头部的位置，然后实时显示结果。

9.3　准备推理脚本

我们的推理脚本非常简单。它将首先准备绘图函数，然后加载模型并将其连接到摄像头。接着，它将循环播放视频流中的帧。在该循环中，对于视频流的每一帧，它将使用导入的模型进行推理，并使用绘图函数显示结果。

让我们使用以下步骤创建一个完整的脚本。

（1）导入所需的模块：

```
import numpy as np
import cv2
import tensorflow.keras as K
```

在上述代码中，除了导入 NumPy 和 OpenCV，还导入了 Keras。在此脚本中将使用 Keras 进行预测。此外，本章还将使用它来创建和训练模型。

（2）定义一个函数以在帧上绘制定位边界框：

```
def draw_box(frame: np.ndarray, box: np.ndarray) -> np.ndarray:
    h, w = frame.shape[0:2]
    pts = (box.reshape((2, 2)) * np.array([w, h])).astype(np.int)
    cv2.rectangle(frame, tuple(pts[0]), tuple(pts[1]), (0, 255, 0), 2)
    return frame
```

上面的 draw_box 函数将 frame 和边界框的两个角的归一化坐标作为 4 个数字的数组。该函数首先将边界框的一维数组整形为二维数组，其中第一个索引表示点，第二个索引表示 x 和 y 坐标。

然后，它通过将归一化坐标与图像宽度和高度组成的数组相乘，将归一化坐标转换为图像坐标，并将结果转换为同一行中的整数值。

最后，它使用 cv2.rectangle 函数绘制绿色边界框，并返回 frame。

（3）导入准备好的模型，并连接到摄像头：

```
model = K.models.load_model("localization.h5")
cap = cv2.VideoCapture(0)
```

model 将存储在一个二进制文件中，该文件是使用 Keras 的便捷函数导入的。

（4）我们将遍历摄像头中的帧，将每个帧调整为标准大小（即我们将创建的模型的默认图像尺寸），然后将 frame 转换为 RGB 颜色空间，因为我们将在 RGB 模式图像上训练模型：

```
for _, frame in iter(cap.read, (False, None)):
    input = cv2.resize(frame, (224, 224))
    input = cv2.cvtColor(input, cv2.COLOR_BGR2RGB)
```

（5）在同一循环中，我们将归一化图像，并在模型接收了成批的图像后给帧的形状加 1。然后，将结果传递给 model 以进行推断：

```
box, = model.predict(input[None] / 255)
```

（6）通过使用先前定义的函数绘制已经预测的边界框来继续该循环，显示结果，然后设置终止条件：

```
cv2.imshow("res", frame)
if(cv2.waitKey(1) == 27):
    break
```

现在我们已经准备好推理脚本，接下来将准备数据集。

9.4 准备数据集

如前文所述，本章将使用 Oxford-IIIT-Pet 数据集。比较好的做法是，将数据集的准备工作封装在单独的 data.py 脚本中，然后在需要时使用该脚本。

与任何其他脚本一样，首先，我们必须导入所有必需的模块，如以下代码片段所示：

```
import glob
import os

from itertools import count
from collections import defaultdict, namedtuple

import cv2
import numpy as np
import tensorflow as tf
import xml.etree.ElementTree as ET
```

为了准备数据集，首先需要下载数据集并将其解析到内存中。然后，从解析的数据中，我们将创建一个 TensorFlow 数据集，该数据集允许以很简便的方式使用数据集以及在后台准备数据，以便数据的准备工作不会中断神经网络训练过程。

接下来，我们将下载并解析数据集。

9.4.1 下载并解析数据集

本节首先从官方网站下载数据集，然后将其解析为方便的格式。在此阶段，我们将排除占用大量内存的图像。

请按以下步骤操作。

（1）定义要存储宠物数据集的位置，并使用 Keras 中的 get_file 函数下载该数据集：

```
DATASET_DIR = "dataset"
for type in ("annotations", "images"):
    tf.keras.utils.get_file(
        type,
f"https://www.robots.ox.ac.uk/~vgg/data/pets/data/{type}.tar.gz",
        untar=True,
        cache_dir=".",
        cache_subdir=DATASET_DIR)
```

由于数据集位于压缩存档中，因此可通过传递 untar = True 来提取该数据集。

cache_dir="."指向的是当前目录。

在保存文件之后，get_file 函数后续将不执行任何操作。

注意：

该数据集的文件大小超过 500MB，并且在首次运行时，需要大带宽具有稳定的 Internet 连接。

（2）下载并提取数据集后，即可为数据集和注解（Annotation）文件夹定义常量，并设置图像大小：

```
IMAGE_SIZE = 224
IMAGE_ROOT = os.path.join(DATASET_DIR,"images")
XML_ROOT = os.path.join(DATASET_DIR,"annotations")
```

这里的大小值 224 通常是在分类网络上训练图像时图像的默认大小。因此，最好保持该大小以提高准确率。

（3）该数据集的注解包含 XML 格式的有关图像的信息。在解析 XML 之前，首先需要定义我们想要拥有的数据：

```
Data = namedtuple("Data","image,box,size,type,breed")
```

在上述代码中，namedtuple 是 Python 中标准元组的扩展，它允许你通过其名称引用元组的元素。我们定义的名称与我们感兴趣的数据元素相对应。具体元素包括 image（图像本身）、box（宠物的头部边界框）、size（图像大小）、type（图像类型，指猫或狗分类）和 breed（品种，共有 37 个品种）。

（4）breeds 和 types 是注解中的字符串，我们想要的是与品种相对应的数字。为此，我们定义了两个字典：

```
types = defaultdict(count().__next__)
breeds = defaultdict(count().__next__)
```

defaultdict 是一个字典，它将返回未定义键的默认值。在这里，它将根据要求返回从零开始的下一个数字。

（5）我们将定义一个函数，给定 XML 文件的路径，该函数将返回我们的数据实例：

```
def parse_xml(path: str) -> Data:
```

上述函数可按以下步骤进行定义。

（1）打开 XML 文件并进行解析：

```
with open(path) as f:
    xml_string = f.read()
root = ET.fromstring(xml_string)
```

该 XML 文件的内容将使用 ElementTree 模块进行解析，该模块会以易于浏览的格式表示 XML。

（2）获取相应图像的名称并提取品种的名称：

```
img_name = root.find("./filename").text
breed_name = img_name[:img_name.rindex("_")]
```

（3）使用先前定义的 breeds 将品种转换为数字，为每个未定义的键分配下一个数字：

```
breed_id = breeds[breed_name]
```

（4）获取 types 的 ID：

```
type_id = types[root.find("./object/name").text]
```

（5）提取边界框并将其归一化：

```
box = np.array([int(root.find(f"./object/bndbox/{tag}").text)
                for tag in
"xmin,ymin,xmax,ymax".split(",")])
size = np.array([int(root.find(f"./size/{tag}").text)
                  for tag in "width,height".split(",")])
normed_box = (box.reshape((2, 2)) / size).reshape((4))
```

将结果作为 Data 的实例返回：

```
return Data(img_name,normed_box,size,type_id,breed_id)
```

（6）我们已经下载了数据集并准备了一个解析器，可以开始解析数据集：

```
xml_paths = glob.glob(os.path.join(XML_ROOT,"xmls","*.xml"))
xml_paths.sort()
parsed = np.array([parse_xml(path) for path in xml_paths])
```

我们还对路径进行了排序，以便它们在不同的运行时环境中以相同的顺序出现。

在解析数据集之后，我们可能希望输出可用的品种和类型：

```
print(f"{len(types)} TYPES:", *types.keys(), sep=", ")
print(f"{len(breeds)} BREEDS:", *breeds.keys(), sep=", ")
```

上述代码段可输出两种类型，即 cat 和 dog，以及它们的 breeds（品种）：

```
2 TYPES:, cat, dog
37 BREEDS:, Abyssinian, Bengal, Birman, Bombay, British_Shorthair,
Egyptian_Mau, Maine_Coon, Persian, Ragdoll, Russian_Blue, Siamese, Sphynx,
american_bulldog, american_pit_bull_terrier, basset_hound, beagle, boxer,
chihuahua, english_cocker_spaniel, english_setter, german_shorthaired,
great_pyrenees, havanese, japanese_chin, keeshond, leonberger,
miniature_pinscher, newfoundland, pomeranian, pug, saint_bernard, samoyed,
scottish_terrier, shiba_inu, staffordshire_bull_terrier, wheaten_terrier,
yorkshire_terrier
```

在后续操作步骤中，我们必须将数据集拆分为训练集和测试集。为了进行良好的拆分，我们应该从数据集中随机选择数据元素，以便在训练集和测试集中拥有的 breeds（品种）数量是成比例的。

现在我们可以混合该数据集，这样以后就不必担心拆分的问题了，如下所示：

```
np.random.seed(1)
np.random.shuffle(parsed)
```

上述代码首先设置了一个随机种子，这是每次执行代码时都获得相同的结果所需要的。seed 方法接受一个参数，该参数是一个指定随机序列的数字。

设置 seed 方法之后，使用随机数的函数中将具有相同的随机数序列。像这样的数字称为伪随机（Pseudorandom）数。这意味着，尽管它们看起来是随机的，但它们实际上是预定义的。在本示例中，我们使用了 shuffle（混洗）方法，该方法可打乱 parsed 数组中元素的顺序。

现在我们已经将数据集解析为一个方便易用的 NumPy 数组，接下来，我们将从中创建一个 TensorFlow 数据集。

9.4.2　创建一个 TensorFlow 数据集

我们将使用 TensorFlow 数据集适配器（Adapter）来训练模型。当然，也可以从数据集中创建一个 NumPy 数组，但是，将所有图像保留在内存中显然需要太多的内存。

相反，数据集适配器可让你在需要时将数据加载到内存中。而且，数据是在后台加载和准备的，因此不会成为训练过程中的瓶颈。解析后的数组可按以下方式转换：

```
ds = tuple(np.array(list(i)) for i in np.transpose(parsed))
ds_slices = tf.data.Dataset.from_tensor_slices(ds)
```

在上述代码段中，from_tensor_slices 可创建一个 Dataset，其元素是给定张量（Tensor）的切片（Slice）。在本示例中，张量是标签的 NumPy 数组（这些标签包括 box 边界框、breed 品种和图像位置等）。

实际上，它与 Python zip 函数的概念类似。首先，我们准备了相应的输入。现在让我们从数据集中输出一个元素以查看其内容：

```
for el in ds_slices.take(1):
    print(el)
```

这给出了以下输出：

```
(<tf.Tensor: id=14, shape=(), dtype=string,
numpy=b'american_pit_bull_terrier_157.jpg'>,
<tf.Tensor: id=15, shape=(4,), dtype=float64,
numpy=array([0.07490637, 0.07 , 0.58426966, 0.44333333])>,
<tf.Tensor: id=16, shape=(2,), dtype=int64,
numpy=array([267, 300])>,
<tf.Tensor: id=17, shape=(), dtype=int64, numpy=1>,
<tf.Tensor: id=18, shape=(), dtype=int64, numpy=13>)
```

这就是 TensorFlow 的处理方式，张量包含从单个 XML 文件中解析的所有信息。给定数据集，我们可以检查所有边界框是否正确：

```
for el in ds_slices:
    b = el[1].numpy()
    if(np.any((b>1) |(b<0)) or np.any(b[2:]-b[:2] < 0)):
        print(f"Invalid box found {b} image: {el[0].numpy()}")
```

当我们将边界框归一化之后，它们应该在[0, 1]的范围。此外，我们还应确保边界框的第一个点的坐标小于或等于第二个点的坐标。

现在需要定义一个函数，该函数将转换数据元素，以便可以将其输入神经网络中：

```
def prepare(image,box,size,type,breed):
    image = tf.io.read_file(IMAGE_ROOT+"/"+image)
    image = tf.image.decode_png(image,channels=3)
    image = tf.image.resize(image,(IMAGE_SIZE,IMAGE_SIZE))
```

```
    image /= 255
    return Data(image,box,size,tf.one_hot(type,len(types)),
tf.one_hot(breed, len(breeds)))
```

该函数首先加载相应的图像，并将其调整为标准尺寸，然后将其归一化为[0, 1]。然后，它使用 tf.one_hot 方法从 types 和 breeds 中创建一个 one_hot 向量，并将结果作为 Data 的一个实例返回。

现在剩下的就是用函数映射数据集了，具体如下所示：

```
ds = ds_slices.map(prepare).prefetch(32)
```

我们还调用了 prefetch 方法，该方法可确保预取一定数量的数据，以便神经网络不必等待从硬盘驱动器加载数据。

如果直接运行数据准备脚本，那么最好能对一些数据样本提供说明。首先，我们创建一个函数，该函数在给定示例数据时会创建说明图像：

```
if __name__ == "__main__":
    def illustrate(sample):
        breed_num = np.argmax(sample.breed)
        for breed, num in breeds.items():
            if num == breed_num:
                break
        image = sample.image.numpy()
        pt1, pt2 = (sample.box.numpy().reshape(
            (2, 2)) * IMAGE_SIZE).astype(np.int32)
        cv2.rectangle(image, tuple(pt1), tuple(pt2), (0, 1, 0))
        cv2.putText(image, breed, (10, 10),
                    cv2.FONT_HERSHEY_SIMPLEX, 0.4, (0, 1, 0))
        return image
```

该函数可将 breed 独热向量转换回数字，在 breeds 字典中找到品种的名称，并在绘制头部的边界框时也一并包含品种的名称。

现在将这些说明连接起来，并显示结果图像：

```
samples_image = np.concatenate([illustrate(sample)
                                for sample in ds.take(3)], axis=1)
cv2.imshow("samples", samples_image)
cv2.waitKey(0)
```

结果显示在图 9-1 中。

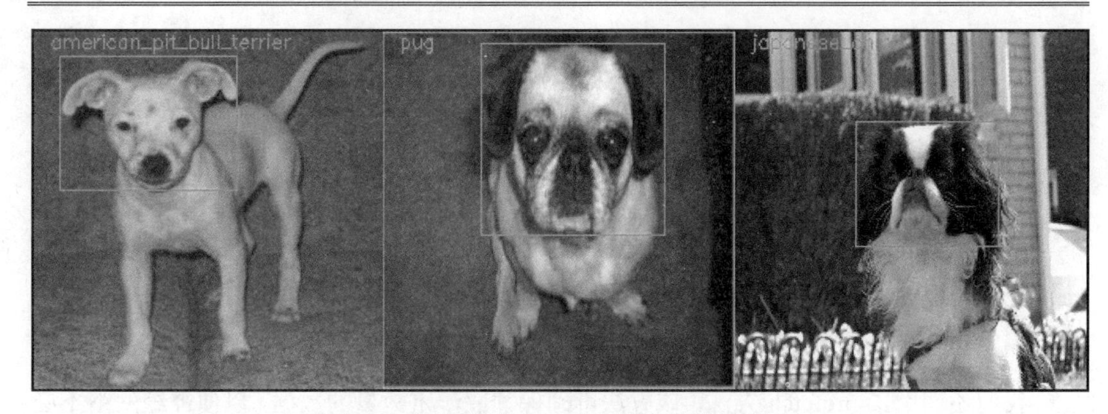

图 9-1　给图像添加头部边界框和相应的说明

图 9-1 为一些宠物示例，它们的头部周围都有一个边界框。请注意，尽管我们在脚本中使用了随机数来混合数据集，但你获得的结果与之前说明的结果相同。因此，你现在应该能明白伪随机数的强大了。

现在我们已经准备好数据集，接下来将创建和训练分类器。我们将建立两个分类器，一个用于宠物类型，另一个用于宠物品种。

9.5　使用卷积神经网络分类

在分类之前，必须导入所需的模块：

```
import tensorflow.keras as K
from data import ds
```

我们还必须导入已经准备好的数据集和 Keras，因为需要使用它们来构建分类器。

但是，在构建分类器之前，有必要先来了解一下卷积神经网络，因为我们将使用它们来构建分类器。

9.5.1　理解卷积神经网络

在本书第 1 章“滤镜”中已经简要介绍过一些滤镜（Filter，也称为滤波器）和卷积。特别是，我们解释了如何使用滤镜创建铅笔素描图像。在铅笔素描中，你可以看到图像中亮度值急剧变化的点，也就是说，它们比具有平滑变化的点更暗。

从这个角度来看，我们应用的滤镜可以被认为是用于边缘检测的滤镜。换句话说，滤镜可充当特征检测器，其中的特征就是边缘。另外，你可以组成一个不同的滤镜，该滤镜在角上激活，或者在颜色值没有变化时激活。

我们使用的滤镜作用于单通道图像并具有两个维度。当然，我们也可以将滤镜扩展到第三维，然后将其应用于多通道图像。例如，如果单通道滤镜的尺寸为 3×3，则相应的 3 通道（如 RGB）滤镜的尺寸为 3×3×3，其中最后一个值为滤镜的深度。

这样的滤镜已经可以用于更复杂的特征。例如，你可能会想到一个使用绿色的滤镜，同时通过在滤镜的相应元素中设置 0 来忽略红色和蓝色的值。

一旦提出了一套很好的滤镜，就可以将它们应用于原始图像，然后将它们堆叠到一个新的多通道图像中。例如，如果在一幅图像上应用 100 个滤镜，我们将获得 100 幅单通道图像，这将在堆叠后生成 100 个通道的图像。因此，我们可以建立一个层来接受 3 个通道并输出 100 个通道。

接下来，我们可以组成深度为 100 的新滤镜，并对组成的 100 个通道的图像进行处理。这些滤镜也可以在更复杂的特征上激活。例如，如果在先前的图层中有在边缘上激活的滤镜，则可以组成在边缘的交点上激活的滤镜。

经过一系列层后，我们可能会看到已激活的滤镜，例如在人的鼻子、头部，车辆的车轮等对象上。卷积网络实际上就是这样工作的。当然，你也可能会问：我们如何构成这些滤镜？答案是不必由我们来构成滤镜，因为卷积神经网络是可以学习的。

我们只需要提供数据即可，剩下的由卷积神经网络来完成，它将会学习需要使用哪些滤镜（滤波器）来做出良好的预测。我们所使用的卷积滤波器之间的另一个区别是，除了滤波器的可学习参数之外，还有一个称为可学习值（Learnable Value）的值，它是添加到滤波器输出中的常数项。

除此之外，在每层的卷积滤波器之后，将非线性函数应用于滤波器的输出，称为激活函数（Activation Function）。由于函数是非线性的，卷积神经网络代表的函数的类相当广泛，因此建立良好模型的机会也相对较高。

现在我们已经对卷积网络的工作原理有了一些了解，让我们从构建分类器开始。在构建本示例中的网络时，你将看到如何构建和使用卷积层。如前文所述，我们对新模型使用了预训练模型，换句话说，我们使用了迁移学习（Transfer Learning）。接下来我们将详细解释迁移学习究竟是什么。

9.5.2　了解迁移学习

一般来说，卷积神经网络（CNN）具有数百万个参数。我们不妨估算一下，看看所有这些参数究竟来自哪里。

假设我们有一个 10 层的网络，每层有 100 个大小为 3×3 的滤镜。这些数目非常低，并且性能良好的网络通常有几十个层，每层中有数百个滤波器。在本示例中，每个卷积滤波器的深度为 100。

因此，每个滤波器具有 3×3×100 = 900 个参数（不包括偏差，其数量为 100），这导致每个层有 900×100 个参数，因此整个网络约有 90000×10 = 900000 个参数。要从头学习这么多参数而又不会过拟合，将需要一个相当大的带注解的数据集。现在有一个问题是：如果不想要这么多参数，那该怎么办呢？

我们已经介绍过，网络的各个层可以充当特征提取器。除此之外，自然图像还有很多共同点。因此，最好使用在大型数据集上训练过的网络的特征提取器，以在不同的较小数据集上实现良好的性能。该技术即称为迁移学习。

让我们选择一个预训练模型作为基础模型，它是使用 Keras 的单行代码：

```
base_model = K.applications.MobileNetV2(input_shape=(224,224, 3),
include_top=False)
```

在这里，我们使用的是 MobileNetV2 预训练网络，这是一个轻型且可靠的网络。当然，你也可以改用其他可用的模型，这些模型可以在 Keras 网站上找到，也可以简单地用 dir(K.applications)列出它们。

我们采用的卷积神经网络的版本排除了负责分类的最上层（这是通过传递 include_top = False 来实现的），因为我们将在它上面构建一个新的分类器。但是，该网络仍然包含在 ImageNet 上训练的所有其他层。

ImageNet 是一个包含数百万幅图像的数据集，并且每幅图像都用该数据集的 1000 个类之一进行注解。

让我们看一下基本模型的输出形状：

```
print(base_model.output.shape)
```

其结果如下：

```
(None, 7, 7, 1280)
```

第一个数字是未定义的，表示批次（Batch）的大小，换句话说，它表示的是输入图像的数量。假设我们同时将一叠 10 张图片传递到网络，然后此处的输出将具有(10, 7, 7, 1280)的形状，并且张量的第一维将对应于输入图像数。

接下来的两个索引是输出形状的大小，最后一个是通道数。在原始模型中，此输出表示输入图像中的特征，这些特征随后将用于对 ImageNet 数据集的图像进行分类。

因此，它们可以很好地表示所有图像，以便网络可以基于它们对 ImageNet 的图像进行分类。让我们尝试使用这些特征对宠物的类型和品种进行分类。为了做到这一点，让我们首先准备一个分类器。

9.5.3　准备宠物类型和品种的分类器

由于我们将按原样使用这些特征，因此，我们将首先冻结网络层的权重，以使它们在训练过程中不会更新：

```
for layer in base_model.layers:
    layer.trainable = False
```

一般来说，激活图（Activation Map）的每个位置都指定在该位置中是否存在相应类型的特征。当我们在网络的最后一层工作时，可以假设激活图上的不同位置包含相似的信息，并通过平均激活图来减少特征的维数：

```
x = K.layers.GlobalAveragePooling2D()(base_model.output)
```

该操作称为 AveragePooling2D。我们将在特征张量的二维空间中建立张量的平均值池。可以通过打印输入和输出的形状来查看结果：

```
print(base_model.output.shape, x.shape)
```

结果如下所示：

```
(None, 7, 7, 1280) (None, 1280)
```

现在，每幅图像只有 1280 个特征，让我们立即添加分类层，并准备数据集以进行类型或品种的训练：

```
is_breeds = True
if is_breeds:
    out = K.layers.Dense(37,activation="softmax")(x)
    inp_ds = ds.map(lambda d: (d.image,d.breed))
else:
    out = K.layers.Dense(2,activation="softmax")(x)
    inp_ds = ds.map(lambda d: (d.image,d.type))
```

对 types（类型）和 breeds（品种）的训练仅在输出神经元和标签的数量上有所不同。对于品种而言，标签数量为 37，对于类型而言，其数量为 2（即猫或狗），这可以在代码中看到。密集层（Dense Layer，也称为稠密层）代表紧密连接的神经元。后者意味着该层中的每个神经元都连接到该层的所有 1280 个输入。因此，密集层又称为全连接层（Fully Connected Layer）。

所以，每个神经元具有 1280+1 个可学习的参数，其中 1 代表偏差。

在数学上，对于全连接层来说，内核的权重由一个矩阵表示，该矩阵因为类的数量为 1280，因此列的高度为 1280。

层的线性部分是如下形式的：

$$(a*x+b)$$

注意：

在这里，x 是上一层的输出（在我们的示例中就是 1280 个平均特征），a 是矩阵，b 是列。

另外，我们还可以将 Softmax 函数设置为激活函数，对于分类任务来说，它是一个不错的选择。softmax 函数的定义如下：

$$\operatorname{soft}\max(x)_i=\frac{\exp(x_i)}{\sum_j\exp(x_j)}$$

注意：

在上式中，x 是激活函数的输入（也就是线性部分的输出）。

可以看到，所有输出之和为 1。因此，可以将输出视为相应类别的概率。

我们在数据集上定义的映射会将图像设置为数据，并将品种或类型设置为标签。

现在可以按以下方式定义模型：

```
model = K.Model(inputs=base_model.input, outputs=out)
```

在上述语句可以看到，网络的输入是基本模型，输出则是分类器层。因此，我们已经成功建立了分类网络。

在准备好分类器网络之后，接下来可对其进行训练和评估。

9.5.4 训练和评估分类器网络

要训练分类器网络，必须对其进行配置。我们必须指定一个目标函数（损失函数）和一种训练方法。此外，可能还需要指定一些指标以查看模型的性能。

可以使用模型的 compile 方法配置分类器，示例如下：

```
model.compile(loss="categorical_crossentropy", optimizer="adam",
metrics=["categorical_accuracy","top_k_categorical_accuracy"])
```

在上述语句中，已将 metrics（性能指标）传递为 categorical_accuracy，它将显示数据集中分类的准确率。

除此之外，还传递了一个称为 top_k_categorical_accuracy 的性能指标，该指标显示了在分类器网络的预测中，前 k 个预测的准确率。k 的默认值是 5，因此该性能指标显示神经网络预测的数据集中前 5 个分类的准确率。

optimizer="adam" 表示强制模型使用 Adam 优化器（Adam Optimizer）作为训练算法。在第 9.6.2 节“理解反向传播算法”中将介绍如何训练神经网络。

在训练之前，还需要将数据集拆分为训练集和测试集，以测试分类器网络在处理未见数据时的性能：

```
evaluate = inp_ds.take(1000)
train = inp_ds.skip(1000).shuffle(10**4)
```

上述语句将数据集的前 1000 个元素用于测试。其余部分则用于训练。

训练部分通过调用 shuffle 方法进行混洗，这将确保在每个训练周期（Epoch，也称为世代）具有不同顺序的数据。

最后，通过调用数据集的 fit 方法训练网络，然后在测试集上对其进行评估：

```
model.fit(train.batch(32), epochs=4)
model.evaluate(valid.batch(1))
```

首先，fit 方法将接收数据集本身，我们以 32 个批次（Batch）的方式传递该数据集。后者意味着在训练过程的每个步骤中，都将使用该数据集中的 32 幅图像。

注意：

在神经网络训练中，周期（Epoch）是指使用训练集的全部数据对模型进行一次完整的训练，所以 Epoch 也被称为世代。

由于全部数据可能过大，所以训练可能分批次（Batch）进行。每训练一个批次就是进行了一次迭代（Iteration）。

我们还传递了一个 epochs=4，这意味着数据集将迭代 4 个周期，直到训练过程结束为止。最后一个周期的输出如下所示：

```
Epoch 4/4
 84/84 [==============================] - 13s 156ms/step - loss: 0.0834
- categorical_accuracy: 0.9717 - top_k_categorical_accuracy: 1.0000
```

可以看到，在训练集上的分类准确率超过 97%。因此，可以说该分类器非常擅长区分猫和狗。当然，由于本示例只有两个类别，因此前 k 个分类的准确率为 100%。

现在让我们看看该分类器在验证集中的执行情况。

在训练之后，对模型进行评估，你应获得与测试集相似的结果：

```
model.evaluate(valid.batch(1))
```

结果如下所示：

```
1000/1000 [==============================] - 9s 9ms/step - loss: 0.0954 -
categorical_accuracy: 0.9730 - top_k_categorical_accuracy: 1.0000
```

可以看到，我们再次获得超过 97%的分类准确率。这说明该分类器模型没有过拟合的问题，并且在测试集上表现良好。

如果对品种进行训练，则其输出如下所示：

```
Epoch 4/4
  84/84 [==============================] - 13s 155ms/step - loss: 0.3272 -
categorical_accuracy: 0.9233 - top_k_categorical_accuracy:
  0.9963
```

品种测试输出如下所示：

```
1000/1000 [==============================] - 11s 11ms/step - loss: 0.5646 -
categorical_accuracy: 0.8080 - top_k_categorical_accuracy: 0.9890
```

对于品种而言，我们得到的结果更差一些，这倒也在意料之中，因为区分一个品种比仅识别出它是猫还是狗要困难得多。无论如何，该模型的性能都不算太差。它的首次尝试猜测正确率超过 80%。如果让它尝试 5 次，那么我们有大约 99%的把握确信它将猜对该品种。

本节学习了如何使用预训练的分类器网络来构建新的分类器。接下来，我们将继续进行深度学习之旅，使用相同的基本模型创建对象定位网络，这是从未训练过的基本模型要完成的任务。

9.6　使用卷积神经网络进行定位

创建自己的定位器（Localizer）是了解对象检测网络工作方式的好方法，这是因为对象检测和定位网络之间的唯一概念差异是定位网络（Localization Network）预测单个边界框，而对象检测网络则预测多个边界框。此外，这也是了解如何构建完成其他回归任务的神经网络的好方式。

本节将使用与第 9.5.2 节“了解迁移学习”相同的预训练分类器网络 MobileNetV2。但是，这一次我们将使用网络对目标对象进行定位而不是进行分类。

和第 9.5 节“使用卷积神经网络分类”一样，我们首先导入所需的模块和基本模型。但是，这次将不会冻结基本模型的各个层：

```
import tensorflow.keras as K

from data import ds

base_model = K.applications.MobileNetV2(
    input_shape=(224, 224, 3), include_top=False)
```

接下来，我们将准备定位器模型。

9.6.1 准备定位器模型

首先，让我们思考一下如何使用基本模型的输出来制作定位器。

如前文所述，基本模型的输出张量的形状为(None, 7, 7, 1280)。输出张量表示使用卷积网络获得的特征。我们可以假设一些空间信息被编码在空间索引(7, 7)中。

这里不妨尝试使用几个卷积层来减少特征图的维数，并创建一个回归器（Regressor），该回归器应预测数据集提供的宠物头部边界框的角坐标。

我们的卷积层将具有若干个相同的选项：

```
conv_opts = dict(
    activation='relu',
    padding='same',
    kernel_regularizer="l2")
```

首先，它们都将使用整流线性单元（Rectified Linear Unit，ReLU）作为激活函数。后者是一个简单函数，当输入小于零时为零，而当输入大于或等于零时则等于输入。

padding = same 选项指定我们不希望卷积运算减小特征图的大小。特征图将填充零，以使特征图不会减小尺寸。这与 padding = 'valid' 选项的作用相反，后者仅将卷积核应用于特征图的边缘。

一般来说，比较好的做法是对已训练的参数进行正则化（Regularize）或归一化（Normalize），或同时执行这两项。归一化通常可以使你更轻松快捷地进行训练，并获得更好的泛化能力。正则化器（Regularizer）则允许你在优化过程中对层参数应用惩罚。这些惩罚将被并入网络优化的损失函数中。

在本示例中，使用了 l2 内核正则化器，它会对卷积内核权重的欧几里得范数（Euclidian Norm）进行正则化。该正则化的完成方式是：将 $\lambda\|w\|^2$ 项添加到损失函数（目标函数）。在这里，λ 是一个小常数，$\|w\|$ 是 $L2$ 范数，它等于该层参数的平方和的平方根。

这是最广泛使用的正则化项之一。现在我们准备定义卷积层。第一层如下所示：

```
x = K.layers.Conv2D(256, (1, 1), **conv_opts)(base_model.output)
```

在上述代码中，第一个参数是输出通道的数量，这也是卷积滤波器的数量；第二个参数则描述了卷积滤波器的大小。乍一看，单像素卷积核似乎没有多大意义，因为它无法对特征图的上下文信息进行编码。

这种说法无疑是正确的。但是，在本示例中，它有不同的用途。这其实是一种快速操作，允许以较低维度对输入特征图的深度进行编码。深度从 1280 减少到 256。

下一层如下所示：

```
x = K.layers.Conv2D(256, (3, 3), strides=2, **conv_opts)(x)
```

在上述代码中，除默认选项外，还使用了步幅（Stride），这些步幅指定了在输入上像素移位的数量。在第 1 章“滤镜”中，在每个位置都应用了卷积运算，这意味着滤镜一次移动了一个像素，相当于步幅等于 1。

当 strides 选项为 2 时，意味着滤镜每一步将移动两个像素。该选项采用复数形式（指选项名称本应是 stride，但现在是 strides），是因为我们可能希望在不同方向上有不同的步幅，这可以通过传递一个数字元组来实现。应用大于 1 的步幅时，可在不丢失空间信息的情况下减小激活图的大小。

当然，还有其他操作可以减小激活图的大小。例如，可以使用称为最大池化（Max Pooling）的操作，它是现代卷积网络中使用最广泛的操作之一。

最大池化采用较小的窗口大小（如 2×2），从该窗口中选取一个最大值，移动指定数量的像素（如 2），然后在整个激活图中重复该过程。因此，此过程的结果就是，激活图的大小将减小一半。

与使用步幅的方法相比，最大池化操作更适合于对空间信息不太感兴趣的任务。例如，分类任务就是这样的任务，在此类任务中，我们对目标对象的确切位置不感兴趣，仅对目标对象本身是什么感兴趣。当我们只是简单地在窗口中取最大值而不考虑其在窗口中的位置时，就会发生最大池化中空间信息的丢失。

我们要做的最后一件事是将 4 个神经元的密集层连接到卷积层，这将回归到边界框的两个角坐标（即每个角的(x, y)）：

```
out = K.layers.Flatten()(x)
out = K.layers.Dense(4, activation="sigmoid")(out)
```

由于边界框的坐标已经归一化，因此在选择使用激活函数时，最好选择值范围在(0, 1)的函数，例如本示例使用的 Sigmoid 函数。

所有需要的层均已准备就绪。现在可以使用新的层定义模型，并进行编译以训练它：

```
model = K.Model(inputs=base_model.input, outputs=out)
model.compile(
```

```
    loss="mean_squared_error",
    optimizer="adam",
    metrics=[
        K.metrics.RootMeanSquaredError(),
        "mae"])
```

可以看到，我们使用了均方误差（Mean Squared Error，MSE）作为损失（Loss）函数，这是实际值与预测值之间的平方差。在训练过程中，该值将被最小化；因此，该模型应该在训练后预测角的坐标。

如前文所述，我们添加到卷积层的正则化项也被添加到损失中。后者由 Keras 自动完成。此外，我们还使用了均方根误差（Root of MSE，RMSE）和平均绝对误差（Mean Absolute Error，MAE）作为度量。平均绝对误差可以衡量误差的平均幅度，反映实际预测误差的大小。

现在可以拆分数据集，方式和第 9.5.4 节“训练和评估分类器网络”相同：

```
inp_ds = ds.map(lambda d: (d.image,d.box))
valid = inp_ds.take(1000)
train = inp_ds.skip(1000).shuffle(10000)
```

现在剩下要做的就是训练模型。但是，在开始训练之前，你可能有兴趣了解如何精确地完成对新层的训练。在多层神经网络中，训练通常是使用反向传播算法（Backpropagation Algorithm）完成的，因此接下来我们将首先了解一下该算法。

9.6.2　理解反向传播算法

当我们获得神经网络的某些最佳权重时，可以认为该神经网络已经训练完成，能够对未见数据做出良好的预测。因此，你可能会问：如何才能获得最佳权重？一般来说，可使用梯度下降算法（Gradient Descent Algorithm）训练神经网络。这可以是纯梯度下降算法，也可以是某种改进的优化方法，如 Adam 优化器（Adam Optimizer），该方法同样是基于梯度计算的。

在所有这些算法中，我们都需要计算损失函数相对于所有权重的梯度。由于神经网络是一个复杂的函数，因此它看起来可能并不简单。神经网络是反向传播算法的起点，它使我们能够轻松计算复杂网络中的梯度并了解梯度的外观。

现在让我们深入研究一下算法的细节。

假设我们有一个由 N 个连续层组成的神经网络。一般来说，这种网络中的第 i 层是可以按以下方式定义的函数：

$$f_i = f_i(w_i, f_{i-1})$$

注意：

在上式中，w_i 是层的权重（Weight），f_{i-1} 是对应上一层的函数。

可以将 f_0 定义为网络的输入，这样该公式便适用于包括第一层在内的完整神经网络。

还可以将 f_{N+1} 定义为损失函数，以便该公式不仅定义所有层，而且还定义损失函数。当然，这种泛化不包括我们已经使用过的权重归一化项。当然，这是一个很简单的项，只会增加损失，因此为简单起见可以省略。

我们可以通过设置 $i = N + 1$ 和使用链式法则（Chain Rule）来计算损失函数的梯度，如下所示：

$$\frac{\partial f_i}{\partial w_{1\cdots i}} = \frac{\partial f_i}{\partial f_{i-1}} \times \frac{\partial f_{i-1}}{\partial w_{1\cdots i-1}} + \frac{\partial f_i}{\partial w_i}$$

根据我们的定义，该公式不仅适用于损失函数，也适用于所有层。在该公式中，我们可以看到某层相对于所有权重的偏导数是用与上一层相同的导数表示的，即公式中的 $\partial f_{i-1} / \partial w_{1\cdots i-1}$ 项，另外还有只能使用当前层计算的项，即 $\partial f_i / \partial f_{i-1}$ 和 $\partial f_i / \partial w_i$。

使用该公式之后，现在可以从数值上计算梯度。为此，我们首先定义一个代表误差信号的变量，并将其初始值赋值为 1。然后，从最后一层开始（在本例中为损失函数），并重复以下步骤，直至到达网络的输入为止。

（1）计算当前层相对于其权重的偏导数，然后乘以误差信号。这将是与当前层的权重相对应的梯度的一部分。

（2）计算相对于上一层的偏导数，乘以误差信号，然后用结果值更新误差信号。

（3）如果未到达网络输入，请移至上一层并重复上述步骤。

一旦达到输入，即可得到所有与可学习权重有关的偏导数。因此，我们将获得损失函数的梯度。现在可以注意到，这是相对于上一层的层的偏导数，它在梯度计算过程中在整个网络中向后传播。

这是一个传播信号（Propagating Signal），它会影响每一层对损失函数梯度的贡献。例如，如果在传播过程中某个地方变为零，那么所有其余层对梯度的贡献也将为零。这种现象称为消失梯度问题（Vanishing-Gradient Problem）。该算法可以推广到具有不同类型分支的非循环网络。

为了训练网络，剩下要做的就是在梯度方向上更新权重，并重复该过程直到收敛。如果使用纯梯度下降算法，则只需从权重中减去梯度乘以一些小常数即可；当然，通常会使用更高级的优化算法，如 Adam 优化器。

纯梯度下降算法的问题在于，首先，我们应该为小常数找到一些最佳值，以使权重的更新既不会太小（这会导致学习缓慢），也不会太大（因为值太大会导致不稳定）。另一个问题是，一旦找到最佳值，就必须开始减小它（网络开始收敛）。更重要的是，用不同的因子更新不同的权重通常是明智的做法，因为不同的权重与最佳值的距离可能是不同的。

这就是我们可能想要使用更高级的优化技术（如 Adam 优化器或 RMSProp）的一些原因，这些技术考虑了部分或全部上述问题，甚至还有一些未提及的问题。

在创建网络时，你应注意，优化算法领域仍在研究过程中，尽管在很多情况下，Adam 优化器应该是一个不错的选择，但有些优化器可能在某些情况下会更好。

你可能还会注意到，在算法中，我们没有确切提及如何计算层中的偏导数。当然，可以通过更改值并测量响应来进行数值计算，就像使用用于计算导数的数值方法一样。问题在于这种计算将很繁重且容易出错。更好的方式是为每个使用的操作定义一个符号表示，然后再次使用链式法则，如反向传播中的操作那样。

现在我们已经理解了如何计算完整的梯度。实际上，大多数现代深度学习框架都可以实现微分。通常而言，你不必担心它会如何完成，但是如果你打算使用新的模型（即你自己的模型），那么了解有关计算的背景知识可能会非常有帮助。

接下来，我们将训练已经准备好的模型，并查看其性能。

9.6.3　训练模型

在进行实际训练之前，最好以某种方式保存具有最佳权重的模型。为此，我们将使用 Keras 的回调：

```
checkpoint = K.callbacks.ModelCheckpoint("localization.h5",
    monitor='val_root_mean_squared_error',
    save_best_only=True, verbose=1)
```

在每个周期的训练之后都会调用该回调。它将计算验证数据上的预测的 root_mean_square_error 度量指标，如果该度量指标已改进，则将模型保存到 localization.h5。

现在可以按与分类相同的方式训练模型：

```
model.fit(
    train.batch(32),
    epochs=12,
    validation_data=valid.batch(1),
    callbacks=[checkpoint])
```

该代码和第 9.5.4 节“训练和评估分类器网络”代码的不同之处在于，这次我们训练了更多的 epochs，并传递了回调和验证数据集。

在训练过程中，你首先会看到损失和指标的逐渐下降（在训练集和验证集上均如此）。在若干个 epochs 之后，你可能会看到验证数据上的指标有所增加。后者可能被认为是过拟合的标志，但是在经过更多的 epochs 之后，你可能会看到 validation_data 的指标突然下降。后一种现象的产生是因为模型在优化过程中切换到了更好的最小度量。

以下是监视到的指标的最小值的结果：

```
Epoch 8/12
 83/84 [============================>.] - ETA: 0s - loss: 0.0012 -
root_mean_squared_error: 0.0275 - mae: 0.0212
 Epoch 00008: val_root_mean_squared_error improved from 0.06661 to 0.06268,
saving model to best_model.hdf5
 84/84 [==============================] - 39s 465ms/step - loss: 0.0012 -
root_mean_squared_error: 0.0275 - mae: 0.0212 - val_loss: 0.0044 -
val_root_mean_squared_error: 0.0627 - val_mae: 0.0454
```

你可能会注意到，在本示例中，第 8 个周期对验证数据的表现最佳。

还可以看到，验证数据的均方根误差（RMSE）约为 6%，平均绝对误差（MAE）更是小于 6%。对于该结果可作如下解释：给定验证数据中的一幅图像，边界框的角坐标通常会以图像尺寸的 1/20 为因子移动，这对于边界框与图像尺寸的比较而言并不是一个坏结果。

你可能还想尝试通过冻结基础模型的层来训练模型。如果这样做，那么你会发现其性能比不冻结层的模型要差得多。通过度量标准可知，冻结基础模型的层之后，它在验证数据集上的表现将是不冻结层的两倍差。有了这些数字，我们可以得出结论，基本模型的各层都能够在数据集上学习，因此模型在定位任务上的表现更好。

模型已经准备完毕，接下来让我们看看推理脚本的实际应用。

9.7　推理的实际应用

一旦运行推理脚本，它将连接到摄像头并在每个帧上定位一个框，如图 9-2 所示。

尽管该模型是在宠物的头部位置上训练的，但我们可以看到它同样非常擅长定位人的头部。在本示例中你可以体会到模型泛化的力量。

当你创建自己的深度学习应用程序时，可能会发现某些特定的程序缺少数据。但是，借鉴上述宠物头部模型可用于人类头部定位的示例，如果我们将特定情况与其他可用数据集相关联，则也许能够找到一些适用的数据集，尽管它们有所不同，但同样可以成功地训练模型。

图 9-2　应用程序效果演示

9.8　小　　结

本章使用 Oxford-IIIT-Pet 数据集创建并训练了分类和定位模型。我们已经掌握了如何使用迁移学习来创建深度学习分类器和定位器。

我们已经开始了解如何使用深度学习解决实际问题。本章详细阐释了卷积神经网络的工作原理，并且知道如何使用基本模型创建新的卷积神经网络。

我们还介绍了用于计算梯度的反向传播算法。了解此算法将使你能够对将来可能要构建的模型的体系结构做出更明智的决策。

在第 10 章中，我们将继续深度学习之旅，创建一个应用程序，以很高的准确率检测和跟踪对象。

9.9　数据集许可

Oxford-IIIT-Pet dataset: Cats and Dogs, O. M. Parkhi, A. Vedaldi, A. Zisserman, C. V. Jawahar in IEEE Conference on Computer Vision and Pattern Recognition, 2012.

第 10 章　检测和跟踪对象

在第 9 章中，我们已经接触到深度卷积神经网络，并使用迁移学习构建了深度分类和定位网络。我们开启了深度学习之旅，并熟悉了一系列深度学习概念。现在，我们将了解如何训练深度模型，并准备学习更高级的深度学习概念。

本章将继续深度学习之旅，首先使用对象检测模型来检测相关应用场景的视频中的多个不同类型的对象，如包含汽车和人的街景。之后，我们将学习如何构建和训练此类模型。

一般来说，稳定可靠的对象检测模型如今仍具有广泛的应用。这些领域包括但不限于医学、机器人技术、监视和许多其他领域等。了解它们的工作方式，将使你能够使用它们来构建自己的现实应用程序，并在它们之上发展出新的模型。

在讨论完对象检测之后，我们将实现简单在线和实时跟踪（Simple Online and Realtime Tracking，SORT）算法，该算法能够在整个视频帧中非常可靠地跟踪检测到的对象。在实现 SORT 算法的过程中，你还将熟悉卡尔曼滤波器（Kalman Filter），它通常是处理时间序列时的重要算法。

优秀的检测器和跟踪器的组合可以在行业问题中找到很多应用场景。本章将应用限制为统计对象的总数（按对象在整个视频的相关场景中出现的类型分别计数）。例如，统计整个视频中猫和狗的出现次数。一旦理解了如何完成此特定任务，你就可能形成自己的应用思路，这些思路最终会出现在你自己的应用程序中。

例如，拥有一个优秀的对象跟踪器可以让你回答很多统计问题（譬如说，场景的哪一个部分人员更稠密？或者，在观察时间内，哪个地方的人员移动得更慢或更快？）。在某些应用场景下，你可能会对监视特定对象的轨迹、估计它们的速度或它们在场景的不同区域中花费的时间感兴趣。拥有一个优秀的跟踪器是所有这些问题的解决方案。

本章将涵盖以下主题。

- 准备应用程序。
- 准备主脚本。
- 使用 SSD 模型检测对象。
- 了解对象检测器。
- 跟踪检测到的对象。
- 实现 SORT 跟踪器。
- 了解卡尔曼滤波器。

- 查看程序的实际应用效果。

首先我们将介绍本章操作所需的准备工作。

10.1　准备工作

如前文所述，你需要正确安装 OpenCV、SciPy 和 NumPy。

你可以在 GitHub 存储库中找到本章提供的代码，其网址如下：

https://github.com/PacktPublishing/OpenCV-4-with-Python-Blueprints-Second-Edition/tree/master/chapter10

注意：

在 Docker 上运行应用程序时，Docker 容器应具有对 X11 服务器的适当访问权限。此应用无法在无头模式（Headless Mode）下运行。与 Docker 一起运行应用程序的最佳环境是 Linux 桌面环境。在 macOS 上，可以使用 xQuartz 来创建可访问的 X11 服务器。有关 xQuartz 的详细信息，可访问：

https://www.xquartz.org/

也可以使用上述存储库中可用的 Docker 文件之一来运行应用程序。

10.2　规划应用程序

如前文所述，最终的应用程序将能够检测、跟踪和统计应用场景中的对象。这将需要以下组件。

- main.py：这是用于实时检测、跟踪和统计对象数量的主脚本。
- sort.py：这是实现跟踪算法的模块。

我们将首先准备主脚本。在准备过程中，你将学习到如何使用检测网络，了解它们的工作方式和训练方法。在同一脚本中，我们将使用跟踪器来跟踪和计数对象。

接下来，让我们开始准备主脚本。

10.3　准备主脚本

主脚本将负责应用程序的完整逻辑。它将处理视频流，并使用与跟踪算法相结合的对象检测深度卷积神经网络。

跟踪算法用于逐帧跟踪对象。它还将负责说明结果。该脚本将接受参数并具有一些固有常量，这些常量在脚本的以下初始化步骤中定义。

（1）与其他任何脚本一样，首先导入所有必需的模块：

```
import argparse

import cv2
import numpy as np

from classes import CLASSES_90
from sort import Sort
```

在上面的代码中导入了 argparse，这是因为我们希望脚本接收参数。我们将对象类存储在单独的文件中，以免污染脚本。最后，还导入了 Sort 跟踪器，下文将介绍如何构建它。

（2）创建并解析参数：

```
parser = argparse.ArgumentParser()
parser.add_argument("-i", "--input",
                    help="Video path, stream URI, or camera ID ",
default="demo.mkv")
parser.add_argument("-t", "--threshold", type=float, default=0.3,
                    help="Minimum score to consider")
parser.add_argument("-m", "--mode", choices=['detection',
'tracking'], default="tracking",
                    help="Either detection or tracking mode")

args = parser.parse_args()
```

我们的第一个参数是输入，它可以是视频的路径、摄像头的 ID（默认摄像头的 ID 为 0）或视频流通用资源标识符（Universal Resource Identifier，URI）。

例如，你将能够使用实时传输控制协议（Real-time Transport Control Protocol，RTCP）将应用程序连接到远程 IP 摄像头。

我们使用的神经网络将预测对象的边界框。每个边界框都有一个评分，该分数将指定边界框包含某种类型的对象的可能性。

下一个参数是 threshold（阈值），它指定分数的最小值。如果分数低于 threshold，那么我们将不考虑检测。

最后一个参数是 mode，这是运行脚本的模式。如果在 detection（检测）模式下运行它，则算法的流程将在检测到对象后停止，并且不会继续进行跟踪。对象检测的结果将在帧中提供图示说明（包括边界框和文字）。

（3）OpenCV 接收作为整数的摄像头 ID。如果指定摄像头的 ID，则输入参数将是字符串而不是整数。因此，如果需要的话，可将其转换为整数：

```
if args.input.isdigit():
    args.input = int(args.input)
```

（4）定义所需的常量：

```
TRACKED_CLASSES = ["car", "person"]
BOX_COLOR = (23, 230, 210)
TEXT_COLOR = (255, 255, 255)
INPUT_SIZE = (300,300)
```

本示例应用程序将跟踪汽车和人员。我们将以黄色显示边界框，以白色书写文本。另外，还将定义用于检测的单发检测器（Single Shot Detector，SSD）模型的标准输入大小。

10.4　使用 SSD 模型检测对象

OpenCV 具有使用深度学习框架构建的模型，导入后即可使用其方法。我们按以下方式加载 TensorFlow SSD 模型：

```
config = "./ssd_mobilenet_v1_coco_2017_11_17.pbtxt.txt"
model = "frozen_inference_graph.pb"
detector = cv2.dnn.readNetFromTensorflow(model,config)
```

readNetFromTensorflow 方法的第一个参数接收一个文件的路径，该文件包含二进制协议缓冲区（Protocol Buffers，Protobuf，PB）格式的 TensorFlow 模型。第二个参数是可选的，它是一个文本文件的路径，该文件包含 Protobuf 格式的模型的图形定义。

当然，模型文件本身也可能包含图形定义，并且 OpenCV 可以从模型文件中读取该定义。但是，对于许多神经网络来说，仍可能需要创建一个单独的定义，因为 OpenCV 无法解释 TensorFlow 中可用的所有操作，因此应将这些操作替换为 OpenCV 可以解释的操作。

现在让我们定义对提供检测结果的图示说明非常有用的函数。第一个函数的作用是绘制一个边界框：

```
def illustrate_box(image: np.ndarray, box: np.ndarray, caption: str) ->
None:
```

在上面的代码中，illustrate_box 函数接受一幅图像作为参数，另外还有一个归一化的边界框，该边界框是由 4 个坐标组成的数组，这些坐标指定了边界框的两个相对角。illustrate_box 函数还接受边界框的标题。

该函数的操作包括以下步骤。

（1）提取图像的大小：

```
rows, cols = frame.shape[:2]
```

（2）提取两个点，按图像大小缩放它们，然后将它们转换为整数：

```
points = box.reshape((2, 2)) * np.array([cols, rows])
p1, p2 = points.astype(np.int32)
```

（3）使用两点绘制相应的矩形：

```
cv2.rectangle(image, tuple(p1), tuple(p2), BOX_COLOR, thickness=4)
```

（4）将标题放在第一个点附近：

```
cv2.putText(
    image,
    caption,
    tuple(p1),
    cv2.FONT_HERSHEY_SIMPLEX,
    0.75,
    TEXT_COLOR,
    2)
```

第二个函数将以图示形式说明所有检测，如下所示：

```
def illustrate_detections(dets: np.ndarray, frame: np.ndarray) ->
np.ndarray:
    class_ids, scores, boxes = dets[:, 0], dets[:, 1], dets[:, 2:6]
    for class_id, score, box in zip(class_ids, scores, boxes):
        illustrate_box(frame, box, f"{CLASSES_90[int(class_id)]}
{score:.2f}")
    return frame
```

在上面的代码片段中可以看到，第二个函数将接收检测结果（dets），这是一个二维 NumPy 数组，另外还接收 frame，在帧上将显示检测结果的图示说明。

每个检测结果都包括检测到的对象的类 ID，指定边界框包含指定类别的对象的概率的分数，以及检测结果本身的边界框。

该函数首先为所有检测提取先前声明的值，然后使用 Illustrated_box 方法说明检测的每个边界框。类别名称和分数将添加为该边界框的标题。

现在连接到摄像头：

```
cap = cv2.VideoCapture(args.input)
```

上述代码可将 input 参数传递给 VideoCapture，如前文所述，它可以是视频文件、视频流或摄像头 ID 等。

现在，我们已经加载了网络，定义了图示说明所需的函数，并打开了视频捕获功能，这些操作已经可以遍历帧、检测对象并显示检测结果。为此，可使用一个 for 循环：

```
for res, frame in iter(cap.read, (False, None)):
```

循环的主体包含以下步骤。

（1）将帧设置为检测器网络的输入：

```
detector.setInput(
    cv2.dnn.blobFromImage(
        frame,
        size=INPUT_SIZE,
        swapRB=True,
        crop=False))
```

blobFromImage 可根据提供的图像为网络创建一个四维输入。它还会将图像调整为输入大小（INPUT_SIZE），当网络在 RGB 图像上训练时，它将交换图像的红色和蓝色通道，因为 OpenCV 是以 BGR 模式读取帧的。

（2）使用网络进行预测，并以所需格式获取输出：

```
detections = detector.forward()[0, 0, :, 1:]
```

在上述代码中，forward 代表正向传播。结果是一个二维的 NumPy 数组。数组的第一个索引指定检测号，第二个索引表示特定的检测，而检测结果则由对象的类、分数和指定边界框的两个角坐标的 4 个值表示。

（3）从 detections（检测结果）中提取 scores（概率分数），并过滤掉分数非常低的检测结果：

```
scores = detections[:, 1]
detections = detections[scores > 0.3]
```

（4）如果脚本以 detection 模式运行，则立即提供检测结果的图示说明：

```
if args.mode == "detection":
    out = illustrate_detections(detections, frame)
    cv2.imshow("out", out)
```

（5）注意，必须设置终止条件：

```
if cv2.waitKey(1) == 27:
    exit()
```

本示例设置的是按 Esc 键退出。

现在已经可以在 detection 模式下运行脚本。图 10-1 显示了样本结果。

图 10-1　运行脚本检测对象

在图 10-1 中可以看到，SSD 模型已成功检测到场景中可见的所有汽车和人员，并且提供了边界框、类别标题（car 和 person）、概率分数等图示说明。

接下来，让我们看看如何使用其他对象检测器。

10.5　使用其他检测器

本章将使用对象检测器来获取对象的边界框（包括对象的类型），这将由负责跟踪的 SORT 算法做进一步的处理。一般来说，获得边界框的确切方式并不重要。在前面的示例中，我们使用的是 SSD 预训练模型。接下来我们将考虑使用其他模型替换它。

首先，让我们了解一下 YOLO。YOLO 也是单级检测器（Single State Detector），其名称的意思是只看一次（You Only Look Once，YOLO）。最初的 YOLO 模型基于 Darknet，

Darknet 是另一个开源神经网络框架，用 C++和 CUDA 编写。OpenCV 具有加载基于 Darknet 的网络的能力，这和加载 TensorFlow 模型的方式是类似的。

要加载 YOLO 模型，首先应该下载包含网络配置和权重的文件。

注意：

可以通过访问以下网址下载上述文件：

https://pjreddie.com/darknet/yolo/

本示例将使用 YOLOv3-tiny，它是一个轻型版本。

在下载网络配置和权重后，就可以像加载 SSD 模型一样加载它们：

```
detector = cv2.dnn.readNetFromDarknet("yolov3-tiny.cfg", "yolov3-
tiny.weights")
```

这里的不同之处在于，使用 readNetFromDarknet 函数代替了 readNetFromTensorflow。为了使用此检测器代替 SSD，需要执行以下操作。

- 必须更改输入的大小：

```
INPUT_SIZE = (320, 320)
```

最开始训练的网络具有指定的大小。如果你具有高分辨率输入视频流，并且希望网络检测场景中的小对象，则可以将输入设置为不同大小，该大小值应该是 160 的倍数，如大小(640, 480)。INPUT_SIZE 越大，则检测到的对象越小，但是网络会使预测变慢。

- 必须更改类别的名称：

```
with open("coco.names") as f:
    CLASSES_90 = f.read().split("\n")
```

尽管 YOLO 网络是在 COCO 数据集上训练的，但是对象的 ID 是不同的。你仍然可以使用先前的类别名称运行，但是在这种情况下，你将获得错误的类别名称。

注意：

可以通过以下 Darknet 存储库下载文件：

https://github.com/pjreddie/darknet

- 必须稍微更改一下输入：

```
detector.setInput(
    cv2.dnn.blobFromImage(
        frame,
```

```
        scalefactor=1 / 255.0,
        size=INPUT_SIZE,
        swapRB=True,
        crop=False))
```

与 SSD 的输入相比，我们添加了 scalefactor（比例因子），可对输入进行归一化。

现在已经可以进行预测了。当然，我们还没有完全准备好使用此检测器显示结果，这里的问题在于，YOLO 模型的预测具有不同的格式。

YOLO 模型的每次检测都包括边界框中心的坐标、边界框的宽度和高度，以及一个独热向量（表示边界框中每种类型的对象的概率）。为了完成这种集成，必须以应用程序中使用的格式显示检测结果。这可以通过以下步骤完成。

（1）提取边界框的中心坐标：

```
centers = detections[:, 0:2]
```

（2）提取边界框的宽度和高度：

```
sizes = detections[:, 2:4]
```

（3）提取 scores_one_hot：

```
scores_one_hot = detections[:, 5:]
```

（4）找到最高分的 class_ids：

```
class_ids = np.argmax(scores_one_hot, axis=1)
```

（5）提取最高分数：

```
scores = np.max(scores_one_hot, axis=1)
```

（6）使用上述步骤获得的结果，按照应用程序其余部分所需的格式构建 detections（检测结果）：

```
detections = np.concatenate(
    (class_ids[:, None], scores[:, None], centers - sizes / 2,
centers + sizes / 2), axis=1)
detections = detections[scores > 0.3]
```

现在可以运行使用新检测器的应用程序了。

根据你的要求、可用资源和所需的准确率，你可能还会希望使用更多的检测模型，例如其他版本的 SSD 或 Mask-RCNN。到目前为止，Mask-RCNN 是准确率最高的对象检测网络之一，缺点是它比 SSD 模型慢得多。

你可以尝试使用 OpenCV 加载所选择的模型，就像本章中针对 YOLO 和 SSD 所做的一样。使用这种方法时，可能会在加载模型时遇到一些问题。例如，你可能必须调整网络配置，以使 OpenCV 可以处理网络中的所有操作。之所以会出现此类问题，是因为现代深度学习框架发展非常快，OpenCV 需要一些时间来跟上所有新操作。

还有一种方法是使用原始框架来运行模型，我们在第 9 章“对象分类和定位”中的示例就是这样做的。

如果你愿意使用原始框架，则需要了解如何使用检测器，接下来就让我们了解一下它们的工作方式。

10.6　了解对象检测器

在第 9 章“对象分类和定位”中，我们学习了如何使用卷积神经网络中某一层的特征图来预测场景中对象（人像或宠物头部）的边界框。

你可能会注意到，在第 8 章中介绍的定位网络（Localization Network）与本章所介绍的检测网络（Detection Network）之间的区别在于，检测网络会预测多个边界框而不是单个边界框，并且会为每个边界框分配一个类别。

现在，让我们讨论一下这两种架构之间的结合，以便你可以理解 YOLO 和 SSD 等对象检测网络的工作方式。

10.6.1　单对象检测器

首先，让我们看一下如何在使用边界框的同时预测类别。在第 9 章“对象分类和定位”中，已经详细介绍了如何构建分类器。实际上，我们完全可以将分类与定位功能结合在单个网络中。要实现这一目的，可以将分类和定位块（Block）连接到基础网络的相同特征图，并使用损失函数对它们一起进行训练。损失函数可以是定位和分类损失的总和。感兴趣的读者可以尝试创建并训练这样的网络。

你可能会问，如果场景中没有对象该怎么办？要解决这个问题，可以简单地增加一个与背景相对应的类，并在训练时将边界框预测器的损失赋值为 0。结果就是，你将拥有一个检测器，该检测器可以检测多种类别的对象，但只能检测场景中的一个对象。

接下来让我们看一下如何预测多个边界框而不是只有一个边界框，从而实现对象检测器的完整架构。

10.6.2　滑动窗口方法

滑动窗口（Sliding-Window）方法是创建可以检测场景中多个对象的架构的最早方法

之一。使用这种方法时，首先要为感兴趣的对象构建一个分类器。然后，选择一个矩形（窗口），其大小比要检测对象的图像小很多。之后，将其滑过图像中所有可能的位置，并对矩形在每个位置中是否存在所选类型的对象进行分类。

在滑动过程中，使用的滑动大小介于边界框大小的一部分和整个边界框大小之间。可使用不同大小的滑动窗口重复该过程。最后，选择一个类别得分高于某个阈值的窗口位置，并报告这些窗口位置，它们的大小就是所选对象类别的边界框的大小。

这种方法的问题是，首先，在单幅图像上会有很多分类，因此检测器的架构将非常复杂。其次，对象仅以滑动窗口大小的精度进行定位。此外，检测边界框的大小必须等于滑动窗口的大小。当然，如果减小滑动窗口的大小并增加窗口的数量，则可以改善检测结果，但是这将导致更大的计算开销。

可以考虑将单对象检测器与滑动窗口方法结合起来，并充分利用这两种方法。例如，可以将图像划分成多个区域。譬如可以采用 5×5 的网格，然后在网格的每个单元格中运行单对象检测器。

还有更多充分利用这两种方法的思路，例如，可以创建更多具有更大或更小尺寸的网格，或者使网格单元格重叠在一起。作为一个小型项目，你可以深入理解其中包含的思路，尝试实现它们并获得结果。当然，这些方法也可能会使架构变得更复杂。

10.6.3　单遍检测器

在上面提到的思路中，使用了单对象分类或检测网络来实现多对象的检测。在所有已讨论的应用场景中，对于每个预定义区域，我们都会多次向网络馈送完整图像或部分图像。换句话说，我们使用的是多遍检测，这导致了很复杂的架构。

如果有一个网络，只要给它提供一次图像，就可以检测到场景中的所有对象，这样不是很好吗？在这个检测过程中，只需要检测一遍（读取一次数据），所以可称之为单遍检测器（Single-Pass Detector）。

可以尝试的一个想法是，为我们的单对象检测器提供更多输出，以便它能够预测多个边界框而不是一个边界框。这是一个好主意，但是也有一个问题。假设我们在场景中有多条狗，它们可能出现在不同的位置，并且以不同的数量出现，那么应该如何在狗和输出之间建立不变的对应关系呢？如果尝试通过将边界框分配给输出（如从左到右）来训练这样的网络，那么最终只会得到接近所有位置的平均值的预测。

诸如 SSD 和 YOLO 之类的网络可以解决这些问题，并在单遍检测中就可以实现多个比例和多个边界框的检测。可以用以下 3 点来总结它们的架构。

- SSD 和 YOLO 具有连接到特征图的位置感知（Position-Aware）多边界框检测器。

前文已经讨论了将若干个边界框预测器连接到完整特征图时出现的训练问题。在使用 SSD 和 YOLO 时，要解决该问题，可以将预测器连接到特征图的一小部分而不是整个特征图。

这样可以预测图像区域中仅与特征图确切区域相对应的边界框。然后，相同的预测器将跨越特征图的所有可能位置进行预测。此操作可使用卷积层实现，因为它可以有卷积核及其激活函数，卷积核跨越整个特征图滑动，并将坐标和类别作为其输出特征图。

例如，如果你返回到定位模型的代码并替换最后两层，则可以获得类似的操作，这将展平输出并创建 4 个全连接的神经元，以使用包含 4 个内核的卷积层来预测边界框坐标。此外，由于预测器在特定区域内起作用并且仅知道该区域，因此它们可预测相对于该区域的坐标，而不是预测相对于完整图像的坐标。

- YOLO 和 SSD 都可以预测每个位置中的若干个边界框，而不是单个边界框。它们将从若干个默认边界框（Default Box）——也称为锚边界框（Anchor Box）中预测偏移的坐标。这些边界框有选定的大小和形状，使其接近数据集或自然场景中的对象，从而使相对坐标具有较小的值，甚至默认的边界框也与对象边界框非常匹配。

  例如，汽车通常显示为比较宽的边界框，而人员则通常显示为比较高的边界框。多个边界框可让你获得更高的准确率，并在同一区域中具有多个预测。例如，如果某个人坐在图像中某处的自行车上，而我们只有一个边界框，那么将忽略其中一个对象。使用多个锚定边界框时，对象将对应于不同的锚定边界框。

- 除了具有多个尺寸的锚边界框外，它们还使用若干个具有不同尺寸的特征图来完成多个比例的预测。如果预测模块以较小的尺寸连接到网络的顶部特征图，则它将负责大型对象。

  如果它连接到底部特征图之一，则它将负责处理小对象。一旦在选定的特征图中完成了所有多个边界框的预测，则结果将被转换为图像的绝对坐标并进行连接。这样就可以按本章中使用的形式获得预测。

注意：

如果你对更多实现细节感兴趣，则建议阅读相应的论文，并分析相应的实现代码。

在理解了检测器的工作原理之后，你可能还对它们的训练原理感兴趣。但是，在理解这些原理之前，我们还需要了解一种称为交并比（Intersection-over-Union，IoU）的度量，该度量在训练和评估这些网络以及过滤其预测时会大量使用。

我们还将实现一个用于计算该指标的函数，该函数将在构建用于跟踪的 Sort 算法时使用。因此，你应该注意，了解此度量标准不仅对于对象检测很重要，对于跟踪也很重要。

10.6.4　了解交并比

交并比（Intersection-over-Union，IoU）也称为雅卡尔指数（Jaccard Index），定义为交集的大小除以并集的大小，其公式如下：

$$J(A,B)=\frac{|A\cap B|}{|A\cup B|}$$

该公式等效于以下公式：

$$\frac{|A\cap B|}{|A|+|B|-|A\cap B|}$$

在图 10-2 中，说明了两个边界框的 IoU。

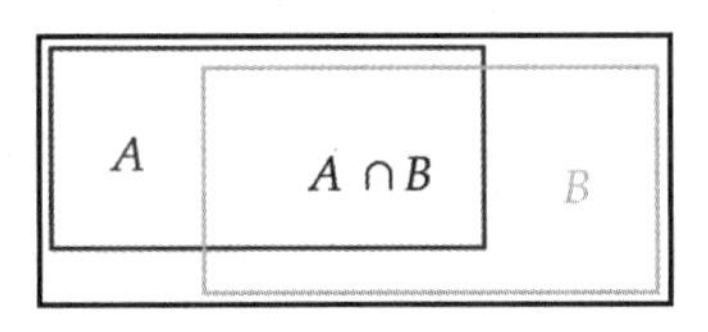

图 10-2　交并比示意图

在图 10-2 中，并集是完整图形的总面积，而交集则是边界框重叠的部分。交并比（IoU）的值可以在(0, 1)的范围，并且只有在边界框完全匹配时才能达到最大值 1。一旦边界框被分开，它就变成 0。

让我们定义一个函数，该函数接受两个边界框并返回它们的 IoU 值：

```
def iou(a: np.ndarray, b: np.ndarray) -> float:
```

要计算 IoU 值，必须执行以下步骤。

（1）首先提取两个边界框的左上角和右下角坐标：

```
a_tl, a_br = a[:4].reshape((2, 2))
b_tl, b_br = b[:4].reshape((2, 2))
```

（2）获取两个左上角逐个元素的 maximum（最大值）：

```
int_tl = np.maximum(a_tl, b_tl)
```

将这两个数组进行逐元素的比较，结果将是一个新数组，其中包含该数组中相应索引的较大值。在本示例中，可以获得最大的 x 和 y 坐标并将其存储在 int_tl 中。如果边界框相交，则这是交集的左上角。

（3）获取右下角的逐个元素的 minimum（最小值）：

```
int_br = np.minimum(a_br, b_br)
```

与上面的情况类似，如果边界框相交，则这是交集的右下角。

（4）计算边界框的面积：

```
a_area = np.product(a_br - a_tl)
b_area = np.product(b_br - b_tl)
```

边界框的右下角和左上角坐标之间的差就是框的宽度和高度，因此，所得数组元素的乘积就是边界框的面积。

（5）计算交集的面积：

```
int_area = np.product(np.maximum(0., int_br - int_tl))
```

如果边界框不重叠，则结果数组中至少一个元素将为负。负值将替换为零。因此，在这种情况下，面积为 0，与预期一致。

（6）计算交并比（IoU）并返回结果：

```
return int_area / (a_area + b_area - int_area)
```

在了解了交并比（IoU）并且构建了计算 IoU 的函数之后，即可开始学习如何训练我们所使用的检测网络。

10.6.5 训练 SSD 和 YOLO 式网络

如前文所述，诸如 YOLO 和 SSD 之类的网络会使用预定义的锚边界框预测对象。在所有可用边界框中，仅选择一个与对象相对应的边界框。在预测期间，将为边界框分配对象的类别，并预测偏移量。

因此，这里的问题是，如何选择单个边界框？你可能已经猜到了，IoU 将用于此目的。真实边界框（Ground Truth Box）与锚点边界框之间的对应关系可以按如下方式获得。

（1）创建一个矩阵，其中包含所有可能的真实边界框和锚点边界框对的所有 IoU 值。假设矩阵的行对应于真实边界框，列则对应于锚点边界框。

（2）在矩阵中找到最大元素，并给相应的边界框赋值（彼此相互赋值）。删除矩阵中最大元素的行和列。

（3）重复步骤（2），直到没有可用的真实边界框，或者换句话说，直到删除矩阵的所有行。

在赋值完成之后，剩下要做的就是为每个边界框定义一个损失函数，将结果求和为总损失并训练网络。包含对象边界框的偏移量的损失可以简单地定义为 IoU。交并比（IoU）越大，边界框离真实值就越近，因此，其负值应归约掉。

不包含对象的锚边界框不会造成损失。对象类别的损失也很简单——没有赋值的锚边界框使用背景类别进行训练，而有赋值的锚边界框则使用其相应的类别进行训练。

我们所考虑的每个网络都对上述损失进行了一些修改，以使其在特定应用场景上获得更好的性能。你可以选择一个网络并自行定义上述损失，这对你来说是一个很好的练习。如果你正在构建自己的应用程序，并且需要在有限的时间内获得相应的经过训练的网络，并且具有相对较高的准确率，则可以考虑使用相应网络的代码库随附的训练方法。

在了解了如何训练这些网络之后，让我们继续讨论该应用程序的 main 脚本，并集成 Sort 跟踪器以跟踪检测到的对象。

10.7　跟踪检测到的对象

一旦我们可以成功检测到每个帧中的对象，即可通过关联各帧之间的检测来跟踪它们。如前文所述，本章将使用 SORT 算法进行多对象跟踪，该算法名称代表的是简单在线和实时跟踪（Simple Online and Realtime Tracking，SORT）。

给定多个边界框的序列，此算法可将序列元素的边界框关联起来，并根据物理原理微调边界框的坐标。这里所说的物理原理之一是物理对象不能快速改变其速度或移动方向。例如，在正常条件下，行驶中的汽车无法在两帧之间就反转其运动方向。

假设检测器正确注解了对象，要跟踪对象，则需要为每一个对象类别实例化一个多对象跟踪器（Multiple Object Trackers，MOT）：

```
TRACKED_CLASSES = ["car", "person"]
mots = {CLASSES_90.index(tracked_class): Sort()
        for tracked_class in TRACKED_CLASSES}
```

可以将实例存储在字典中。字典中的键设置为相应的类别 ID。我们将使用 track 函数跟踪检测到的对象：

```
def track(dets: np.ndarray,
          illustration_frame: np.ndarray = None):
    for class_id, mot in mots.items():
```

该函数接收检测结果和可选的图示说明帧作为参数。函数的主循环将遍历已经实例化的多对象跟踪器。然后，对于每个多对象跟踪器，执行以下步骤。

（1）从所有传递的检测结果中提取当前多对象跟踪器的对象类型的检测：

```
class_dets = dets[dets[:, 0] == class_id]
```

（2）将当前对象类型的边界框传递给跟踪器的 update 方法，以此来更新跟踪器：

```
sort_boxes = mot.update(class_dets[:, 2:6])
```

update 方法可返回与对象 ID 关联的被跟踪对象的边界框坐标。

（3）如果提供了图示说明帧，则会给帧中的边界框提供说明：

```
if illustration_frame is not None:
    for box in sort_boxes:
        illustrate_box(illustration_frame, box[:4],
            f"{CLASSES_90[class_id]} {int(box[4])}")
```

对于每个返回的结果，将使用我们先前定义的 illustrate_box 函数绘制相应的边界框。每个边界框都将使用边界框的类别名称和 ID 进行注解。

这里还需要定义一个函数，在帧上输出有关跟踪的一般性信息：

```
def illustrate_tracking_info(frame: np.ndarray) -> np.ndarray:
    for num, (class_id, tracker) in enumerate(trackers.items()):
        txt = f"{CLASSES_90[class_id]}:Total:{tracker.count}
Now:{len(tracker.trackers)}"
        cv2.putText(frame, txt, (0, 50 * (num + 1)),
                    cv2.FONT_HERSHEY_SIMPLEX, 0.75, TEXT_COLOR, 2)
    return frame
```

对于每个跟踪对象的类别，该函数将写入跟踪对象的总数和当前跟踪对象的编号。

在定义了跟踪和说明函数之后，就可以修改主循环了。主循环将遍历帧，以便可以在跟踪模式下运行应用程序：

```
if args.mode == "tracking"
    out = frame
    track(detections, frame)
    illustrate_tracking_info(out)
```

上述代码表示，如果应用程序以 tracking（跟踪）模式运行，则将使用 track 函数在整个帧中跟踪选定类别的已检测到的对象，并且在帧上显示跟踪信息。

接下来，我们将通过 SORT 跟踪器的实现详细阐释跟踪算法。

10.7.1　实现 SORT 跟踪器

SORT 算法是一种简单而强大的实时跟踪算法，用于对视频序列中检测到的对象进行多对象跟踪。该算法具有一种机制，可以将检测结果和跟踪器相关联，从而为每个被跟踪对象最多提供一个检测边界框。

对于每个跟踪的对象，该算法都会创建单个对象跟踪类别的实例。基于诸如“对象不能迅速改变大小或速度”之类的物理原理，类别实例可以预测对象的特征位置并维持帧与帧之间的跟踪。后者是借助卡尔曼滤波器（Kalman Filter）实现的。

首先需要导入在算法实现中使用的模块，如下所示：

```
import numpy as np
from scipy.optimize import linear_sum_assignment
from typing import Tuple
import cv2
```

和以前介绍的项目一样，这里的主要依赖项是 NumPy 和 OpenCV。不一样的是，将检测到的对象与跟踪的对象相关联时，将使用 linear_sum_assignment 方法。

接下来，我们将首先了解一下卡尔曼滤波器，因为在单个边界框跟踪器的实现中将会使用到它。

10.7.2　理解卡尔曼滤波器

卡尔曼滤波器是一种统计模型，在信号处理、控制理论和统计中具有广泛的应用。卡尔曼滤波器是一个复杂的模型，但是当我们以一定的准确率了解系统的动态特性时，它可以被认为是一种对包含大量噪声的对象观察值进行去噪（De-noise）的算法。

让我们通过一个示例来说明卡尔曼滤波器的工作原理。想象一下，我们想找到一列在铁轨上移动的火车的位置。火车是有速度的，但遗憾的是，我们仅有的测量值来自雷达，而雷达仅显示了火车的位置。

我们想要准确地测量火车的位置。如果查看每个雷达的测量值，固然可以从中获悉火车的位置，但是如果雷达不是非常可靠且测量的噪声很高，那该怎么办？假设雷达报告的位置如图 10-3 所示。

仔细看图 10-3，你对于火车下午 3 点时的真实位置有什么观点吗？你也许会说，火车不是没有可能从下午 2 点时的位置 1 到达下午 3 点时的位置 5，但是我们知道火车的装载很重且速度变化非常缓慢，很难连续两次快速地反转行进方向，先到位置 5，然后又在下午 4 点时返回位置 2。因此，我们可以使用有关事物运行方式的知识以及此前的观察结

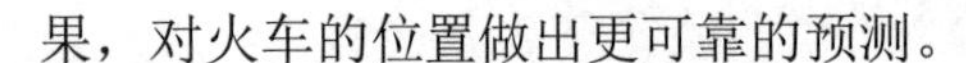
果，对火车的位置做出更可靠的预测。

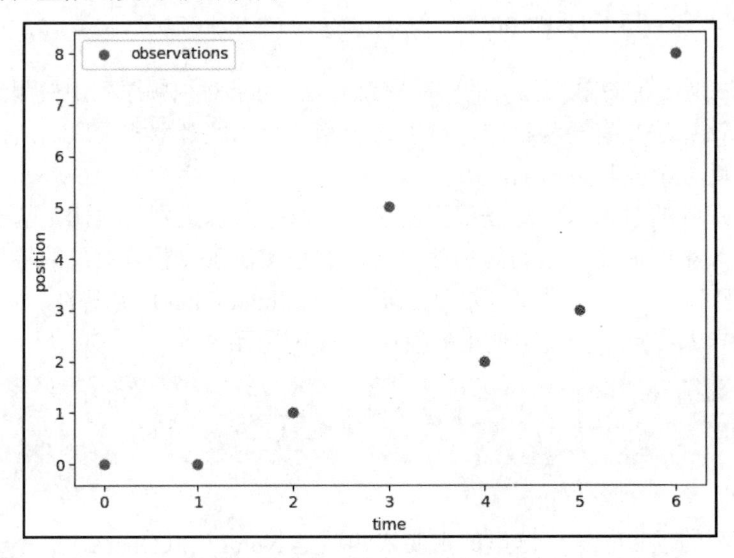

图 10-3　雷达报告的火车位置

原　文	译　文
observations	观察值
position	位置
time	时间

例如，如果假设可以通过火车的位置和速度（Velocity）来描述火车，则可以将状态（State）定义为以下形式：

$$s=(x,v)^T$$

注意：

在上式中，x 是火车的位置，v 是火车的速度。

现在我们需要一种描述现实模型的方法，这称为状态转换模型（State-Transition Model），对于火车来说，它应该如下所示：

$$x[t]=x[t-1]+v$$

$$v[t]=v[t-1]$$

可以使用状态变量 s 将其写成矩阵形式：

$$s[t]=\boldsymbol{F}\cdot s[t-1]=\begin{pmatrix}1 & 1\\0 & 1\end{pmatrix}\begin{pmatrix}x[t-1]\\v[t-1]\end{pmatrix}$$

注意：

矩阵 $\boldsymbol{F}$ 被称为状态转换矩阵（State-Transition Matrix，也称为状态转移矩阵）。

因此，我们认为火车不会改变其速度，而是以恒定速度行驶。这意味着在观察图上应该有一条直线，但这太严格了，没有任何一个真实的系统会以这种方式运行，因此应该允许系统中存在一些噪声，即过程噪声（Process Noise）：

$$s[t]=\boldsymbol{F}\cdot s[t-1]+w[t]$$

一旦我们对过程噪声的性质做出了统计假设，这将成为一个统计框架，这也是往往会出现的正常情况。但是，在这种情况下，如果我们不确定状态转换模型，但可以确定观察结果，则最好的解当然仍是仪器报告的内容。因此，我们需要将状态与观察结果联系起来。请注意，我们要观察的是 x（火车位置），因此可以通过将状态乘以一个简单的行矩阵来恢复观察结果（Observation）：

$$o[t]=\boldsymbol{H}\cdot s[t]=(1\quad 0)\begin{pmatrix} x[t] \\ v[t] \end{pmatrix}$$

但是，如前文所述，我们必须允许观察值不完美（也许是因为雷达不够先进，或者有时读数有误），也就是说，我们需要允许出现观察噪声（Observation Noise）。因此，最终的观察结果如下：

$$o[t]=\boldsymbol{H}\cdot s[t]+\in[t]$$

现在，如果我们能够表示过程噪声和观察噪声的特征，那么卡尔曼滤波器仅使用该时间之前的观察值就能够对列车在每个点的位置提供良好的预测。对噪声进行参数化的最佳方法是使用协方差矩阵（Covariance Matrix）：

$$w[t]\sim \boldsymbol{N}(0,Q)$$

$$\in[t]\sim \boldsymbol{N}(0,R)$$

卡尔曼滤波器具有递归状态转换模型，因此我们必须提供状态的初始值。如果我们将其选择为(0, 0)，并且假设过程噪声和测量噪声（Measurement Noise）具有同等可能性（这在现实生活中是一个可怕的假设），那么卡尔曼滤波器为我们提供的火车在每个时间点位置的预测将如图 10-4 所示。

一方面，我们相信观察结果；另一方面，我们假设速度不变，由于对这两点的信心是一样的，因此获得的平滑曲线（蓝色）虽然不那么极端，但仍不能令人信服。因此，我们必须确保在选择的变量中考虑直觉。

例如，我们可以考虑一个信噪比（Signal-to-Noise Ratio），即协方差的比率的平方根是 10，则得到的结果将如图 10-5 所示。

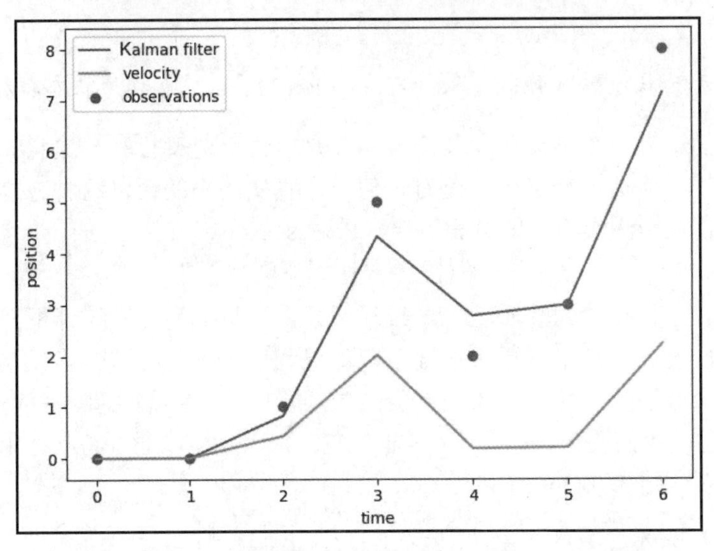

图 10-4 卡尔曼滤波器提供的火车在每个时间点位置的预测

原 文	译 文
Kalman filter	卡尔曼滤波器
velocity	速度
observations	观察值
position	位置
time	时间

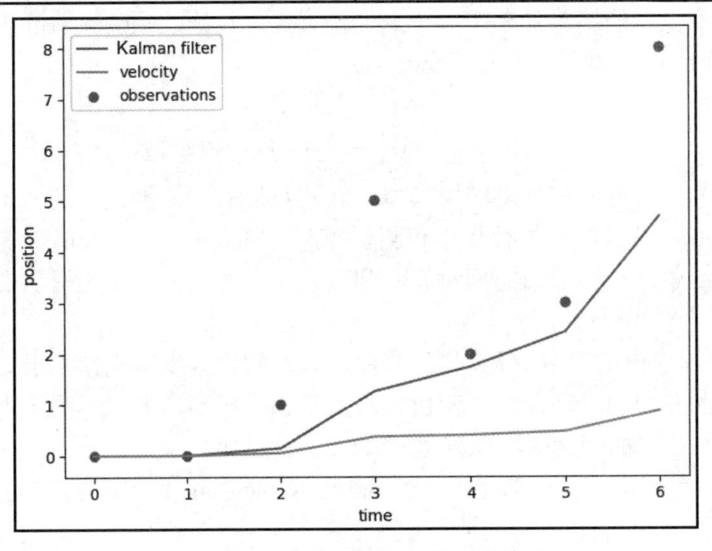

图 10-5 考虑信噪比之后的预测结果

原　文	译　文
Kalman filter	卡尔曼滤波器
velocity	速度
observations	观察值
position	位置
time	时间

可以看到，现在火车的速度确实非常缓慢，但是我们似乎低估了火车的行驶距离。

调整卡尔曼滤波器是一项非常困难的任务，有很多算法都试图做到这一点，但遗憾的是，没有一种算法是完美的。当然，本章的目的并非讨论这个问题。我们要做的是尝试选择有意义的参数，并且让这些参数给出不错的结果。

接下来，我们将回到前面的汽车跟踪模型问题，了解如何为系统动力学（System Dynamics）建模。

10.7.3　结合使用边界框跟踪器和卡尔曼滤波器

首先，我们必须了解如何为每辆汽车的状态建模。从观察模型开始可能会更好。也就是说，我们可以对每辆车测量什么？

对象检测器会给我们提供一些边界框，但是它们的呈现方式并不是最好的物理解释。与前面给出的火车示例类似，我们希望可以推断出一些变量，并且这些变量更接近交通的基础动力学。因此，可使用如图 10-6 所示的观察模型。

$$\text{observation} = \begin{pmatrix} \text{horizontal coordinate} \\ \text{vertical coordinate} \\ \text{size} \\ \text{aspect ratio} \end{pmatrix} = \begin{pmatrix} u \\ v \\ s \\ r \end{pmatrix}$$

图 10-6　观察模型

在这里，u 是目标中心的水平坐标（Horizontal Coordinate），v 是目标中心的垂直坐标（Vertical Coordinate），s 代表目标的边界框的大小（Size），而 r 则代表目标边界框的宽高比（Aspect Ratio）。由于汽车在屏幕周围移动，并且会驶向镜头远处或越来越接近镜头，因此坐标和边界框的大小都会随着时间而变化。

假设没有人像疯子那样开车，图像中汽车的速度应保持大致恒定。这就是为什么我们可以将模型限制为仅考虑对象的位置和速度。因此，汽车状态（state）可用下式表示：

$$\text{state} = [u, v, s, r, \dot{u}, \dot{v}, \dot{s}]^T$$

注意：

在上式中，u、v和s变量顶部的小点表示该变量的变化率。

该状态转换模型的基本思想是，速度和宽高比会随时间保持恒定（带有一些过程噪声）。如图 10-7 所示，我们已经可视化了所有边界框及其对应的状态（可以看到对象的中心位置和速度矢量）。

图 10-7　状态转换模型应用示例

可以看到，我们已经对模型进行了设置，以使其所观察到的内容与从跟踪器接收到的内容略有不同。接下来，我们将讨论转换函数，因为我们需要在边界框和卡尔曼滤波器状态空间之间实现来回转换。

10.7.4　将边界框转换为观察值

为了将边界框传递给卡尔曼滤波器，必须定义从边界框转换为观察值的函数，而为了将预测的边界框用于对象跟踪，又需要定义从状态转换为边界框的函数。

让我们先定义一个从边界框转换为观察值的函数。

（1）计算边界框的中心坐标：

```
def bbox_to_observation(bbox):
    x, y = (bbox[0:2] + bbox[2:4]) / 2
```

（2）计算边界框的宽度和高度，我们将使用它们来计算大小（即面积）和宽高比：

```
w, h = bbox[2:4] - bbox[0:2]
```

（3）计算 bbox 的大小，即面积：

```
s = w * h
```

（4）计算宽高比，只需将宽度除以高度即可：

```
r = w / h
```

（5）以 4×1 矩阵的形式返回结果：

```
return np.array([x, y, s, r])[:, None].astype(np.float64)
```

由于我们还必须定义逆变换，因此可按以下步骤定义 state_to_bbox。

（1）采用一个 7×1 矩阵作为参数，并解包构造边界框所需的所有组件：

```
def state_to_bbox(x):
    center_x, center_y, s, r, _, _, _ = x.flatten()
```

（2）根据宽高比来计算边界框的宽度和高度：

```
w = np.sqrt(s * r)
h = s / w
```

（3）计算边界框中心的坐标：

```
center = np.array([center_x, center_y])
```

（4）以 NumPy 元组的形式计算边界框的半大小（half_size），并使用该值来计算边界框的对角的坐标：

```
half_size = np.array([w, h]) / 2
corners = center - half_size, center + half_size
```

（5）将边界框作为一维 NumPy 数组返回：

```
return np.concatenate(corners).astype(np.float64)
```

结合上述转换函数，让我们看看如何使用 OpenCV 构建卡尔曼滤波器。

10.7.5　实现卡尔曼滤波器

现在可以编写一个自定义类，使用 cv2.KalmanFilter 作为卡尔曼过滤器，但是我们还需要添加一些辅助属性，以便能够跟踪每个对象。

首先，让我们看一下该类的初始化，在该类中，我们将通过传递状态模型、转换矩阵和初始参数来设置卡尔曼滤波器。

（1）使用边界框 bbox 和 label 对象的标签来初始化类：

```
class KalmanBoxTracker:
    def __init__(self, bbox, label):
```

（2）设置一些辅助变量，使我们可以过滤在跟踪器中出现和消失的边界框：

```
self.id = label
self.time_since_update = 0
self.hit_streak = 0
```

（3）使用正确的维度和数据类型初始化 cv2.KalmanFilter：

```
    self.kf = cv2.KalmanFilter(dynamParams=7, measureParams=4,
type=cv2.CV_64F)
```

（4）设置转换矩阵和相应过程的噪声协方差矩阵。协方差矩阵是一个简单的模型，涉及每个对象在水平和垂直方向上均以当前恒定速度运动，并以恒定速率变大或变小：

```
self.kf.transitionMatrix = np.array(
    [[1, 0, 0, 0, 1, 0, 0],
     [0, 1, 0, 0, 0, 1, 0],
     [0, 0, 1, 0, 0, 0, 1],
     [0, 0, 0, 1, 0, 0, 0],
     [0, 0, 0, 1, 1, 0, 0],
     [0, 0, 0, 1, 0, 1, 0],
     [0, 0, 0, 1, 0, 0, 1]], dtype=np.float64)
```

（5）我们还需要设定对恒速过程的确定性。选择一个对角协方差矩阵（Diagonal Covariance Matrix）；也就是说，我们的状态变量不是相互关联的。

我们将位置变量的方差设置为 10，将速度变量的方差设置为 10000。我们相信，位置变化比速度变化更可预测：

```
    self.kf.processNoiseCov = np.diag([10, 10, 10, 10, 1e4, 1e4,
1e4]).astype(np.float64)
```

（6）将观察模型（Observation Model）设置为以下矩阵，这意味着我们仅测量状态中的前 4 个变量，即所有位置变量：

```
self.kf.measurementMatrix = np.array(
    [[1, 0, 0, 0, 0, 0, 0],
     [0, 1, 0, 0, 0, 0, 0],
```

```
        [0, 0, 1, 0, 0, 0, 0],
        [0, 0, 0, 1, 0, 0, 0]], dtype=np.float64)
```

（7）现在我们已经设置了噪声协方差的度量，我们相信水平和垂直位置都大于宽高比和缩放，因此我们为这两个度量方差给出了较小的值：

```
    self.kf.measurementNoiseCov = np.diag([10, 10, 1e3,
1e3]).astype(np.float64)
```

（8）设置初始位置和与卡尔曼滤波器相关的不确定性：

```
    self.kf.statePost = np.vstack((convert_bbox_to_z(bbox),
[[0], [0], [0]]))
    self.kf.errorCovPost = np.diag([1, 1, 1, 1, 1e-2, 1e-2,
1e-4]).astype(np.float64)
```

在设置完卡尔曼滤波器后，还需要能够预测对象移动时的新位置。我们将通过定义另外两个方法（update 和 predict）来做到这一点。

update 方法将基于新的观察值更新卡尔曼滤波器，而 predict 方法将基于先前的证据预测新的位置。现在让我们看一下 update 方法：

```
def update(self, bbox):
    self.time_since_update = 0
    self.hit_streak += 1

    self.kf.correct(bbox_to_observation(bbox))
```

可以看到，update 方法采用新位置的边界框 bbox，将其转换为观察值，并在 OpenCV 实现上调用 correct 方法。我们仅添加了一些变量来跟踪对象更新之后经过的时间。

现在让我们来看一下 predict 函数。以下步骤说明了其处理过程。

（1）检查是否连续两次调用了 predict。如果连续两次调用了它，则将 self.hit_streak 设置为 0：

```
def predict(self):
    if self.time_since_update > 0:
        self.hit_streak = 0
```

（2）将 self.time_since_update 递增 1，以跟踪对象更新之后经过的时间。

```
self.time_since_update += 1
```

（3）调用 OpenCV 实现的 predict 方法，并返回一个与预测相对应的边界框：

```
return state_to_bbox(self.kf.predict())
```

在实现了单对象跟踪器（Single-Object Tracker）之后，接下来我们将创建一种机制，将检测结果的边界框与跟踪器关联起来。

10.7.6　将检测结果与跟踪器关联在一起

在 SORT 算法中，可基于交并比（IoU）做出是否应该将两个边界框视为同一对象的决定。本章前面已经介绍了此度量标准，并实现了一个函数来对其进行计算。下面我们将定义一个函数，基于检测结果和跟踪边界框的 IoU 值将它们关联在一起：

```
def associate_detections_to_trackers(detections: np.ndarray, trackers:
np.ndarray, iou_threshold: float = 0.3) -> Tuple[np.ndarray, np.ndarray,
np.ndarray]:
```

该函数接收检测结果的边界框和跟踪器的预测边界框作为参数，另外还需要一个 IoU 阈值作为参数。它以相应数组中相应索引对（Pairs of Corresponding Indexes）数组的形式返回匹配项，还包括不匹配的检测结果边界框的索引，以及不匹配的跟踪器边界框的索引。要实现该函数，需要执行以下步骤。

（1）初始化一个矩阵，其中将存储每个可能的边界框对的 IoU 值：

```
iou_matrix = np.zeros((len(detections), len(trackers)), dtype=np.float32)
```

（2）循环迭代检测结果和跟踪器的边界框，计算每个边界框对的 IoU，并将结果值存储在矩阵中：

```
for d, det in enumerate(detections):
    for t, trk in enumerate(trackers):
        iou_matrix[d, t] = iou(det, trk)
```

（3）使用 iou_matrix，我们将找到匹配的边界框对，以使这些边界框对的 IoU 值之和得到最大可能值：

```
row_ind, col_ind = linear_sum_assignment(-iou_matrix)
```

为此，我们使用了匈牙利算法（Hungarian Algorithm），该算法被实现为 linear_sum_assignment 函数。它是解决分配问题（Assignment Problem）的组合优化算法。

为了使用此算法，我们传递了 iou_matrix 的相反值。该算法将索引关联起来，以使总和最小。因此，当我们对矩阵求反时，即可找到最大值。查找这些关联的直接方式是遍历所有可能的组合并选择具有最大值的组合。

后一种方法的问题在于，它的时间复杂度将是指数级的，因此一旦我们具有多个检测结果和跟踪器，它将变得很慢。同时，匈牙利算法的时间复杂度为 $O(n^3)$。

（4）更改算法结果的格式，以使其在 NumPy 数组中显示为成对的匹配索引：

```
matched_indices = np.transpose(np.array([row_ind, col_ind]))
```

（5）从 iou_matrix 获取匹配项的交并比（IoU）值：

```
iou_values = np.array([iou_matrix[detection, tracker]
                       for detection, tracker in matched_indices])
```

（6）筛选出 IoU 值太低的匹配项：

```
good_matches = matched_indices[iou_values > 0.3]
```

（7）找到不匹配的检测结果边界框的索引：

```
unmatched_detections = np.array(
    [i for i in range(len(detections)) if i not in good_matches[:,0]])
```

（8）找到不匹配的跟踪器边界框的索引：

```
unmatched_trackers = np.array(
    [i for i in range(len(trackers)) if i not in good_matches[:, 1]])
```

（9）返回匹配项以及不匹配的检测结果和跟踪器边界框的索引：

```
return good_matches, unmatched_detections, unmatched_trackers
```

现在我们已经有了跟踪单个对象的机制，并且可以将检测结果与单个对象跟踪器关联起来，剩下要做的就是创建一个类，使用这些机制来跟踪整个帧中的多个对象。第 10.7.7 节就来完成这个任务。

10.7.7　定义跟踪器的类

该类的构造函数如下所示：

```
class Sort:
    def __init__(self, max_age=2, min_hits=3):
        self.max_age = max_age
        self.min_hits = min_hits
        self.trackers = []
        self.count = 0
```

它将存储以下两个参数。

- max_age：指定在没有关联的边界框的情况下，某个对象的跟踪器可以连续保留多少次。在此之后我们认为该对象已离开场景并可以删除该跟踪器。

- min_hits：指定跟踪器应该与某个边界框连续关联多少次，以便我们可以将其视为某个对象。它还创建了用于存储跟踪器并计算实例生存期内跟踪器总数的属性。

我们还定义了一种用于创建跟踪器 ID 的方法：

```
def next_id(self):
    self.count += 1
    return self.count
```

该方法将跟踪器的计数加 1，然后将数字作为 ID 返回。

现在我们已经可以定义 update 方法：

```
def update(self, dets):
```

update 方法接收检测结果边界框，并包括以下步骤。

（1）对于所有可用的 trackers，它会预测其新位置，并立即删除预测失败的跟踪器：

```
self.trackers = [
    tracker for tracker in self.trackers if not np.any(
        np.isnan(
            tracker.predict()))]
```

（2）获得跟踪器的预测边界框：

```
trks = np.array([tracker.current_state for tracker in self.trackers])
```

（3）将跟踪器预测的边界框与检测结果的边界框相关联：

```
matched, unmatched_dets, unmatched_trks =
associate_detections_to_trackers(dets, trks)
```

（4）使用已关联的检测结果更新匹配的跟踪器：

```
for detection_num, tracker_num in matched:
    self.trackers[tracker_num].update(dets[detection_num])
```

（5）对于所有不匹配的检测结果，我们将创建新的跟踪器，并使用相应的边界框对其进行初始化：

```
for i in unmatched_dets:
    self.trackers.append(KalmanBoxTracker(dets[i, :],
self.next_id()))
```

（6）返回值是一个数组，其组成包括跟踪器边界框和相关跟踪器的 ID：

```
ret = np.array([np.concatenate((trk.current_state, [trk.id + 1]))
                for trk in self.trackers
                if trk.time_since_update < 1 and trk.hit_streak >=
self.min_hits])
```

在上述代码片段中，我们仅考虑那些在当前帧中使用检测边界框更新的跟踪器，且至少 hit_streak 连续与检测结果边界框相关联。根据算法的特定应用，你可能需要更改此行为以使其更适合你的需求。

（7）删除一段时间未使用新边界框更新的跟踪器：

```
self.trackers = [
    tracker for tracker in self.trackers if
tracker.time_since_update <= self.max_age]
```

（8）返回结果：

```
return ret
```

现在我们已经完成了算法的实现，可以将程序应用于实践了。

10.8　查看程序的实际应用效果

在运行应用程序之后，它将使用传递的视频或其他视频流（如摄像头或远程 IP 摄像头），然后对其进行处理并提供结果说明，如图 10-8 所示。

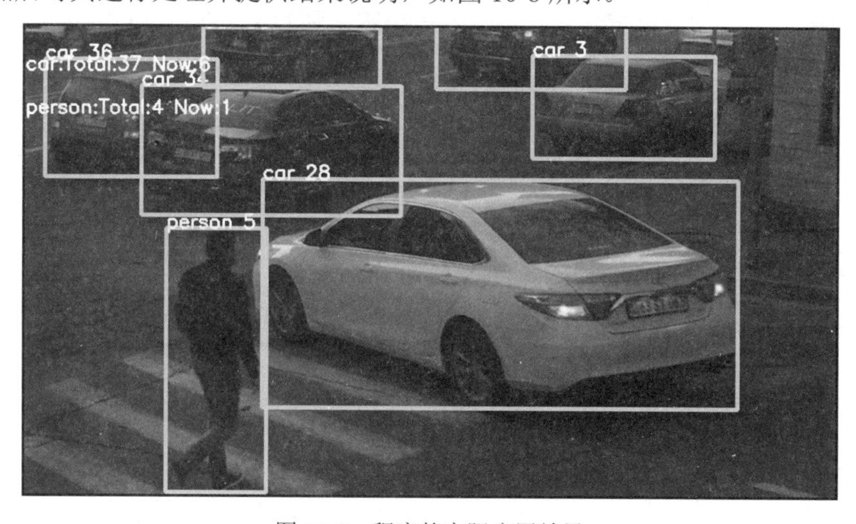

图 10-8　程序的实际应用效果

在每个处理的帧上，将显示对象类型、边界框和每个被跟踪对象的编号。它还将在帧的左上角显示有关跟踪的一般性信息。此一般性信息包括每种类型的跟踪对象在整个视频中的总数，以及场景中当前可用的跟踪对象。

10.9 小　　结

本章详细阐释了对象检测网络，并将其与跟踪器结合，实现了随着时间的推移而跟踪对象并统计对象的数量。在阅读完本章之后，相信你现在应该理解了检测网络的工作原理并掌握了其训练机制。

你已经了解了如何将使用其他框架构建的模型导入 OpenCV 并将其绑定到处理视频的应用程序中，应用程序处理的视频流也可以是其他视频流（如你的摄像头或远程 IP 摄像头）。我们已经实现了一种简单而强大的跟踪算法，该算法与稳定可靠的检测器网络结合使用，可以回答与视频数据有关的多个统计问题。

现在，你可以使用和训练所选的对象检测网络，以创建自己的高准确率的应用程序，以实现对象检测和跟踪相关功能。

本书内容至此已经结束，现在让我们对全书做一个简单总结。

本书首先阐释了机器学习的主要分支之一，即计算机视觉（Computer Vision）的背景知识。我们从一些简单方法（如图像滤镜和形状分析技术）的应用开始，然后介绍了经典的特征提取方法，并基于这些方法构建了一些实用的应用程序。之后，我们解释了自然场景的统计属性，并能够使用这些属性来跟踪未知对象。

接下来，我们开始学习、使用和训练监督模型，如支持向量机（SVM）和级联分类器（Cascading Classifier）。在掌握了有关经典计算机视觉方法的所有这些理论和实践知识之后，我们又深入研究了深度学习模型，从而为许多机器学习问题（尤其是计算机视觉领域）提供了最新的结果。

最后，我们详细解释了卷积网络的工作原理以及如何训练深度学习模型，并且在其他预训练模型的基础上构建和训练了自己的网络。在掌握了所有这些知识和实践之后，你就可以分析、理解和应用其他计算机视觉模型，并在获得新思路时详细阐述新模型。现在你已经为开发自己的计算机视觉项目做足了准备，世界也许会因你而变！

附录 A　应用程序性能分析和加速

当遇到应用程序运行缓慢的问题时，首先需要确切地找到代码的哪些部分需要花费大量的处理时间，这样才好对症下药。代码的这一部分也称为瓶颈（Bottleneck），要找到性能瓶颈，一种方法是对应用程序进行性能分析（Profiling）。pyinstrument 是一款很优秀的性能分析程序，允许在不进行任何修改的情况下对应用程序进行性能分析，其网址如下：

https://github.com/joerick/pyinstrument

在这里，我们可以使用 pyinstrument 来对本书第 10 章“检测和跟踪对象”中的应用程序进行性能分析，如下所示：

```
$ pyinstrument -o profile.html -r html main.py
```

在上述命令中，使用-o 选项传递了一个输出的 profile.html 文件，在该文件中将保存性能分析报告信息。

我们还使用-r 选项指定了如何呈现报告，html 表明我们需要 HTML 格式的输出。应用程序终止后，将生成性能分析报告，并且可以在浏览器中查看该报告。

注意：

这两个选项都是可选的。

在忽略这两个选项的情况下，报告将显示在控制台中。终止应用程序后，可以在浏览器中打开生成的.html 文件，该文件显示的内容如图 A-1 所示。

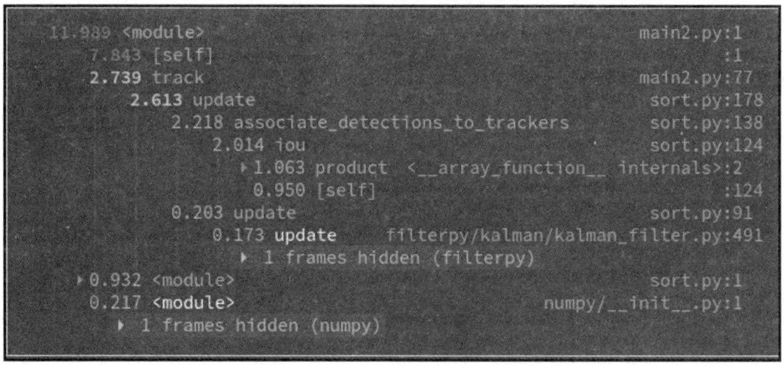

```
11.989 <module>                                          main2.py:1
   7.843 [self]                                                 :1
   2.739 track                                          main2.py:77
      2.613 update                                     sort.py:178
         2.218 associate_detections_to_trackers        sort.py:138
            2.014 iou                                  sort.py:124
               ▸ 1.063 product  <__array_function__ internals>:2
                 0.950 [self]                                :124
         0.203 update                                   sort.py:91
            0.173 update     filterpy/kalman/kalman_filter.py:491
               ▸ 1 frames hidden (filterpy)
  ▸ 0.932 <module>                                       sort.py:1
   0.217 <module>                               numpy/__init__.py:1
      ▸ 1 frames hidden (numpy)
```

图 A-1　应用程序的性能分析报告

在图 A-1 中可以看到，脚本本身花费了大量时间。这是可以预期的，因为对象检测模型会在每个帧上进行推断，并且这是一项复杂的操作。我们还可以注意到，跟踪也要花费很多时间，尤其是在 iou 函数中。

一般来说，根据该应用程序的特定情况，要加快跟踪速度，使用另一个更有效的函数替换 iou 函数就足够了。在此应用程序中，使用了 iou 函数来计算 iou_matrix，它为每个可能的检测和跟踪边界框对存储了交并比（Intersection over Union，IoU）度量指标。当你要加快程序运行时，为了节省时间，最好在适当的位置使用加速版本来更改代码，然后再次对其进行程序性能分析，以检查代码是否满足你的需求。

接下来，我们将从应用程序中取出适当的相关代码，并分析使用 Numba 对它进行加速的可能性。

A.1　用 Numba 加速

Numba 是一个编译器，它可以优化纯 Python 使用的低级虚拟机（Low-Level Virtual Machine，LLVM）编译器基础架构编写的代码。它可以有效地编译大量数学运算的 Python 代码，以达到与 C、C++和 Fortran 相似的性能。它可以理解一系列的 NumPy 函数、Python construct 库和运算符，以及标准库中的一系列数学函数，并且可以使用简单注解为图形处理单元（Graphical Processing Unit，GPU）和中央处理器（Central Processing Unit，CPU）生成相应的原生代码。

本节将使用 IPython 交互式解释器来处理代码。它是一个增强的交互式 Python shell，特别支持所谓的魔术命令（Magic Commands）——在我们的示例中，计时函数就使用了魔术命令。我们的选项之一是直接在控制台中使用解释器。另外还有两个选项是使用 Jupyter Notebook 或 JupyterLab。如果你使用的是 Atom 编辑器，则可能需要考虑 Hydrogen 插件，该插件可在编辑器中实现交互式编码环境。

要导入 NumPy 和 Numba，请运行以下代码：

```
import numpy as np
import numba
```

我们使用的 Numba 版本是 0.49，这是撰写本书时的最新版本。在本节中，你会注意到，更改代码时必须获得 Numba 版本的支持，否则编译时会出现问题。

据说在将来的版本中，Numba 将支持更多函数，并且可能不需要进行部分（或全部）修改。在处理应用程序代码时，请参阅 Numba 说明文档以了解其支持的功能。在撰写本书时，其说明文档的网址如下：

https://numba.pydata.org/numba-doc/latest/index.html

接下来，我们将介绍 Numba 的一些重要功能，并通过示例说明其结果，以帮助你了解使用 Numba 加速应用程序代码的原理。

现在让我们按以下方式隔离要加速的代码。

（1）找到计算两个边界框的交并比（IoU）的函数：

```
def iou(a: np.ndarray, b: np.ndarray) -> float:
    a_tl, a_br = a[:4].reshape((2, 2))
    b_tl, b_br = b[:4].reshape((2, 2))
    int_tl = np.maximum(a_tl, b_tl)
    int_br = np.minimum(a_br, b_br)
    int_area = np.product(np.maximum(0., int_br - int_tl))
    a_area = np.product(a_br - a_tl)
    b_area = np.product(b_br - b_tl)
    return int_area / (a_area + b_area - int_area)
```

这是我们在第 10 章“检测和跟踪对象”中保留下来的代码。

（2）使用 iou 函数计算 iou_matrix 的代码部分，如下所示：

```
def calc_iou_matrix(detections,trackers):
    iou_matrix = np.zeros((len(detections), len(trackers)),
dtype=np.float32)

    for d, det in enumerate(detections):
        for t, trk in enumerate(trackers):
            iou_matrix[d, t] = iou(det, trk)
    return iou_matrix
```

我们在一个新函数中包装了相应的循环和矩阵定义。

（3）为了测试性能，可使用 random 定义两组随机边界框，如下所示：

```
A = np.random.rand(100,4)
B = np.random.rand(100,4)
```

我们定义了两组 100 个边界框。

（4）现在可以通过运行以下代码来估计组成这些边界框的 iou_matrix 所需的时间：

```
%timeit calc_iou_matrix(A, B)
```

%timeit 魔术命令可多次执行该函数，计算平均执行时间以及与平均值的偏差，然后输出结果，如下所示：

```
307 ms ± 3.15 ms per loop (mean ± std. dev. of 7 runs, 1 loop each)
```

可以看到，计算该矩阵大约需要 1/3 秒的时间。因此，如果场景中有 100 个对象，并且希望在一秒内处理多个帧，则该应用程序将存在巨大的性能瓶颈。

接下来，让我们在 CPU 上加速此代码。

A.2　通过 CPU 加速

Numba 有若干个用于代码生成的实用程序，可以从 Python 代码生成机器代码。其主要功能之一是@numba.jit 装饰器。该装饰器（Decorator）使你可以标记一个函数，以通过 Numba 的编译器进行优化。例如，以下函数可计算数组中所有元素的乘积：

```
@numba.jit(nopython=True)
def product(a):
    result = 1
    for i in range(len(a)):
        result*=a[i]
    return result
```

可以将其视为 np.product 自定义实现。装饰器告诉 Numba 将函数编译为机器代码，与 Python 版本相比，这导致执行时间大大缩短。

Numba 会始终尝试编译指定的函数。对于无法完全编译的函数操作，Numba 会退回到所谓的对象模式（Object Mode），该模式可使用 Python/C API 并将所有值作为 Python 对象处理，以对其执行操作。

后者（对象模式）比前者（直接编译）要慢得多。当传递 nopython = True 时，就是明确告诉它，在无法将函数编译为完整的机器代码时抛出异常。

可以对 iou 函数使用相同的装饰器，如下所示：

```
@numba.jit(nopython=True)
def iou(a: np.ndarray, b: np.ndarray) -> float:
    a_tl, a_br = a[0:2],a[2:4]
    b_tl, b_br = b[0:2],b[2:4]
    int_tl = np.maximum(a_tl, b_tl)
    int_br = np.minimum(a_br, b_br)
    int_area = product(np.maximum(0., int_br - int_tl))
    a_area = product(a_br - a_tl)
    b_area = product(b_br - b_tl)
    return int_area / (a_area + b_area - int_area)
```

可以看到，该函数与 Python 函数略有不同。首先，我们使用了 np.product 的自定义实现。如果尝试将原生实现与当前版本的 Numba 一起使用，则最终会出现异常，因为 Numba 编译器当前不支持原生 np.product。这与函数的前两行类似，Numba 无法解释将数组自动解压缩为元组的过程。

现在可以像前面的操作一样为函数计时，如下所示：

```
%timeit calc_iou_matrix(A, B)
```

其输出结果如下：

```
14.5 ms ± 24.5 µs per loop (mean ± std. dev. of 7 runs, 1 loop each)
```

可以看到，我们已经获得了巨大的加速（大约 20 倍），但是还可以更进一步。例如，calc_iou_matrix 仍在纯 Python 中，并且具有嵌套循环，这可能会花费很多时间。可以为其创建一个编译版本，如下所示：

```
@numba.jit(nopython=True)
def calc_iou_matrix(detections,trackers):
    iou_matrix = np.zeros((len(detections), len(trackers)),
dtype=np.float32)
    for d in range(len(detections)):
        det = detections[d]
        for t in range(len(trackers)):
            trk = trackers[t]
            iou_matrix[d, t] = iou(det, trk)
```

同样，此函数与原始函数不同，因为 Numba 不能解释 enumerate（枚举）。对该函数计时将产生类似于以下内容的输出：

```
7.08 ms ± 31 µs per loop (mean ± std. dev. of 7 runs, 1 loop each)
```

可以看到，我们又获得了加速。这个版本的速度是前一个版本的两倍。我们还可以继续加速并使其尽可能快，但是在这样做之前，需要先了解一下 vectorize 装饰器。

vectorize 装饰器允许创建可以用作 NumPy ufuncs 类的函数，而这些函数只能用于标量参数，如以下函数所示：

```
@numba.vectorize
def custom_operation(a,b):
    if b == 0:
        return 0
    return a*b if a>b else a/b
```

当给定一对标量时，该函数将执行某些特定的操作，而 vectorize 修饰符使其对 NumPy

数组执行相同的操作成为可能，示例如下：

```
custom_operation(A, B)
```

NumPy 强制转换规则也可以使用，例如，可以用标量或形状为(1, 4)的数组替换其中一个数组，如下所示：

```
custom_operation(A, np.ones((1,4)))
```

用来加速 iou_matrix 计算的另一个装饰器是 guvectorize。这个装饰器进一步采用了 vectorize 的概念。它允许编写 ufuncs，以返回具有不同维数的数组。可以看到，在计算交并比（IoU）矩阵时，输出数组的形状由每个传递的数组中边界框的数量组成。

可按以下方式使用装饰器来计算矩阵：

```
@numba.guvectorize(['(f8[:, :], f8[:, :], f8[:, :])'], '(m,k),(n,k1)->
(m, n)')
def calc_iou_matrix(x, y, z):
    for i in range(x.shape[0]):
        for j in range(y.shape[1]):
            z[i, j] = iou(x[i],y[i])
```

第一个参数告诉 Numba 编译适用于 8 字节浮点数（float64）的函数。它还用分号指定了输入和输出数组的维数。

第二个参数是签名，它指定输入和输出数组的维数如何彼此匹配。使用输入执行函数后，z 输出将包含正确的形状，只需填入函数中即可。

像以前一样对函数的执行进行计时，将获得类似于以下内容的输出：

```
196 µs ±  2.46 µs per loop (mean ±  std. dev. of 7 runs, 10000 loops each)
```

这次的速度比以前快了约 30 倍。与最初的纯 Python 实现相比，我们加速了大约 1000 倍，这个效果真的非常惊人。

A.3　理解 Numba、CUDA 和 GPU 加速

你已经看到了，使用 Numba 创建 CPU 加速代码非常简单。Numba 还提供了类似的接口，可以使用计算统一设备架构（Compute Unified Device Architecture，CUDA）在 GPU 上进行计算。例如，使用 Numba 可以将 IoU 矩阵计算函数移植到 GPU 上处理。

可以通过稍微修改装饰器参数来指示 Numba 在 GPU 上进行计算，如下所示：

```
@numba.guvectorize(['(f8[:, :], f8[:, :], f8)'],
```

```
'(m,k),(n,k1)->()',target="cuda")
def mat_mul(x, y, z):
    for i in range(x.shape[0]):
        for j in range(y.shape[1]):
            z=iou(x[i],y[j])
```

在这里，我们已通过传递 target = "cuda" 指示 Numba 在 GPU 上进行计算。iou 函数也需要进行一些处理。新函数如下所示：

```
@numba.cuda.jit(device=True)
def iou(a: np.ndarray, b: np.ndarray) -> float:
    xx1 = max(a[0], b[0])
    yy1 = max(a[1], b[1])
    xx2 = min(a[2], b[2])
    yy2 = min(a[3], b[3])
    w = max(0., xx2 - xx1)
    h = max(0., yy2 - yy1)
    wh = w * h
    result = wh / ((a[2]-a[0])*(a[3]-a[1])+ (b[2]-b[0])*(b[3]-b[1]) - wh)
    return result
```

首先，我们更改了装饰器，现在使用的是 numba.cuda.jit 而不是 numba.jit。它指示 Numba 创建在 GPU 上执行的函数。在 GPU 设备上运行的函数将调用此函数。为此，我们传递了 device = True，明确指出该函数将用于在 GPU 上执行计算的函数。

你还可以注意到，我们进行了一些修改，消除了所有 NumPy 函数调用。与 CPU 加速一样，这是由于 numba.cuda 当前无法执行该函数中可用的所有操作，因此我们将其替换为 numba.cuda 支持的操作。

一般来说，在计算机视觉领域中，仅当你使用深度神经网络（DNN）时，应用程序才需要 GPU 加速。诸如 TensorFlow、PyTorch 和 MXNet 等大多数现代深度学习框架均支持现成的 GPU 加速功能，使你无须进行底层 GPU 编程，而将精力集中在模型优化上。在分析框架之后，如果你认为必须直接用 CUDA 实现特定算法，则可能需要分析 numba.cuda API，该 API 支持大多数 CUDA 功能。

附录 B　设置 Docker 容器

Docker 是一个方便的平台，可以在运行于不同操作系统上的可复制虚拟环境中，打包应用程序及其依赖项。特别是，它可以与任何 Linux 系统很好地集成在一起。

Dockerfile 中描述了可复制的虚拟环境，它包含应被执行以实现所需虚拟环境的指令。这些说明主要包括安装过程，其过程与 Linux shell 的安装过程非常相似。在创建环境后，即可确保你的应用程序在任何其他计算机上都具有相同的行为。

用 Docker 术语来说，生成的虚拟环境称为 Docker 镜像（Docker Image）。你可以创建一个虚拟环境的实例，称为 Docker 容器（Docker Container）。创建容器后，即可在容器内执行代码。

说明：

请按照官方网站上的安装说明进行操作，以使 Docker 在你选择的操作系统上启动并运行：

https://docs.docker.com/install/

为方便起见，本书代码包括了 Dockerfiles，无论你使用的是哪种操作系统，都可以非常轻松地复制用于运行本书中代码的环境。

接下来，我们将介绍一个仅使用 CPU 而不使用 GPU 加速的 Dockerfile。

B.1　定义 Dockerfile

Dockerfile 中的指令从基础镜像开始，然后在该镜像之上完成所需的安装和修改。

注意：

在本书撰写时，TensorFlow 尚不支持 Python 3.8。在第 7 章“识别交通标志”和第 9 章“对象分类和定位”中的程序均使用了 TensorFlow，因此你可以从 Python 3.7 开始，然后使用 pip 安装 TensorFlow，或者选择 tensorflow/tensorflow:latest-py3 作为基础镜像。

创建环境的步骤如下。

（1）从基础镜像开始，该基础镜像是基于 Debian 系统的基础 Python 镜像：

```
FROM python:3.8
```

（2）安装一些有用的软件包，这些软件包将特别在 OpenCV 和其他依赖项的安装过程中使用：

```
RUN apt-get update && apt-get install -y \
        build-essential \
        cmake \
        git \
        wget \
        unzip \
        yasm \
        pkg-config \
        libswscale-dev \
        libtbb2 \
        libtbb-dev \
        libjpeg-dev \
        libpng-dev \
        libtiff-dev \
        libavformat-dev \
        libpq-dev \
        libgtk2.0-dev \
        libtbb2 libtbb-dev \
        libjpeg-dev \
        libpng-dev \
        libtiff-dev \
        libv4l-dev \
        libdc1394-22-dev \
        qt4-default \
        libatk-adaptor \
        libcanberra-gtk-module \
        x11-apps \
        libgtk-3-dev \
    && rm -rf /var/lib/apt/lists/*
```

（3）下载包含贡献者软件包的 OpenCV 4.2，这对于一些并非免费的算法（如 scale-invariant feature transform，SIFT 和 speeded-up robust features，SURF）来说是必需的：

```
WORKDIR /
RUN wget --output-document cv.zip
https://github.com/opencv/opencv/archive/${OPENCV_VERSION}.zip \
    && unzip cv.zip \
    && wget --output-document contrib.zip
```

```
https://github.com/opencv/opencv_contrib/archive/${OPENCV_VERSION}.zip \
    && unzip contrib.zip \
    && mkdir /opencv-${OPENCV_VERSION}/cmake_binary
```

（4）安装适用于 OpenCV 4.2 的 NumPy 版本：

```
RUN pip install --upgrade pip && pip install --no-cache-dir
numpy==1.18.1
```

（5）使用适当的标志来编译 OpenCV：

```
RUN cd /opencv-${OPENCV_VERSION}/cmake_binary \
    && cmake -DBUILD_TIFF=ON \
        -DBUILD_opencv_java=OFF \
        -DWITH_CUDA=OFF \
        -DWITH_OPENGL=ON \
        -DWITH_OPENCL=ON \
        -DWITH_IPP=ON \
        -DWITH_TBB=ON \
        -DWITH_EIGEN=ON \
        -DWITH_V4L=ON \
        -DBUILD_TESTS=OFF \
        -DBUILD_PERF_TESTS=OFF \
        -DCMAKE_BUILD_TYPE=RELEASE \
        -D OPENCV_EXTRA_MODULES_PATH=/opencv_contrib-
${OPENCV_VERSION}/modules \
        -D OPENCV_ENABLE_NONFREE=ON \
        -DCMAKE_INSTALL_PREFIX=$(python3.8 -c "import sys;
print(sys.prefix)") \
        -DPYTHON_EXECUTABLE=$(which python3.8) \
        -DPYTHON_INCLUDE_DIR=$(python3.8 -c "from
distutils.sysconfig import get_python_inc;
print(get_python_inc())") \
        -DPYTHON_PACKAGES_PATH=$(python3.8 -c "from
distutils.sysconfig import get_python_lib;
print(get_python_lib())") \
        ...
    && make install \
    && rm /cv.zip /contrib.zip \
    && rm -r /opencv-${OPENCV_VERSION} /opencv_contrib-
${OPENCV_VERSION}
```

（6）将 OpenCV Python 二进制文件链接到适当的位置，以便解释器可以找到它：

```
RUN ln -s \
    /usr/local/python/cv2/python-3.8/cv2.cpython-38m-x86_64-linux-
gnu.so \
    /usr/local/lib/python3.8/site-packages/cv2.so
```

如果你使用的基础镜像与 Python 3.8 不一样，则此链接可能是多余的，或者会导致出现错误。

（7）安装本书中使用的其他 Python 软件包：

```
RUN pip install --upgrade pip && pip install --no-cache-dir
pathlib2 wxPython==4.0.5

RUN pip install --upgrade pip && pip install --no-cache-dir
scipy==1.4.1 matplotlib==3.1.2 requests==2.22.0 ipython
numba==0.48.0 jupyterlab==1.2.6 rawpy==0.14.0
```

在定义完成 Dockerfile 之后，即可按以下方式构建相应的 Docker 镜像：

```
$ docker build -f dockerfiles/Dockerfile  -t cv  dockerfiles
```

在上述命令中，已将镜像命名为 cv，并传递了位于 dockerfiles/Dockerfile 中的 Dockerfile 来构建镜像。当然，你也可以将 Dockerfile 放置在任何其他位置。最后一个参数在 Docker 中是必需的，它指定了可能使用的上下文。例如，如果 Dockerfile 包含指令以从相对路径复制文件（在本示例中没有此类指令），并且通常可以是任何有效路径。

在构建镜像之后，即可按以下方式启动 docker 容器：

```
$ docker run --device /dev/video0 --env DISPLAY=$DISPLAY -v="/tmp/.X11-
unix:/tmp/.X11-unix:rw" -v `pwd`:/book -it book
```

在上述命令中，我们传递了 DISPLAY 环境变量，挂载了/tmp/.X11-unix，并指定了/dev/video0 设备，以允许容器使用桌面环境并连接到摄像头，这样该容器就可用于本书的大部分章节。

注意：

如果 Docker 容器无法连接到系统的 X 服务器，则可能需要在系统上运行以下命令才能允许连接：

```
$ xhost + local:docker
```

在启动并运行了 Docker 镜像之后，让我们研究一下如何使用 Docker 支持 GPU 加速。

B.2　使用 GPU

我们使用 Docker 创建的环境对你的机器设备的访问权限是受到限制的。特别是，你已经看到在运行 Docker 容器时指定了摄像头设备，并且已挂载 /tmp/.X11-unix，以允许 Docker 容器连接到正在运行的桌面环境。

当我们要使用自定义设备（如 GPU）时，集成过程将变得更加复杂，因为 Docker 容器需要与设备进行通信的适当方式。幸运的是，对于 Nvidia GPU 来说，借助 Nvidia Container Toolkit 可以解决此问题。Nvidia Container Toolkit 的网址如下：

https://github.com/NVIDIA/nvidia-docker

在安装该工具包后，你可以构建和运行通过 GPU 加速的 Docker 容器。Nvidia 提供了基础镜像，因此你可以在该镜像上构建镜像，而不必担心对 GPU 的访问。当然，这要求你在配置了 Nvidia GPU（即显卡）的系统上安装正确的 Nvidia 驱动程序。

在我们的示例中，主要使用 GPU 来加速 TensorFlow。TensorFlow 本身提供了可用于通过 GPU 加速运行 TensorFlow 的镜像。因此，要拥有通过 GPU 加速的容器，只需选择 TensorFlow 的 Docker 镜像并在其之上进行所有其他安装，如下所示：

```
FROM tensorflow/tensorflow:2.1.0-gpu-py3
```

该声明将选择具有 GPU 加速和 Python 3 支持的 TensorFlow 版本 2.1.0。请注意，此版本的 TensorFlow 镜像使用的是 Python 3.6。不过，你可以将 Dockerfile 的其余部分用于在附录 A“应用程序性能分析和加速”中描述的 CPU，并且还可以使用容器来运行本书中的代码。

在创建完镜像后，启动容器时唯一要修改的就是传递一个附加参数：

```
--runtime = nvidia
```